粤北主要木本蜜源植物
识别、造林配置及应用

肖以华　曾繁助　何清　编著

华中科技大学出版社
http://press.hust.edu.cn
中国·武汉

顾问

邹　滨

主编

肖以华　　曾繁助　　何　清

副主编

陆钊华　　付志高　　邹文涛　　何　栋
肖海燕　　李芬好　　曾凡勇　　曾靖雯

参编人员（按照姓氏笔画排名）

于永波	王　焱	丘东霞	丘建勤	邝兆勇	冯晓兰	朱火生	刘智德
刘德修	许　涵	李志宏	李志雄	李艳朋	李晓晴	杨茂霖	杨树清
杨锦昌	吴回军	余　浩	余伟盛	沈孝清	张天水	张日光	张国平
张绍勋	张蓉昀	陈　洁	欧勇英	罗蓉霞	罗新华	周　扬	周　蕾
郑　隆	贲春丽	胡少华	姜清彬	贺广兵	黄子峻	黄素婷	黄　婧
曹　新	梁　庆	彭胜君	董旭明	谢义福	蓝青林	赖小军	廖胜余

图片摄影

邹　滨

习近平总书记明确指出："树立大农业观、大食物观，向耕地草原森林海洋、向植物动物微生物要热量、要蛋白，全方位多途径开发食物资源。"2023年中央一号文件提出"要构建多元化食物供给体系"。森林"粮库"是多元化食物供给体系的重要组成部分，为中国人提供了更"丰盛"的食品。向森林要食物是开发森林非木材资源发展绿色经济的重要途径，也为保障粮食安全拓展了一个新的领域，可有效缓解传统食品工业带来的环境资源压力。

蜂蜜是蜜蜂科昆虫采集植物花蜜或花粉，经过充分酿造而成的甜物质。蜂蜜含有碳水化合物、蛋白质、矿物质、维生素、有机酸、黄酮、酶类和其他植物化学物质等多种对人体有益的物质，是增强身体素质的上等滋补品。蜂蜜生产是森林"粮库"的具体体现，号称"甜蜜事业"。蜜源植物是蜜蜂生产的物质基础。我国是世界上植物种类最多的国家之一，具有丰富的蜜源植物资源，而且我国养蜂的历史悠久，蜂蜜生产具有巨大的潜力。

粤北地区自然条件优越，水热资源充沛，植物种类繁多，四季百花争艳，蜜源植物丰富，为养蜂、产蜜提供了充足的物质基础，具有"天然蜜库"美称。本书详细介绍了粤北地区主要木本蜜源植物的分类学主要特征、生境及分布、蜜粉源情况和种植技术；通过分析蜜源植物生长特性，提出了不同立地条件下蜜源植物的造林配置模式。

本书内容丰富，图文并茂，便于读者辨认识别蜜源植物，了解蜜源植物种植知识和不同立地条件下的造林配置模式，为蜜源植物种植场地选择和适宜植物的甄选提供参考依据，具有较强的指导性。我相信本书的出版，能有助于加快非木材森林产品的新兴林业产业发展，建立森林多功能综合利用机制，在绿美广东生态建设、促进乡村振兴和林草高质量发展中发挥积极作用。

中 国 工 程 院 院 士
中国林业科学研究院研究员

2024 年 2 月 18 日

前言

广东省北部区域俗称粤北，行政区域包括梅州市、清远市、河源市、韶关市等地。粤北地区处于国家生态安全格局"两屏三带"中南方丘陵山地带的核心区，在中国植被区划中属于亚热带常绿阔叶林区域，是东部（湿润）亚热带常绿阔叶林亚区域－中亚热带常绿阔叶林地带－南亚热带常绿阔叶林地带。该区域的植物多样性丰富，为广东省最大的生物物种基因库，其保护、利用的潜力巨大，植物资源开发利用前景广阔。为促进该区域的可持续利用，作者在对粤北植物资源进行长期调查的基础上，以蜜源植物为研究对象，通过掌握它们的分布区域、生境和分类学特征，获得其生态学、生物学特性以及生境特征，依据土壤学、森林培育学、修复生态学等相关理论知识，结合蜜源植物状况论述、繁殖技术和造林技术等相关文献资料，构建粤北木本蜜源植物造林配置模式和栽培技术，撰写成《粤北主要木本蜜源植物——识别、造林配置及应用》一书。

本书第一部分是蜜源植物总论，内容主要包括：蜜源植物概述、蜜源植物开发利用概况及时代背景、蜜源植物资源开发利用现状与前景分析。第二部分是蜜源植物各论，收录了常见木本蜜源植物499种，针对蜜源植物的主要特征、花果期、生境及分布、产蜜及花粉性状、栽培要点进行阐述。第三部分是粤北地区蜜源林分造林配置模式、栽培技术及应用，根据蜜源植物生物学特性，如考虑耐阴性、耐贫瘠、耐干旱等，结合蜜粉源及产蜜状况和开花季节性，遵从因地制宜、适地适树原则，提出多树种、多林种结合的混交林蜜源植物配置模式和种植技术要点。

本书得到广东省林业局"林木种质资源调查"项目（项目编号：SL00102）、广东省林业局"林业外来入侵物种普查（植物部分）""十四五"重点研发项目"退化次生林林分空间结构调整对建群种动态更新与生态效益的影响（项目编号：2022YFF1303003）"等项目资助，获得国家林业和草原局广东珠江三角洲森林生态系统国家定位观测研究站的支持。本书在编写过程中得到了广东乐昌大瑶山省级自然保护区、广东乐昌杨东山十二度水省级自然保护区、乐昌市林业局、乐昌林场等领导的支持和鼓励。中国工程院院士、中国林业科学研究院刘世荣研究员为本书作序。在此，谨对所有支持帮助本书完成的同志和部门所作的贡献表示衷心的感谢。

本书对广大林农、养蜂生产者、林业工作者、科技人员和相关领域院校师生具有较好的参考价值。本书基于对粤北地区蜜源植物大量的调查研究编写而成，但由于时间仓促，本书难免存在错漏之处，望读者不吝赐教。

编著者

2024 年 2 月 15 日

目录

7

一、

粤北主要木本蜜源植物总论

1. 蜜源植物概述

1.1 蜜源植物的定义与分类

蜜源植物（honey plant 或 bee plant）指供蜜蜂采集花蜜和花粉的植物，是具有芳香气味或能制造花蜜以吸引蜜蜂之显花植物，是养蜂的物质基础。在养蜂业，人们通常将蜜源植物定义为：具有蜜腺而且能分泌甜液并被蜜蜂采集酿造成蜂蜜的植物或能产生较多能被蜜蜂采集利用花粉的植物，它是蜜蜂赖以生存与生产的主要条件，也是发展养蜂业的物质基础。在国外，也有学者将任何能产生花蜜的植物都统称为蜜源植物。不同领域、不同专业的研究人员对于蜜源植物有不同的解读。广义的蜜源植物可理解为：能提供花蜜或花粉供昆虫等传粉动物利用的植物。基于此，广义的蜜源植物涵盖范围远大于养蜂业对"蜜源植物"的定义，本书统计的蜜源植物仅基于养蜂业的"蜜源植物"定义。

依据蜜源植物在蜂群繁殖或蜂产品生产过程中所起的作用，结合蜜蜂访花的积极性等因素，蜜源植物被划分为 4 类：主要蜜源植物、优势蜜源植物、辅助蜜源植物和有毒蜜源植物。

（1）主要蜜源植物是指在养蜂生产中，能生产出单花种商品蜂蜜或蜂花粉的植物，或对蜂群繁殖具有重大价值的植物，一般 1 hm^2 的蜜源植物可产蜜 20~30 kg。

（2）优势蜜源植物是指蜜蜂采集积极，对蜂群繁殖或蜂产品生产具有较大价值，不容易生产出单花种商品蜂蜜或蜂花粉的植物，一般 1 hm^2 的蜜源植物可产蜜 5~20 kg。

（3）辅助蜜源植物是指蜜蜂采集积极性一般，不能生产出单花种商品蜂蜜或蜂花粉，对蜂群繁殖或蜂产品生产能起到辅助作用的植物，一般 1 hm^2 的蜜源植物可产蜜在 5 kg 以下。

（4）有毒蜜源植物是指蜜蜂采集植物的花蜜或花粉后会对蜜蜂或蜂群带来不利影响，或生产出的蜂蜜或蜂花粉等产品对人类有毒害作用的植物。如常见的博落回 [Macleaya cordata (Willd.) R. Br.]，其花蜜中的剧毒生物碱对蜜蜂、人类都能造成伤害；油茶（Camellia oleifera Abel）的花蜜中含生物碱、寡糖、半乳糖等，可令蜜蜂中毒，但对人无害。

1.2 我国蜜源植物概况

通过文献等资料统计发现，我国的蜜源植物有 3219 种（含种下等级），隶属于 180 科 1065 属，其中被子植物 170 科 1047 属 3184 种，裸子植物 10 科 18 属 35 种。被子植物和裸子植物种数分别占我国已知维管束植物（31142 种）的 10.22% 和 0.11%。在统计的 1065 个属蜜源植物中，菊科（Asteraceae）植物数量最多，为 91 属。排前 10 名的植物还有豆科（Fabaceae）88 属、唇形科（Labiatae）42 属、蔷薇科（Rosaceae）39 属、禾本科（Gramineae）34 属、十字花科（Cruciferae）28 属、百合科（Liliaceae）27 属、毛茛科（Ranunculaceae）23 属、伞形科（Apiaceae）22 属和茜草科（Rubiaceae）22 属。蜜源植物的物种数量占前 10 的科共有 1444 个种，占已发现蜜源植物总数的 44.86%，主要包括：蔷薇科、豆科、菊科、唇形科、山茶科（Theaceae）、毛茛科、百合科、杨柳科（Salicaceae）、杜鹃花科（Ericaceae) 和忍冬科（Caprifoliaceae）[1]。

1.3 粤北地区主要木本蜜源植物组成特征

根据调查，粤北主要木本蜜源植物共 499 种，隶属于 74 科 197 属，其中被子植物 67 科 188 属 487 种，裸子植物 7 科 9 属 12 种。74 科蜜源植物中，以蔷薇科 13 个属为最多，排名前 5 的依次为茜草科 9 属、山茶科 7 属、大戟科（Euphorbiaceae）8 属和樟科（Lauraceae）7 属。蜜源植物的物种数量占前 10 的科共有 225 种，占主要木本蜜源植物总数的 45.09%。主要包括：蔷薇科（33 种）、壳斗科（Fagaceae）（33 种）、樟科（30 种）、山茶科（29 种）、大戟科（20 种）、杜鹃花科（18 种）、马鞭草科（18 种）、芸香科（Rutaceae）（17 种）、冬青科（Aquifoliaceae）（15 种）和茜草科（13 种）。综上可知，粤北地区具有丰富的木本蜜源植物资源，且具有较高的养蜂价值，可作为广东省甚至华南地区养蜂业重点开发利用区域或人工营造蜜源地。

2. 蜜源植物开发利用概况及时代背景

我国劳动人民在饲养蜜蜂方面有源远流长的历史，对蜜源植物的认识和利用也在不断深入和发展。早在南宋时期就有杨万里的《蜂儿》："蜂儿不食人间仓，玉露为酒花为粮。

[1] 秦汉荣. 我国蜜粉源植物种类的统计与分析. 中国蜂业，2021,72(09):37-39.

作蜜不忙采花忙，蜜成犹带百花香。"诗句写明蜜蜂从百花中采集花蜜和花粉，酿制蜂蜜。元代鲁明善的《农桑衣食撮要》中记载："若雨水调匀，花木茂盛，其蜜必多。若雨水少，花木稀，其蜜必少。"这很好地概述了气候变化对蜜源植物的生长和蜂蜜产量的影响，并指出养蜂生产中蜜源植物的重要性。明代李时珍在《本草纲目》中用蜜源植物名称来称呼蜂蜜，如何首乌蜜、黄连蜜等。由于认识到蜂蜜是从花中来的，养蜂者十分注意养蜂的蜜源条件，尤其是对蜜源植物非常重视。

我国对养蜂产业高度重视，对蜜源植物的利用和研究亦十分重视，多数省份专门组织过蜜源植物的调查研究，获得大量相关研究成果。如 1980 年，云南省养蜂办公室编著的《云南蜜源植物》为我国第一部蜜源植物专著。1983 年，第一部全国性蜜源植物专著——《中国蜜源植物》问世。此外，《西北蜜源植物及其利用》《甘肃蜜源植物志》《广西蜜源植物》等著作都是几代科研人员针对蜜源植物的研究成果。在广大养蜂者和科技工作者的共同努力下，对蜜源植物的研究不断深入，研究成果逐年增多，如中国农科院蜜蜂研究所"中国主要蜜源植物资源区划与利用"、黑龙江省牡丹江农科所"中国蜜源资源之调查研究"等成果获得相关奖项，对养蜂生产和蜜源植物开发利用起到了积极的推动作用。

得益于丰富的蜜源植物资源，我国是世界上最大的蜂产品生产和出口国，在全球蜂产品贸易中占有十分重要的地位。据调查，我国各省区均拥有 5 种以上的主要蜜源植物，都具备发展蜂业的条件，其中蜜源植物资源比较丰富、蜂业发展潜力比较大的省区有：河南、湖北、陕西、黑龙江、河北、四川、山东、内蒙古、辽宁、吉林、江苏、安徽和广东，这些地区是我国蜂产品的主产区。我国蜜源基地分为 9 个区：以椴树（**Tilia tuan** Szyszyl.）、向日葵（**Helianthus annuus** L.) 为主的东北区；以枣（**Ziziphus jujuba** Mill.）、荆条 [**Vitex negundo** var. **heterophylla** (Franch.) Rehd.] 为主的华北区；以刺槐（**Robinia pseudoacacia** L.）、枣为主的黄河中下游区；以春油菜 (**Brassica chinensis** L. Gent. Pl.)、牧草和荞麦 (**Polygonum fagopyrum** L.) 为主的黄土高原区；以棉花 (**Gossypium hirsutum**) 和牧草为主的新疆区；以油菜、紫云英 (**Astragalus sinicus**) 为主的长江中下游区；以荔枝、龙眼和油菜为主的华南区；以油菜为主的西南区；以山茶科柃属 (**Eurya Thunb**) 植物、乌桕

(Sapium sebiferum) 为主的长江以南丘陵区。从我国蜂业发展的历程和目前经济社会发展的状况来看，重视蜜源植物资源利用是山区经济发展的必然选择。

开发利用蜜源植物资源有利于高质量发展生态林业。在生态林业建设中，蜜蜂养殖产业发挥着不可替代的作用。同时，生态化是蜜蜂养殖产业发展的主要方向之一。因此，应大力发展蜜蜂产业，挖掘其潜在优势，重视有机蜜蜂产业区的创造。借助政策优势、技术优势等创新和优化区域蜜蜂产业，树立绿色生态理念，对当地丰富的蜜源植物资源进行合理配置，并对其进行充分运用，使其成为生态林业建设的助推器，实现生态林业和蜜蜂产业的良性互动循环和共同发展。如可借助特种林果蜜源植物资源、药材资源等进行有机蜂蜜产区的建设，在改善林业环境的同时，也能够提高蜂产品产量与品质，从而实现蜜蜂产业的可持续发展，从根本上提升生态林业建设水平。

开发利用蜜源植物资源有利于助力乡村振兴战略和实现农民增收。目前，随着建设绿水青山美好家园及乡村振兴战略工作的深入开展，全国许多地方把养蜂列入群众脱贫致富的重要优先发展项目。受工业化和城市化的影响，粤北山区从事林业工作的主要为妇女和中老年人；受技术和文化程度限制，许多山区不仅就业机会少，而且劳动强度大，不利于劳动者致富。相对于林业生产而言，利用蜜源植物资源发展蜂业不占用土地，不破坏自然资源和生态环境，被誉为"空中农业"。在这些地区利用好蜜源植物资源发展蜂业，就地吸收劳动富余人员，将有利于社会稳定，并在带动群众增收、助力乡村振兴中发挥重要作用。

开发利用蜜源植物资源有利于保育生物多样性和提升生态系统服务功能。蜜蜂是对生态系统有益的昆虫类群之一，大约有 2/3 的被子植物是通过昆虫直接传粉或者间接依靠昆虫授粉，其中 80% 的授粉任务由蜜蜂完成。据粮农组织的数据，蜜蜂等传粉媒介影响着世界 35% 的作物产量，可以增加全球 87 种粮食作物的产量，还能帮助一些植物生长，农业生态效益不可估量。同时，蜜蜂的授粉活动可以增加植物的繁殖率，从而促进果实或种子的结实量，维护生态系统的平衡。黏附在蜜蜂体表的花粉颗粒在不同植物间授粉，使得地理隔离的植物遗传基因充分交流，保证了物种遗传多样性和保育生物多样性，使得生态系统的服务功能提升。由此可见，挖掘蜜源植物资源在发展蜂业的同时，也可维持生态系统的稳定和平衡，切实体现"小蜜蜂，大产业"和"小蜜蜂，大生态"的巨大作用。

开发利用蜜源植物资源有利于带动生态旅游业和科普教育的发展。蜜蜂在华夏大地已生存了几千万年。在中华民族数千年的历史长河里，人类从认识蜜蜂、饲养蜜蜂、研究蜜蜂到利用蜜蜂产品的过程中，形成了丰富多彩的蜜蜂文化，并渗透到人们的衣、食、住、行及文学、艺术、宗教、民俗、医药等各领域。在我国文化中，蜜蜂往往是光明、勤劳、崇高的形象，为我国主流文化的赞扬对象，展现了我国文化的审美取向和道德追求。利用蜜源植物资源大力发展蜜蜂养殖业的同时，可打造蜜蜂养殖培训基地、蜜蜂技艺传承基地，把蜜蜂的故事和乡村风俗相结合。充分利用旅游业资源优势，将养蜂业与旅游业相结合，强化观光休闲功能，依托农村田园风光和特色养蜂方式，向蜜蜂旅游、蜜蜂文化、蜜蜂疗养、养生养老、手工艺、授粉果蔬采摘、蜜蜂与生态等方面拓展。加强政府引导，发挥龙头企业和知名品牌的带动作用，延长产业链条，全面提升产业效益，利用各类蜜源植物资源，开发特色蜂旅的旅游产品，使得蜜源植物在乡村振兴中的作用愈发突出。同时，可通过"5·20"世界蜜蜂日、全国科普日等普及蜜蜂知识，宣传推介蜜蜂产业和蜜蜂产品及蜜源植物的基石作用，让更多的人认识蜜蜂、呵护蜜蜂和了解蜜源植物的重要性，从而助力科普教育有序开展。

此外，很多彩叶树种、珍贵树种和南药植物是主要蜜源植物，结合目前的集约经营模式，在绿美广东生态建设与林业产业高质量发展的背景下，可在发展珍贵树种、构建特色森林景观和发展林下药用植物的同时，利用好此类蜜源植物资源，促进蜂业大力发展。

3. 蜜源植物资源开发利用现状与前景分析

我国蜂蜜产量占据世界蜂蜜产量的26%，是全球第一蜂蜜生产大国，也是欧盟蜂蜜进口的主要来源国。然而，值得关注并亟待解决的问题是蜂业生产模式相对落后，蜂产品质量水平参差不齐，经济价值低，现代化水平低，在国际市场上缺乏竞争力。即使是在全球95%的蜂王浆来自我国的情况下，我国蜂产品行业依然对国际市场上蜂王浆的售价无定价权。尤其是受农药、耕作变化影响非常大，蜜源植物的面积和种类严重受限，蜂产品的产量和质量都大幅下降，即蜜源植物资源的开发和利用难以满足快速发展的养蜂生产需要，为此，合理并持续高效地开发利用现有林地的蜜源植物资源，已成为当前亟待解决的问题。

目前，广西、浙江、河南等养蜂大省都相继出台了蜜源植物开发利用规划。如浙江省蜜源植物约有300种，包括70科189属，蜜源植物总面积达200多万hm^2，分属粮食、油料、纤维、果蔬、花卉、林木、饲料、香料、饮料、药材十大类蜜源植物资源。浙江计划打造100多万hm^2的蜜源基地，主要蜜源植物有油菜、紫云英、柑橘、枣树、山茶、枇杷、乌桕（山乌桕）、大豆、玉米、杨梅、柿树、荆条、西瓜、桉树、野桂花等，将为全省蜂产业发展提供坚实的蜜源物质基础。河南省蜜源植物种类较多，包括榆树、柳、刺槐、泡桐、枣树、芝麻等主要蜜源植物；河南通过防护林建设增加5万多hm^2的泡桐蜜源植物，在"四旁"增植4.1亿株蜜源植物以增加蜂业蜜源，相当于每年增产蜂蜜量18万t。广西壮族自治区具有丰富的蜜源植物资源，蜜源植物达735种，主要蜜源植物和优势蜜源植物共112种。广西每个季度都有大宗蜜源植物开花流蜜，均能出产商品蜜：春季有油菜、紫云英、柑橘、荔枝、龙眼；夏季有海榄、山乌桕、小桉树；秋季有速生桉、五倍子、九龙藤；冬季有鸭脚木、野桂花等。在各级政府部门的共同推进下，蜂群数量突破70万群大关，达到73万群，蜂蜜年总产量1.8万t，蜂群数量和蜂蜜产量均取得较快增长。

在广东，蜜源植物分为野生和人工种植两种。野生蜜源植物主要分布在山区，主要蜜源植物有鸭脚木、柃属植物和山乌桕等。人工种植的蜜源植物主要为果树，面积超过100万hm^2，包括荔枝、龙眼、柑橘、李、柚子、柿子、香蕉、菠萝等果树，大多数分布在粤西、珠三角等区域，是广东省的主要蜜源植物。粤北山区属于多山少田、经济相对落后地区，素有"八分山、一分田、一分水"之说，林地资源丰富，蜜源植物分布广，全方面利用林地资源、深化低产低效林改造、提高蜜源植物泌蜜量是蜂业长足发展的重点。同时应大力发展林下经济、推行立体种植等模式，促使有限的土地培育出更多的蜜源植物，推动蜂产业的全面发展，促进农业增产、农民增收、生态增效。发展和利用好蜜源植物资源是实现"绿水青山转化为金山银山"的具体路径，也是乡村振兴战略的坚实支撑，更是绿美广东生态建设的重要抓手，能为现代化高质量发展及资源可持续利用做出更大贡献。

二、
粤北主要木本蜜源植物各论

银杏

银杏科 银杏属

Ginkgo biloba Linn.

别名 / 白果树、公孙树

主要特征 / 落叶乔木；高可达 40 m。叶在长枝上互生，在短枝上簇生，叶片扇形，上缘宽 5~8 cm，顶端波状或深裂，叶柄细长。花单性，生于短枝上，雌雄异株；雄花成柔荑状花序；雌花具长梗，有两胚珠着生于长柄上。种子核果状，椭圆形至近球形，长 2~3 cm，有肉质黄色外种皮和膜质白色内种皮，中种皮骨质，白色。

花果期 / 花期 3~4 月；果期 9~10 月。

生境及分布 / 在粤北的乐昌、乳源、连山、连南、阳山、翁源、新丰、和平等地常见。我国特产，为中生代的孑遗植物，各地普遍栽培。

产蜜及花粉性状 / 花蜜、花粉较少；辅助蜜源植物。

栽培要点 / 雌雄异株，可采用播种育苗、硬枝扦插、蘖芽分株等方法繁殖，嫁接可使植株提前开花结果。喜光，深根性，对气候、土壤的适应性较强。

湿地松

松科 松属

Pinus elliottii Engelm.

主要特征 / 乔木；高达 30 m。树皮灰褐色或暗红褐色，纵裂成鳞状块片剥落；鳞叶上部披针形，干枯后宿存数年不落，故小枝粗糙。针叶 2~3 针，一束并存，长 18~30 cm，深绿色，有气孔线。球果圆锥状卵形，长 6.5~13 cm；种子卵圆形，微具 3 条棱，种翅长 0.8~3.3 cm，易脱落。

花果期 / 花期 4~5 月；果期 10~12 月。

生境及分布 / 粤北各县均有栽培。原产于北美东南部，我国长江流域以南各省区引种造林。

产蜜及花粉性状 / 几无泌蜜，花粉较多；主要粉源植物。

栽培要点 / 播种或扦插繁殖。将球果晾晒取出种子，装入袋中置通风干燥处贮藏。阳性树种，不耐阴；对土壤要求不严格，耐瘠薄。

华南五针松

松科 松属

Pinus kwangtungensis Chun ex Tsiang

别名 / 广东松

主要特征 / 乔木；高达 30 m。树皮褐色，裂成不规则的鳞状块片。针叶 5 针一束，长 3.5~7 cm，短硬，两面有气孔线，树脂道 2~3 个，在背面边生。球果圆柱状长圆形或圆柱状卵形，长 4~9 cm，梗长 1~2 cm；种子椭圆形或倒卵形，长 8~12 mm，与种翅等长。

花果期 / 花期 4~5 月；果期 10 月。

生境及分布 / 在粤北的乐昌、乳源、连州、阳山、连山、连南等地常见。生于海拔 700 m 以上山坡、山顶。分布于湖南、广西、广东、海南等省区。国家二级保护植物。

产蜜及花粉性状 / 几无泌蜜，花粉较多；主要粉源植物。

栽培要点 / 播种繁殖。将球果晾晒取出种子，置通风干燥处贮藏。喜光，不耐阴；喜温凉湿润气候，适生于土层深厚、排水良好的酸性土壤；耐瘠薄，在悬岩、石隙中也能生长。

马尾松

松科 松属

Pinus massoniana Lamb.

主要特征 / 乔木；高达 45 m。树皮红褐色，裂成不规则的鳞状块片。针叶 2 针一束，长 12~20 cm，细柔，微扭曲，两面有气孔线，边缘有细锯齿。球果卵圆形或圆锥状卵圆形，长 4~7 cm，熟时栗褐色；种子长卵圆形，长 4~6 mm。

花果期 / 花期 4~5 月；果期 10~12 月。

生境及分布 / 粤北各县广泛分布和栽培。生于阳光充足的山坡、山脊、山顶。我国华东、华中、华南各省区均普遍分布。

产蜜及花粉性状 / 几无泌蜜，花粉较多；主要粉源植物。

栽培要点 / 播种繁殖。将球果晾晒取出种子，装入布袋中置通风干燥处贮藏。阳性树种，不耐阴，耐瘠薄。

杉木

杉科 杉木属

Cunninghamia lanceolata (Lamb.) Hook.

主要特征 乔木；高达 30 m。树皮裂成长条片脱落，内皮淡红色。叶在主枝上辐射伸展，侧枝之叶基部扭转成二列状，条状披针形，常呈镰状，坚硬，长 2~6 cm，边缘有细缺齿。雄球花圆锥状，簇生枝顶；雌球花单生或 2~4 个集生。球果卵圆形，长 2.5~5 cm，熟时苞鳞棕黄色。

花果期 花期 4 月；果期 10 月。

生境及分布 粤北各县普遍分布和栽植。喜生于湿度较大的山坡、山谷。分布于我国华东、华中、华南、西南各省区。

产蜜及花粉性状 几无泌蜜，花粉丰富；主要粉源植物。

栽培要点 播种或扦插繁殖。采种后晾晒取出种子，装入袋中置通风干燥处贮藏；扦插以春季或秋季为宜。半阴性树种，喜肥沃、湿润土壤，不耐瘠薄。

落羽杉

杉科 落羽杉属

Taxodium distichum (Linn.) Rich.

主要特征 落叶乔木；在原产地高达 50 m。树干基部通常膨大，常有膝状的呼吸根。叶条形，基部扭转在小枝上列成二列，羽状，长 1~1.5 cm，凋落前变成暗红褐色。球果球形或卵圆形，直径约 2.5 cm；种子呈不规则三角形，有锐棱，长 1.2~1.8 cm。

花果期 花期 3 月；果期 10 月。

生境及分布 粤北各县均有栽培。常见于村旁、路旁、水边。我国华东、华中、华南地区有引种栽培。

产蜜及花粉性状 蜜粉源较少；辅助蜜源植物。

栽培要点 播种繁殖。将球果阴干取出种子，沙藏处理后于春季播种。喜湿润土壤，耐水浸。

柏木

柏科 柏木属

Cupressus funebris Endl.

主要特征 / 乔木；高达 35 m。树皮淡灰褐色，裂成窄长条片；小枝细长下垂，生鳞叶的小枝扁，排成一平面。鳞叶长 1~1.5 mm，顶端锐尖，中央之叶的背部有条状腺点，两侧的叶对折，背部有棱脊。球果圆球形，直径 8~12 mm。

花果期 / 花期 3~5 月；种子翌年 5~6 月成熟。

生境及分布 / 在粤北的乳源、乐昌、连州、连山、连南、英德、南雄、始兴、翁源、新丰、和平、连平、紫金等地常见。生于山地林中。分布于我国华东、华中、华南、西南各省区。

产蜜及花粉性状 / 几无泌蜜，花粉较多；优势粉源植物。

栽培要点 / 播种繁殖。采种后将球果曝晒 2~3 天即可脱粒，净种后装入布袋或木箱中置通风干燥处贮藏。喜阳，耐瘠薄，在石灰岩地区长势良好。

侧柏

柏科 侧柏属

Platycladus orientalis (Linn.) Franco

主要特征 / 乔木；高达 20 m。树皮淡灰褐色，裂成窄长条片；小枝细长下垂，生鳞叶的小枝扁，排成一平面，两面同形。鳞叶长 1~3 mm，顶端微钝。球果圆球形，直径 15~20 mm，熟时褐色；种子近圆形，无翅，种脐大而明显。

花果期 / 花期 3~4 月；果期 9~10 月。

生境及分布 / 粤北各县均有栽种。常植于庭园、路旁。分布于我国北部及西部地区，栽培几乎遍布全国。

产蜜及花粉性状 / 几无泌蜜，花粉丰富；主要粉源植物。

栽培要点 / 播种繁殖。采种后将球果曝晒 2~3 天即可脱粒，净种后装入布袋或木箱中置通风干燥处贮藏。喜光，适应性强，对土壤要求不严，耐干旱瘠薄。

竹柏

罗汉松科 罗汉松属

Podocarpus nagi (Thunb.) Zoll. et Mor. ex Zoll.

主要特征 / 常绿乔木；高达 15 m。树皮近平滑，红褐色。叶交互对生或近对生，排成两列，厚革质，有光泽，卵形、卵状披针形，长 3.5~9 cm，无中脉，而有多数并列细脉。雌雄同株，花后苞片不发育成肉质种托。种子球形，直径 1.2~1.5 cm，熟时套被紫黑色，被白粉。

花果期 / 花期 3~4 月；果期 10 月。

生境及分布 / 在粤北的乐昌、乳源、连州、连山、连南、始兴、翁源、新丰、和平、连平、蕉岭、丰顺、大埔、罗定、郁南等地常见。生于低海拔山谷。分布于台湾、福建、浙江、江西、湖南、广东、广西、四川等省区。

产蜜及花粉性状 / 蜜粉源较少；辅助蜜源植物。

栽培要点 / 播种繁殖。采种后洗去果肉，沙藏层积处理，喜疏松肥沃土壤和温暖湿润环境，耐阴，在贫瘠的土壤中生长缓慢。

罗汉松

罗汉松科 罗汉松属

Podocarpus macrophyllus (Thunb.) D. Don.

主要特征 / 常绿乔木。叶螺旋状着生，条状披针形，长7~10 cm，顶端短尖，基部楔形。雌雄同株，雄球花穗状，常3~5簇生于叶腋；雌球花单生于叶腋，有梗。种子卵状球形，直径约 1 cm，熟时肉质套被紫红色或紫黑色，被白粉，着生于肥厚肉质的种托上；种托红色或紫红色。

花果期 / 花期 4~5 月；种子 9~10 月成熟。

生境及分布 / 在粤北的乐昌、乳源、连山、英德、仁化等地常见。分布于长江流域以南各省。

产蜜及花粉性状 / 蜜粉源较少；辅助蜜源植物。

栽培要点 / 播种或扦插繁殖。种子随采随播或沙藏层积处理。喜疏松肥沃土壤，耐瘠薄。

三尖杉

三尖杉科 三尖杉属

Cephalotaxus fortunei Hook.

主要特征 / 常绿乔木；高达 10 m。树皮褐色或红褐色，裂成片状脱落；枝条对生，稍下垂。叶排成两列，披针状条形，通常微弯，长 4~13 cm，上面深绿色，下面气孔带白色。雄球花 6~10 聚生成头状。种子椭圆状卵形，长约 2.5 cm，假种皮成熟时呈红紫色。

花果期 / 花期 4 月；种子 8~10 月成熟。

生境及分布 / 在粤北的乐昌、乳源、南雄、始兴、连州、连山、连南、阳山、仁化、和平、连平、大埔、平远、丰顺等地常见。生于阔叶树、针叶树混交林中。分布于安徽、浙江、福建、云南、贵州、甘肃、湖南、广东、广西、陕西等省区。

产蜜及花粉性状 / 几无泌蜜，花粉较多；优势粉源植物。

栽培要点 / 播种繁殖。种子随采随播或沙藏层积处理。播种前 2 周用 0.3% 的高锰酸钾溶液或福尔马林溶液浇灌苗畦消毒。喜疏松肥沃、排水良好的土壤。

南方红豆杉

红豆杉科 红豆杉属

Taxus wallichiana Zucc. var. **mairei** (Lemée et Lévl.) L. K. Fu & Nan Li

别名 / 美丽红豆杉

主要特征 / 常绿乔木；高达 30 m。树皮裂成条片；叶螺旋状着生，排成二列，条形，近镰状，长 1.5~4.5 cm，顶端微急尖，下面有两条黄绿色气孔带。雌雄异株；雄球花球状，有梗；雌球花近无梗，珠托圆盘状。种子微扁，倒卵形或宽卵形，长 6~8 mm，生于红色肉质的杯状假种皮中。

花果期 / 花期 3~6 月；果期 10~11 月。

生境及分布 / 在粤北的乐昌、乳源、连州、连山、连南、仁化等地常见。生于山地林中或村旁。分布于安徽、浙江、福建、台湾、江西、广东、广西、湖南、陕西、四川、云南、贵州、湖北等省区。

产蜜及花粉性状 / 几无泌蜜，花粉较多；优势粉源植物。

栽培要点 / 播种繁殖。种子放置于高锰酸钾溶液里消毒，泡 10 分钟，取出洗净，播种在土里即可。喜疏松肥沃、排水良好的土壤。

30

玉兰

木兰科 木兰属

Magnolia denudata Desr.

别名 / 玉棠春

主要特征 / 落叶乔木。冬芽及花梗密被灰黄色长绢毛。叶纸质、倒卵形或倒卵状椭圆形，长 10~18 cm，顶端宽圆、平截或稍凹，具短突尖，中部以下渐狭成楔形。花先于叶开放，芳香，直径 10~16 cm；花被片 9 片，白色，基部常带粉红色。聚合果圆柱形，常弯曲，长 12~15 cm；蓇葖厚木质，具白色皮孔；种子外种皮红色。

花果期 / 花期 2~3 月；果期 8~9 月。

生境及分布 / 在粤北的乐昌、乳源、连州等地常见。生于高海拔山谷林中。分布于我国黄河流域及其以南各省区。

产蜜及花粉性状 / 泌蜜较少，花粉较多；优势蜜粉源植物。

栽培要点 / 播种或扦插繁殖。将种子放在碱水中浸泡 40~60 个小时，待种皮软化后晾干，将处理好的种子消毒撒播；喜疏松肥沃、排水良好的土壤。

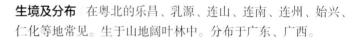

仁昌木莲

木兰科 木莲属

Manglietia chingii Dandy

别名 / 桂南木莲

主要特征 / 乔木；高达 20 m。嫩枝及芽有红褐色毛。叶革质，狭倒卵状椭圆形，或倒披针形，长 12~15 cm，顶端短渐尖。花梗纤细下弯，长 4~7 cm。花被片 9~11 片，白色，外轮 3 片质较薄，椭圆形，内 2 轮的稍小，常肉质。聚合果红褐色，卵形，蓇葖顶端具短喙；种子红色。

花果期 / 花期 5~6 月；果期 9~10 月。

生境及分布 / 在粤北的乐昌、乳源、连山、连南、连州、始兴、仁化等地常见。生于山地阔叶林中。分布于广东、广西。

产蜜及花粉性状 / 蜜粉源较少；辅助蜜源植物。

栽培要点 / 播种繁殖。果熟时采收，可阴干脱粒，用湿沙低温贮藏，翌年春播。喜温暖、湿润气候及通风环境，稍耐寒，不耐高温；喜光，耐半阴。

乳源木莲

木兰科 木莲属

Manglietia yuyanensis Y. W. Law

主要特征 / 常绿乔木；高达 10 m。叶革质，狭倒卵状椭圆形或狭椭圆形，长 8~14 cm，顶端渐尖，基部楔形或阔楔形，边全缘稍背卷，叶背浅绿色。花被片 9 片，外轮 3 片带绿色，内 2 轮肉质，纯白色，倒卵形。聚合果卵形，长 4~8 cm，成熟时红褐色。

花果期 / 花期 5 月；果期 9~10 月。

生境及分布 / 在粤北的乐昌、乳源、连州、连南、始兴等地常见。生于山地林中。分布于安徽、浙江、江西、福建、湖南、广东。

产蜜及花粉性状 / 蜜粉源较少；辅助蜜源植物。

栽培要点 / 播种繁殖。9 月上旬后采种，种子需湿沙贮藏，保持相对湿度在 85%~90%，并通气，翌年春播。适合在土质深厚、疏松肥沃、水湿条件好的林地种植；造林前期注意松土、追肥、除草等抚育。

木莲

木兰科 木莲属

Manglietia fordiana Oliv.

主要特征 乔木；高达 20 m。嫩枝、芽、叶背、花梗有红褐色短毛。叶革质，倒卵形、狭椭圆状倒卵形，长 8~17 cm。顶端短急尖。花被片 9 片，白色，外轮 3 片质较薄，长圆状椭圆形，长 6~7 cm，内 2 轮的稍小，常肉质。聚合果褐色，卵球形，长 2~5 cm，蓇葖顶端具短喙；种子红色。

花果期 花期 5 月；果期 10 月。

生境及分布 粤北各县广泛分布。生于山地阔叶林中。分布福建、江西、湖南、贵州、广东、广西、云南等省区。

产蜜及花粉性状 蜜粉源较少；辅助蜜源植物。

栽培要点 播种繁殖。采收成熟果实后，先阴干脱粒，搓去红色假种皮，洗净阴干；湿沙低温 (5℃) 贮藏，翌年春播。喜温暖湿润气候及深厚肥沃、排水良好的酸性土；造林初期耐阴，成长后喜光。

毛桃木莲

木兰科 木莲属

Manglietia moto Dandy

主要特征 / 常绿乔木；高达 14 m。嫩枝、芽、嫩叶、果柄均密被锈褐色茸毛。叶革质，倒卵状椭圆形或倒披针形，长 12~25 cm，下面和叶柄均被锈褐色茸毛。花乳白色，芳香；花被片 9 片，外轮 3 片近革质，长圆形，内 2 轮肉质，倒卵形，稍小。聚合果卵球形，长 5~7 cm；蓇葖顶端具短喙。

花果期 / 花期 5~6 月；果期 8~12 月。

生境及分布 / 在粤北的乐昌、乳源、连州、连山、连南、南雄、始兴、仁化、英德、阳山、翁源、新丰、连平、和平等地常见。生于山地阔叶林中。分布于湖南、广东、广西等省区。

产蜜及花粉性状 / 蜜粉源较少；辅助蜜源植物。

栽培要点 / 播种繁殖，宜随采随播。可按湿沙与种子 3:1 的比例贮藏于阴凉处，翌年春播。播种前先用 45℃温水浸种 24 小时，再用 1200 毫克 / 升的赤霉素溶液浸种 48 小时，随后催芽。喜肥喜湿，但不耐水涝。

乐昌含笑

木兰科 含笑属

Michelia chapensis Dandy

主要特征 常绿乔木；高 15~30 m。叶薄革质，倒卵形或长圆状倒卵形，长 6.5~16 cm，顶端骤狭短渐尖。花被片淡黄色，芳香，6 片，2 轮，外轮倒卵状椭圆形；内轮较狭。聚合果长约 10 cm；蓇葖长圆形或卵形，顶端具短细弯尖头；种子红色，卵形或长圆状卵圆形。

花果期 花期 3~4 月；果期 8~9 月。

生境及分布 在粤北的乐昌、乳源、连州、连山、连南、南雄、曲江等地常见。生于山地阔叶林中。分布于湖南、江西、广西、广东等省区。

产蜜及花粉性状 蜜粉源较少；辅助蜜源植物。

栽培要点 播种繁殖，10 月中旬至 11 月上旬采种，去除假皮后宜随采随播；育苗期间主要有猝倒病、地老虎、炭疽病和日灼病等。喜深厚、疏松、肥沃、排水良好的酸性至微碱性土壤，在山坡中下部及山谷两侧生长较好；耐一定水涝。

Michelia chapensis Dandy

金叶含笑

木兰科 含笑属

Michelia foveolata Merr. ex Dandy

主要特征 / 常绿乔木；高达 30 m。芽、幼枝、叶柄、叶背、花梗密被红褐色短茸毛。叶长圆状椭圆形，长 17~23 cm，基部阔楔形、圆钝或近心形，通常两侧不对称；柄无托叶痕。花被片9~12 片，淡黄绿色，基部带紫色。蓇葖长圆状椭圆形。

花果期 / 花期 3~5 月；果 9~10 月成熟。

生境及分布 / 在粤北的乐昌、乳源、连州、连山、连南、南雄、始兴、仁化、英德、阳山、翁源、新丰、连平、和平、罗定等地常见。生于山地阔叶林中。分布于贵州、湖南、江西、云南、广西、广东、海南等省区。

产蜜及花粉性状 / 蜜粉源较少；辅助蜜源植物。

栽培要点 / 播种繁殖。采收后稍晒，收集的种子可用清水浸一整夜，混沙或草木灰搓洗去假种皮，即可播种，或用湿润沙藏。喜土层深厚、肥沃湿润的酸性、微酸性林地。

深山含笑

木兰科 含笑属

Michelia maudiae Dunn

别名 光叶白玉兰、望春花

主要特征 常绿乔木。芽、嫩枝、叶下面、苞片均被白粉。叶革质，长圆状椭圆形，长7~18 cm，基部阔楔形或近圆钝。叶柄无托叶痕。花被片9片，纯白色，芳香，外轮倒卵形，内两轮渐狭小，近匙形。聚合果长7~15 cm，蓇葖长圆形、倒卵圆形。种子红色，斜卵圆形。

花果期 花期2~3月；果期9~10月。

生境及分布 在粤北的乐昌、乳源、连州、连山、连南、始兴、仁化、英德、阳山、翁源、新丰、连平、和平、云浮、罗定等地常见。生于山地阔叶林中。分布于浙江、贵州、湖南、福建、广西、广东等省区，为华南地区常绿阔叶林中的优势树种之一。

产蜜及花粉性状 蜜粉源较少；辅助蜜源植物。

栽培要点 播种和嫁接繁殖。种子可随采随播，亦可用湿沙贮藏到翌年春季播种，播种前用浓度为0.5%的高锰酸钾溶液浸种消毒2小时。喜温暖湿润、阳光充足的环境；宜生长于土层深厚、排水良好、疏松肥沃、富含有机质的酸性及微酸性土壤。生长快，适应性广、耐旱，有一定耐寒能力。

野含笑

木兰科 含笑属

Michelia skinneriana Dunn

别名 / 锈毛含笑

主要特征 / 乔木或小乔木；高可达 15 m。芽、嫩枝、叶柄、叶背中脉及花梗均密被褐色柔毛。叶革质，狭倒卵状椭圆形、倒披针形或狭椭圆形，长 5~11 cm，顶端长尾状渐尖；托叶痕达叶柄顶端。花淡黄色，芳香；花被片 6 片。聚合果长 4~7 cm，常因部分心皮不育而弯曲。

花果期 / 花期 5~6 月；果期 8~9 月。

生境及分布 / 在粤北的乐昌、乳源、连州、连山、连南、南雄、始兴、仁化、英德、阳山、翁源、新丰、连平、和平等地常见。生于山谷林中。分布于浙江、湖南、江西、福建、广东、广西等省区。

产蜜及花粉性状 / 蜜粉源较少；辅助蜜源植物。

栽培要点 / 播种繁殖。采收后阴干，翌年春播。野含笑生长较慢且耐阴，不宜营造纯林，可选择山地下坡或沟谷空气湿润和土壤肥沃的地段造林，或在林地疏伐后间种。

乐东拟单性木兰

木兰科 拟单性木兰属

Parakmeria lotungensis (Chun & C. Tsoong) Y. W. Law

主要特征 常绿乔木；高达30 m。叶革质，倒卵状椭圆形，长6~11 cm，上面深绿色，极光亮。花杂性，雄花两性花异株；雄花花被片9~14片，外轮浅黄色，倒卵状长圆形，内2~3轮白色；两性花花被片与雄花同形而较小。聚合果椭圆状卵圆形；种子外种皮红色。

花果期 花期4~5月；果期8~9月。

生境及分布 在粤北的乐昌、乳源、连山等地常见。生于高海拔肥沃的阔叶林中。分布于湖南、江西、广东、海南。

产蜜及花粉性状 蜜粉源较少；辅助蜜源植物。

栽培要点 可播种和嫁接繁殖。种子在8~9月成熟，采收后阴干，清水浸泡2~3天，搓去假皮；种子和湿沙按1:4沙藏或贮藏在5℃左右的冷库中。喜土层深厚、腐殖质较多、空气湿度较大的北坡、东北坡、阳坡下部或山谷。

观光木

木兰科 观光木属

Michelia odora (Chun) Noot. & B. L. Chen

主要特征 / 常绿乔木；高达 25 m。芽、幼枝、叶柄、叶背、花梗密被黄褐色糙伏毛。叶纸质，倒卵状椭圆形，长 8~17 cm；托叶痕达叶柄中部。花被片淡黄色，外轮狭倒卵状椭圆形，长 1.7~2 cm，内轮较狭小。聚合果长椭圆形，长达 13 cm；具苍白色大型皮孔，果瓣厚 1~2 cm。

花果期 / 花期 3~4 月；果期 9~10 月。

生境及分布 / 在粤北的乐昌、乳源、连州、连山、连南、南雄、始兴、仁化、英德、阳山、翁源、新丰、连平、和平等地常见。生于山地阔叶林中。分布于湖南、江西、福建、广西、广东等省区。

产蜜及花粉性状 / 蜜粉源较少；辅助蜜源植物。

栽培要点 / 可种子繁殖或播种繁殖。采摘成熟果实，放置阴凉处铺开 2~3 天，将种子取出，除去腊质假种皮，即可进行播种或沙藏催芽立春播种。观光木喜温暖、湿润气候及深厚肥沃的土壤，适生于酸性至中性土壤。

阴香

樟科 樟属

Cinnamomum burmannii (C. G. & Th. Nees) Bl.

主要特征 常绿乔木；高可达 15 m。叶革质，卵形、长圆形至披针形，长 5~10 cm，顶端短渐尖，基部宽楔形，离基 3 出脉。圆锥花序腋生或近顶生；花绿白或带黄色，花被裂片长圆状卵形。果卵球形，紫黑色；果托顶端具齿裂。

花果期 花期 10 月至翌年 2 月；果期 12 月至翌年 4 月。

生境及分布 在粤北的乐昌、乳源、连州、连山、连南、南雄、始兴、仁化、英德、阳山、翁源、新丰、连平、和平、郁南、云浮等地常见。生于常绿阔叶林中。分布于广东、广西、福建、云南、贵州等省区。

产蜜及花粉性状 蜜粉源较多；优势蜜源植物。

栽培要点 可用种子繁殖。成熟种子采回后，堆沤数天，待果肉充分软化后，用冷水浸渍，搓去果皮，用清水冲去果肉，摊开晾干。宜采后即播或沙藏，沙藏最好不超过 20 天。造林地宜选择在山地、丘陵及平缓山坡地的中下部。土壤以沙壤质至中黏质、重壤质至轻壤质为最佳。

Cinnamomum burmannii (C. G. & Th. Nees) Bl.

樟

樟科 樟属

Cinnamomum camphora (Linn.) Presl

别名 / 樟树、香樟、芳樟、油樟

主要特征 / 常绿大乔木；高可达 30 m。枝、叶、木材均有樟脑气味；叶卵状椭圆形，长 6~12 cm，边缘常呈微波状，离基 3 出脉，每边有侧脉 1~5 条，脉腋下面有明显腺窝。圆锥花序腋生；花绿白或带黄色，花被裂片椭圆形。果卵球形或近球形，紫黑色；果托杯状，顶端截平。

花果期 / 花期 4~5 月；果期 8~11 月。

生境及分布 / 在粤北的乐昌、乳源、连州、连山、连南、南雄、始兴、仁化、英德、阳山、翁源、新丰、连平、和平、郁南、云浮等地常见。生于山坡或沟谷中，常有栽培。分布于我国南方及西南各省区。

产蜜及花粉性状 / 蜜粉源较少；辅助蜜源植物。

栽培要点 / 可播种繁殖、软枝扦插和分蘖繁殖，以播种繁殖为主。播种的土壤应选择沙壤土，做好排水。樟的嫁接时间宜选择在 3 月上旬，最为常用的嫁接方法为劈接法。樟适合与其他树种混交造林，应选择土壤肥力水平良好、背风向阳、土层深厚的岗地或丘陵等林地造林。

黄樟

樟科 樟属

Cinnamomum parthenoxylon (Jack) Meisn.

别名 油樟、大叶樟

主要特征 常绿乔木；高 10~20 m。树皮深纵裂，具有樟脑气味。叶椭圆状卵形，长 6~12 cm，基部楔形或阔楔形，羽状脉，侧脉每边 4~5 条。圆锥花序腋生或近顶生；花小，绿带黄色；花梗纤细。果球形，直径 6~8 mm，黑色；果托狭长倒锥形，红色。

花果期 花期 3~5 月；果期 4~10 月。

生境及分布 在粤北的乐昌、乳源、连州、连山、连南、南雄、始兴、仁化、英德、阳山、翁源、新丰、连平、和平、河源、五华、梅州、大埔、平远、丰顺、罗定等地常见。生于常绿阔叶林中。分布于海南、广东、广西、福建、江西、湖南、云南、贵州等省区。

产蜜及花粉性状 蜜粉源较少；辅助蜜源植物。

栽培要点 播种繁殖。播种的土壤应选择沙壤土，做好排水。适生于土壤肥力水平良好、背风向阳、土层深厚的岗地或丘陵等林地。

香桂

樟科 樟属

Cinnamomum subavenium Miq.

主要特征 / 乔木；高达 20 m。叶椭圆形至披针形，长 4~13.5 cm，下面黄绿色，密被黄色平伏绢状短柔毛，3 出脉或近离基 3 出脉，中脉及侧脉在上面凹陷，叶柄密被黄色平伏绢状短柔毛。圆锥花序腋生；花淡黄色，花被裂片 6 片。果椭圆形，熟时蓝黑色；果托杯状，顶端全缘。

花果期 / 花期 6~7 月；果期 8~10 月。

生境及分布 / 在粤北的乐昌、乳源、连州、英德、清远、始兴、大埔等地常见。生于山谷的常绿阔叶林中。分布于广东、广西、云南、贵州、四川、湖北、安徽、浙江、江西、福建、台湾等省区。

产蜜及花粉性状 / 泌蜜较多，花粉较少；优势蜜粉源植物。

栽培要点 / 播种繁殖。种子 9 月下旬成熟，将采集的浆果种子水浸 2 天后，去除外果皮和果托，反复水洗得到纯净种子；种子宜沙藏。适宜在海拔低、日照强度低、石砾含量少、土层深厚、肥力较好的黄红壤中生长。

厚壳桂

樟科 厚壳桂属

Cryptocarya chinensis (Hance) Hemsl.

主要特征 / 乔木；高达 20 m。树皮暗灰色。叶长椭圆形，长 7~11 cm，上面光亮，下面苍白色，离基 3 出脉，中脉上部有侧脉 2~3 对。圆锥花序腋生及顶生；花淡黄色，花被裂片倒卵形。果球形或扁球形，熟时紫黑色，有纵棱 12~15 条。

花果期 / 花期 4~5 月；果期 8~12 月。

生境及分布 / 在粤北的乐昌、乳源、连州、连山、英德、蕉岭、丰顺、郁南、云浮等地常见。生于山谷林中。分布于广东、广西、福建、台湾、四川等省区。

产蜜及花粉性状 / 蜜粉源较少；辅助蜜源植物。

栽培要点 / 播种繁殖。种子成熟后宜随采随播，也可拌湿沙贮藏 3~4 个月。应选择播种在海拔 500 m 以下山坡的中下部，由花岗岩、砂页岩等发育而成的酸性土壤中，喜土层深厚、肥沃、疏松、排水良好的林地。适当深栽、不弯根，侧根舒展，踩实；栽植后回土，并在植株周围覆盖松土和杂草保湿。

硬壳桂

樟科 厚壳桂属

Cryptocarya chingii Cheng

别名 / 仁昌厚壳桂

主要特征 / 小乔木；高达 12 m。叶椭圆形或椭圆状倒卵形，顶端骤然渐尖，基部楔形，上面榄绿色，下面粉绿色，中脉及侧脉下面十分凸起。圆锥花序；花序各部密被灰黄色丝状短柔毛。果成熟时椭圆球形，长约 1.7 cm，瘀红色，有纵棱 12 条。

花果期 / 花期 6~10 月；果期 9 月至翌年 3 月。

生境及分布 / 在粤北的乐昌、乳源、英德、连南、始兴、翁源、新丰、和平、五华等地常见。生于常绿阔叶林中。分布于海南、广东、广西、福建、江西、云南、浙江等省区。

产蜜及花粉性状 / 蜜粉源较少；辅助蜜源植物。

栽培要点 / 播种繁殖。种子采回后宜沙藏。适合在海拔 800 m 以下的酸性土壤中造林，喜土层深厚、肥沃、疏松、排水良好的林地。

乌药

樟科 山胡椒属

Lindera aggregata (Sims) Kosterm.

别名 / 白叶子树

主要特征 / 常绿灌木或小乔木。根有纺锤状或结节状膨胀，有香味，微苦，有刺激性清凉感。叶卵形，椭圆形至近圆形，长3~7 cm，顶端长渐尖或尾尖，基部圆形，叶下面苍白色，幼时密被棕褐色柔毛，3出脉，下面明显凸出。伞形花序腋生，常6~8花序集生于短枝上；花被片6片，黄色或黄绿色。果卵形。

花果期 / 花期3~4月；果期5~11月。

生境及分布 / 在粤北的乐昌、乳源、连州、连山、连南、南雄、始兴、仁化、英德、阳山、翁源、新丰、连平、和平、河源、梅州、蕉岭、平远、大埔、丰顺等地常见。生于向阳坡地、山谷或疏林灌丛中。分布于海南、广东、广西、湖南、台湾、福建、江西、浙江、安徽等省区。

产蜜及花粉性状 / 蜜粉源较少；辅助蜜源植物。

栽培要点 / 播种繁殖。果实采摘后，清除外表皮，进行湿沙贮藏，保持一定湿度。应选择阳光充足、土壤肥沃的林地造林。

狭叶山胡椒

樟科 山胡椒属

Lindera angustifolia Cheng

别名 / 鸡婆子、见风消

主要特征 / 落叶灌木或小乔木；高 2~8 m。叶椭圆状披针形，长 6~14 cm，上面绿色无毛，下面苍白色，羽状脉，侧脉每边 8~10 条。伞形花序 2~3 个生于冬芽基部。雄花序有花 3~4 朵，花被片 6 片；雌花序有花 2~7 朵。果球形，直径约 8 mm，成熟时黑色。

花果期 / 花期 3~4 月；果期 9~10 月。

生境及分布 / 在粤北的五山、廊田、乐城、长来等地常见。生于山坡灌丛或疏林中。分布于广东、广西、湖南、湖北、河南、陕西、安徽、江西、浙江、福建等省区。

产蜜及花粉性状 / 蜜粉源较少；辅助蜜源植物。

栽培要点 / 播种繁殖。种子采收后，洗净阴干，宜沙藏。喜光，亦耐半阴，耐干旱贫瘠，耐低温。

香叶树

樟科 山胡椒属

Lindera communis Hemsl.

主要特征 / 常绿灌木或小乔木；高 3~8 m。叶革质，披针形、卵形或椭圆形，长 4~9 cm，基部宽楔形或近圆形，羽状脉，侧脉与中脉上面凹陷，下面凸起。伞形花序具 5~8 朵花；花黄色，花被片 6 片，卵形。果卵形或近球形，成熟时红色。

花果期 / 花期 3~4 月；果期 9~10 月。

生境及分布 / 在粤北的乐昌、乳源、连州、连山、连南、南雄、始兴、仁化、英德、阳山、翁源、新丰、连平、和平、龙川、五华、大埔、平远、河源、新兴、罗定、郁南、云浮等地常见。生于山坡、山谷林中。分布于陕西、甘肃、浙江、湖南、湖北、江西、福建、广东、广西、贵州、云南、四川等省区。

产蜜及花粉性状 / 蜜粉源较少；辅助蜜源植物。

栽培要点 / 播种繁殖。种子采回后置阴凉处堆沤 2~3 天，再将种子放入 0.5% 高锰酸钾溶液中消毒 4~5 分钟，滤出用清水洗净，晾干备用。适应性强，喜湿润肥沃的酸性土壤，亦耐阴，耐干旱瘠薄。

绒毛钓樟

樟科 山胡椒属

Lindera floribunda (Allen) H. P. Tsui

主要特征 / 常绿乔木；高达 4~10 m。幼枝密被灰褐色毛。叶坚纸质，倒卵形或椭圆形，长 7~10 cm，上面绿色，下面灰蓝白色；3 出脉。伞形花序 3~7 个腋生于极短枝上；总苞片 4 片，内有花 5 朵；花被裂片 6 片，椭圆形。果椭圆形，长约 0.8 cm，果托盘状。

花果期 / 花期 3~4 月；果期 4~8 月。

生境及分布 / 在粤北的乐昌、乳源、连州等地常见。生于山坡、山谷林中。分布于陕西、甘肃、湖南、湖北、贵州、四川、广东等省区。

产蜜及花粉性状 / 蜜粉源较少；辅助蜜源植物。

栽培要点 / 播种繁殖。种子采回后搓去种皮，用清水洗净晾干备用。其适应性强，耐阴，耐干旱瘠薄。

尖脉木姜子

樟科 木姜子属

Litsea acutivena Hayata

主要特征 / 常绿乔木，高达 7 m。嫩枝密被黄褐色长柔毛。叶互生或聚生于枝顶，披针形、倒披针形或长圆状披针形，长 4~11 cm，先端急尖或短渐尖，基部楔形，革质，羽状脉，侧脉每边 9~10 条，中脉、侧脉在上面均凹陷；叶柄密被黄褐色柔毛。伞形花序簇生枝顶，每花序有花 5~6 朵；花梗密被柔毛；花被裂片 6 片，长椭圆形，长约 2 mm，外面中肋有柔毛。果椭圆形，长 1.2~2 cm，成熟时黑色；果托杯状。

花果期 / 花期 5~8 月；果期 12 月至翌年 2 月。

生境及分布 / 在粤北的乐昌、英德、阳山、仁化、翁源、新丰、梅州、大埔等地常见；生于山地密林中。分布于广东、广西、福建、台湾等地。

产蜜及花粉性状 / 蜜粉源较少；辅助蜜源植物。

栽培要点 / 播种繁殖。种子宜随采随播，或沙藏至春季播种。喜光，幼树较耐阴；喜温暖、湿润的环境，稍耐寒，耐干旱。喜土层深厚、肥沃和排水良好的壤土。

山胡椒

樟科 山胡椒属

Lindera glauca (Sieb. et Zucc.) Bl.

别名 / 牛筋树、假死柴

主要特征 / 落叶灌木或小乔木。高可达 8 m。叶互生，纸质，宽椭圆形、椭圆形、倒卵形或狭卵形，长 4~9 cm，宽 2~5 cm，上面绿色，下面苍绿色，被白色柔毛，羽状脉侧脉 5~6 对；叶柄长约 2 mm，被柔毛。伞形花序腋生，总梗短或不明显，长不超过 3 mm，具花 3~8 朵。果球形，直径约 7 mm，熟时果褐色；果梗长 1.5~1.8 cm。

花果期 / 花期 3~4 月；果期 7~8 月。

生境及分布 / 在粤北的乐昌、乳源、连州、连山、连南、南雄、始兴、仁化、英德、阳山、和平、连平、新丰、河源、龙川、蕉岭、平远等地常见。生于丘陵灌丛或路旁。分布于陕西、甘肃、河南、山西、山东、浙江、江苏、安徽、湖北、湖南、江西、福建、台湾、广东、广西、云南、贵州。

产蜜及花粉性状 / 蜜粉源较少；辅助蜜源植物。

栽培要点 / 播种繁殖。果熟期 8~9 月随采随播，也可采种后贮藏至翌春播种。喜光，也稍耐阴湿，抗寒力强，喜湿润肥沃的微酸性沙壤土，耐旱，耐瘠薄。

黑壳楠

樟科 山胡椒属

Lindera megaphylla Hemsl.

主要特征 / 常绿乔木；高达 15 m。枝条粗壮，紫黑色，散布有近圆形纵裂皮孔。叶倒披针形至倒卵状长圆形，长 10~23 cm；叶上面深绿色，下面淡绿苍白色。伞形花序着生于叶腋具顶芽的短枝上，两侧各 1 个；花黄绿色，花被片 6 片。果椭圆形至卵形，成熟时紫黑色，果梗向上渐粗壮，宿存果托杯状。

花果期 / 花期 2~4 月；果期 9~12 月。

生境及分布 / 在粤北的乐昌、乳源、连州、连山、连南、阳山、曲江、始兴、新丰、梅州、平远、大埔等地常见。生于山坡、谷地湿润林中或灌丛中。分布于陕西、甘肃、四川、云南、贵州、湖北、安徽、湖南、江西、福建、台湾、广东、广西。

产蜜及花粉性状 / 蜜粉源较少；辅助蜜源植物。

栽培要点 / 播种繁殖。果实采回后可堆沤 2~3 天或置水中浸泡 3~4 天，得纯净种子。种子阴干后可低温沙藏或播种。黑壳楠喜深厚肥沃、排水良好的酸性至中性土壤，对土壤的适应性较强；对水肥要求高。

黄丹木姜子

樟科 木姜子属

Litsea elongata (Wall. ex Nees) Benth. et Hook. f.

主要特征 / 常绿乔木；高达 12 m。枝、叶、花序均被褐色或黄褐色毛；叶革质，长圆形、长圆状披针形至倒披针形，长 6~22 cm，顶端钝或短渐尖，基部楔形或近圆，羽状脉每边 10~20 条。伞形花序单生；每一花序有花 4~5 朵；花被裂片 6 片。果长圆形，成熟时黑紫色。

花果期 / 花期 5~11 月；果期 2~6 月。

生境及分布 / 在粤北的乐昌、乳源、连州、连山、连南、阳山、仁化、英德、曲江、始兴、新丰、和平、连平、蕉岭等地常见。生于山地林中或林缘。分布于长江流域以南各省区。

产蜜及花粉性状 / 蜜粉源较少；辅助蜜源植物。

栽培要点 / 播种繁殖。果实采回后先用清水浸泡，搓洗除去果皮，阴干后湿沙贮藏。造林地应选择阴湿、土层深厚的山坡、林地。

山苍子

樟科 木姜子属

Litsea cubeba (Lour.) Pers.

主要特征 / 落叶灌木或小乔木；高达 8 m。幼树树皮黄绿色，光滑。叶纸质，披针形或椭圆形，长 4~11 cm，上面深绿色，下面粉绿色。伞形花序单生或簇生；每一花序有花 4~6 朵，先于叶开放或与叶同时开放，花被裂片 6 片，宽卵形。果近球形，直径约 5 mm，成熟时黑色。

花果期 / 花期 2~3 月；果期 7~8 月。

生境及分布 / 粤北各县均有分布。生于向阳的山地、灌丛、疏林或林中。分布于长江流域以南各省区。

产蜜及花粉性状 / 泌蜜较多，花粉较少；优势蜜粉源植物。

栽培要点 / 播种繁殖和扦插繁殖。成熟果实采回后，先用清水浸泡，搓洗除去外果皮，阴干后湿沙贮藏。扦插繁殖时，插穗需用一年生枝条。造林地应选择土层深厚、排水良好的向阳缓坡，适生于 pH 值 5~6 的红壤、黄壤及黄棕壤。

木姜子

樟科 木姜子属

Litsea pungens Hemsl.

别名 木香子、山胡椒

主要特征 落叶小乔木；高达 10 m。树皮灰白色。叶互生，常聚生于枝顶，膜质，披针形或倒卵状披针形，长 5~10 cm。伞形花序腋生，每一花序有花 8~12 朵，先叶开放；花被裂片 6 片，黄色，倒卵形。果球形，直径 7~10 mm，成熟时蓝黑色，果梗顶端略增粗。

花果期 花期 3~5 月；果期 7~9 月。

生境及分布 在粤北的乐昌、乳源、连州、阳山、连南等地常见。生于溪旁和山地阳坡阔叶林中或林缘。分布于广东、广西、贵州、云南、四川、甘肃、陕西、河南、山西、湖北、湖南、浙江、福建及西藏等省区。

产蜜及花粉性状 泌蜜较多，花粉较少；优势蜜粉源植物。

栽培要点 可扦插繁殖或播种繁殖。成熟果实采回后先用清水浸泡，搓洗除去外果皮，阴干后湿沙贮藏。扦插繁殖时，插穗需用一年生枝条。喜光，耐丁旱，耐瘠薄，不耐寒，对土壤要求不严格。应注意预防红蜘蛛和卷叶虫的危害。

广东润楠

樟科 润楠属

Machilus kwangtungensis Yang

主要特征 常绿乔木；高达 10 m。幼枝密被锈色柔毛。叶革质，长椭圆形或倒披针形，长 6~15 cm，宽 2~4.5 cm，顶端渐尖，基部渐狭，上面深绿色，背面淡绿色，有贴伏短柔毛。聚伞花序有花少数，生于新枝下端。果近球形，直径 8~9 mm，熟时黑色。

花果期 花期 3~4 月；果期 5~7 月。

生境及分布 在粤北的乐昌、连州、英德、翁源、曲江、云浮等地常见。生于山坡、山谷林中或林缘。分布于广东、广西、湖南、贵州等省区。

产蜜及花粉性状 蜜粉源较少；辅助蜜源植物。

栽培要点 可扦插繁殖或播种繁殖。果实采收后稍散开存放，用水清洗干净，置于阴凉处阴干，即可播种或沙藏。扦插繁殖时，插穗应用一年生枝条；在秋冬季进行扦插。应选择土层深厚、地质疏松、土壤湿润、避风向阳的坡地造林；要深耕土层，施足基肥。

53

薄叶润楠

樟科 润楠属

Machilus leptophylla Hand.-Mazz.

别名 / 华东楠、大叶楠

主要特征 / 乔木；高达 15 m。叶互生或在当年生枝上轮生，坚纸质，倒卵状长圆形，长 14~24 cm，上面深绿，下面带灰白色。圆锥花序 6~10 个，聚生于嫩枝的基部，长 8~12 cm，多花；花通常 3 朵生在一起；花白色，花被裂片几等长，有透明油腺，长圆状椭圆形。果球形，直径约 1 cm。

花果期 / 花期 4~5 月；果期 8~9 月。

生境及分布 / 在粤北的乐昌、乳源、仁化、连山、南雄、和平、新丰、平远等地常见。生于阴坡谷地混交林中。分布于福建、浙江、江苏、湖南、广东、广西、贵州等省区。

产蜜及花粉性状 / 蜜粉源较少；辅助蜜源植物。

栽培要点 / 播种繁殖。9 月下旬前后，果实成熟采回后先捣动脱去果皮，再用清水漂洗干净，阴干后贮藏。适合生长在气候温暖湿润、土壤肥沃的地方，尤其是在土层深厚疏松、排水良好的微酸性壤质土壤上生长最佳，如山谷、山洼、阴坡下部及河边台地。注意防治蛀梢象鼻虫和毛金花虫。

刨花润楠

樟科 润楠属

Machilus pauhoi Kaneh.

别名 / 刨花楠

主要特征 / 常绿乔木；高 6.5~20 m。顶芽球形至近卵形；叶革质，椭圆形、狭椭圆形或倒披针形，长 7~17 cm，顶端渐尖或尾状渐尖，基部楔形。聚伞花序生于当年生枝下部。果球形，直径约 1 cm，成熟时黑色。

花果期 / 花期 4~5 月；果期 5~6 月。

生境及分布 / 在粤北的乐昌、英德、大埔、罗定等地常见。生于常绿阔叶林中或溪边。分布于浙江、福建、江西、湖南、广东、广西等省区。

产蜜及花粉性状 / 蜜粉源较少；辅助蜜源植物。

栽培要点 / 播种繁殖。种子容易发芽，因此一般随采随播。刨花润楠的芽还未萌动之前栽植为最好。喜生于气候温暖湿润、土壤肥沃的丘陵地和山谷疏林。应注意预防炭疽病和卷叶蛾的危害，可用 80% 敌敌畏乳剂 1000 倍液、90% 敌百虫 600 倍液防治。

柳叶润楠

樟科 润楠属

Machilus salicina Hance

别名 柳叶桢楠、水边楠

主要特征 常绿灌木；通常 3~5 m。叶薄革质，常生于枝条的梢端，线状披针形，长 4~12 cm，宽 1~3 cm，下面暗粉绿色。聚伞状圆锥花序多数，生于新枝上端，总梗和各级序轴、花梗被疏或密的绢状微毛；花黄色或淡黄色。果球形，熟时紫黑色；果梗红色。

花果期 花期 2~3 月；果期 4~6 月。

生境及分布 在粤北的乐昌、英德、连州、新丰、河源等地常见。常生于低海拔地区的溪畔河边。分布于海南、广东、贵州、云南。

产蜜及花粉性状 蜜粉源较多；优势蜜粉源植物。

栽培要点 播种繁殖。果实成熟采收后，搓去外果皮，阴干后即可播种。栽植时要选择低山丘陵，以土层深厚、肥沃湿润的山坡、山谷为宜；严格做好苗正、根舒、压紧等技术措施，以保证苗木成活。

硬叶润楠

樟科 润楠属

Machilus phoenicis Dunn

别名 / 凤凰润楠

主要特征 / 常绿小乔木；高约 5 m。叶厚革质，椭圆形、长椭圆形至狭长圆形，长 9~18 cm，基部钝至近圆形。花序多数，生于枝端；总梗与分枝带红褐色；花被裂片近等长，长圆形或狭长圆形，绿色。果球形，直径约 9 mm；宿存的花被裂片革质。

花果期 / 花期 4~5 月；果期 5~7 月。

生境及分布 / 在粤北的乐昌、阳山、英德、乳源、连州、清远、蕉岭、梅州等地常见。分布于广东、福建、浙江、湖南等省区。

产蜜及花粉性状 / 蜜粉源较少；辅助蜜源植物。

栽培要点 / 播种繁殖。喜生于气候温暖、湿润、土壤肥沃的丘陵地和山地的山谷疏林。

绒毛润楠

樟科 润楠属

Machilus velutina Champ. ex Benth.

主要特征 / 常绿乔木；高可达 18 m。枝、芽、叶下面、花序均密被锈色茸毛。叶革质，狭倒卵形、椭圆形或狭卵形，长 5~11 cm，顶端渐狭或短渐尖。花序单独顶生或数个密集在小枝顶端，分枝多而短，近似团伞花序；花黄绿色，有香味。果球形，紫红色。

花果期 / 花期 10~12 月；果期翌年 2~3 月。

生境及分布 / 在粤北的乐昌、连州、乳源、南雄、英德、始兴、翁源、连平、新丰、清远、大埔、蕉岭、云浮等地常见。生于山谷林中或林缘。分布于福建、浙江、江西、山东、广东、广西、海南等省区。

产蜜及花粉性状 / 蜜粉源较少；辅助蜜源植物。

栽培要点 / 可扦插繁殖或播种繁殖。果实采收后稍散开存放，用水清洗干净，置于阴凉处阴干，即可播种或沙藏。扦插繁殖前用多菌灵可湿性粉剂 1000 倍溶液浸泡 4~6 分钟，取出后插穗基部蘸生根促进剂，以提高成活率。绒毛润楠生长适应性强，喜温暖气候及肥沃的土质，耐干旱，耐水湿。

红楠

樟科 润楠属

Machilus thunbergii Sieb. et Zucc.

别名 红润楠

主要特征 常绿乔木；高达 15 m。树皮黄褐色，新枝、叶紫红色。叶革质，倒卵形至倒卵状披针形，长 4~13 cm，顶端短突或短渐尖，基部楔形。花序顶生或在新枝上腋生；总梗与分枝带红色；花被裂片长圆形。果球形，直径 8~10 mm，熟时黑紫色；宿存的花被裂片反卷。

花果期 花期 2 月；果期 7 月。

生境及分布 在粤北的乐昌、乳源、仁化、英德、五华、平远等地常见。生于山坡、山谷林中或林缘。分布于山东、江苏、浙江、安徽、台湾、福建、江西、湖南、广东、广西。

产蜜及花粉性状 蜜粉源较少；辅助蜜源植物。

栽培要点 播种繁殖。成熟果实采收后除去果皮、果肉，清水洗净后可播种，或沙藏春播。喜阴湿环境，以土层深厚、肥沃湿润的山坡、山谷为宜。红楠最好用容器苗造林；严格做到苗正、根舒、深栽、打紧。

新木姜子

樟科 新木姜子属

Neolitsea aurata (Hay.) Koidz.

主要特征 / 乔木；高达 14 m。幼枝黄褐或红褐色，有锈色短柔毛。叶革质，互生或聚生枝顶，椭圆形、长圆状披针形或长圆状倒卵形，长 8~14 cm，下面密被金黄色绢毛，离基 3 出脉，侧脉每边 3~4 条。伞形花序 3~5 个簇生于枝顶或节间；每一花序有花 5 朵，花被裂片 4 片。果椭圆形；果托浅盘状。

花果期 / 花期 2~3 月；果期 9~10 月。

生境及分布 / 在粤北的乐昌、乳源、连州、连山、连南、阳山、曲江、始兴、翁源、新丰、连平、和平等地常见。生于山坡林缘或阔叶林中。分布于台湾、福建、江苏、江西、湖南、广东、四川、云南、贵州。

产蜜及花粉性状 / 蜜粉源较少；辅助蜜源植物。

栽培要点 / 以播种繁殖为主，扦插繁殖成活率低。喜光，在低山丘陵、土层深厚、肥沃湿润的山坡、山谷造林为宜。

锈叶新木姜

樟科 新木姜子属

Neolitsea cambodiana Lec.

主要特征 / 乔木；高 8~12 m。小枝、芽、幼叶叶柄、花梗、花被片均被锈色毛。叶革质，3~5 片近轮生，长圆状披针形、长圆状椭圆形或披针形，长 10~17 cm，羽状脉或近离基 3 出脉。伞形花序多个簇生叶腋或枝侧；每一花序有花 4~5 朵。果球形；果托扁平盘状，边缘常残留有花被片。

花果期 / 花期 10~12 月；果期翌年 7~8 月。

生境及分布 / 在粤北的乐昌、乳源、连州、连山、连南、英德、阳山、仁化、曲江、始兴、翁源、和平、新丰、云浮等地常见。生于山地林中。分布于福建、江西、湖南、广东、广西、海南等省区。

产蜜及花粉性状 / 蜜粉源较少；辅助蜜源植物。

栽培要点 / 播种繁殖。喜温暖湿润环境，在低山丘陵，土层深厚、肥沃湿润的山坡造林为宜。

鸭公树

樟科 新木姜子属

Neolitsea chui Merr.

别名 / 青胶木

主要特征 常绿乔木；高达 18 m。树皮灰青色或灰褐色。叶革质，互生或聚生枝顶，椭圆形至卵状椭圆形，长 8~16 cm，顶端渐尖，基部尖锐，下面粉绿色，离基 3 出脉，侧脉每边 3~5 条。伞形花序腋生或侧生，多个密集；每一个花序有花 5~6 朵；花被裂片 4 片。果椭圆形或近球形。

花果期 / 花期 9~10 月；果期 12 月。

生境及分布 在粤北的乐昌、乳源、连州、连山、连南、南雄、始兴、仁化、英德、阳山、清远、翁源、新丰、连平、和平、龙川、大埔、云安、云浮等地常见。生于山谷或丘陵地的疏林中。分布于广东、广西、湖南、江西、福建、云南。

产蜜及花粉性状 蜜粉源较少；辅助蜜源植物。

栽培要点 播种繁殖。种子成熟采集后，搓洗去种皮，阴干贮藏。喜温暖湿润环境，在低山丘陵，土层深厚、肥沃湿润的山坡、山谷造林为宜。

大叶新木姜

樟科 新木姜子属

Neolitsea levinei Merr.

别名 / 土玉桂、假玉桂、厚壳树

主要特征 / 乔木；高达 22 m。顶芽大，卵圆形。叶革质，轮生，长圆状披针形至长圆状倒披针形或椭圆形，长 15~31 cm，下面带绿苍白色，幼时密被黄褐色长柔毛，老时被厚白粉，离基 3 出脉，横脉在叶下面明显。伞形花序数个生于枝侧；花被裂片 4 片，卵形。果椭圆形或球形，成熟时黑色。

花果期 / 花期 3~4 月；果期 8~10 月。

生境及分布 / 在粤北的乐昌、乳源、连州、连山、连南、南雄、始兴、仁化、英德、阳山、翁源、新丰、连平、和平、五华、平远、梅州等地常见。生于山地、山谷密林中。分布于广东、广西、湖南、湖北、江西、福建、四川、贵州、云南。

产蜜及花粉性状 / 蜜粉源较少；辅助蜜源植物。

栽培要点 / 播种繁殖。种子成熟采集后，搓洗去种皮，阴干贮藏。喜温湿环境，在低山丘陵、土层深厚、肥沃湿润的山坡造林为宜。

美丽新木姜

樟科 新木姜子属

Neolitsea pulchella (Meissn.) Merr.

主要特征 / 小乔木；高 6~8 m。叶互生或聚生于枝顶呈轮生，革质，椭圆形至长圆状椭圆形，长 4~6 cm，上面绿色极光亮，下面粉绿色，离基 3 出脉，侧脉每边 2~3 条。伞形花序 2~3 个簇生叶腋；花被裂片 4 片，椭圆形。果球形，直径 4~6 mm，果托扁平碟状。

花果期 / 花期 10~11 月；果期翌年 8~9 月。

生境及分布 / 在粤北的乐昌、乳源、连州、连山、连南、阳山、和平、云浮等地常见。生于山谷疏林中。分布于广东、广西、福建。

产蜜及花粉性状 / 蜜粉源较少；辅助蜜源植物。

栽培要点 / 播种繁殖。种子成熟采集后，搓洗去种皮，阴干后沙藏。喜半阴环境，在山下坡、水肥条件好的立地造林为宜。

闽楠

樟科 楠属

Phoebe bournei (Hemsl.) Yang

主要特征 大乔木；高达 25 m。树皮灰白色。叶革质，披针形或倒披针形，长 7~13 cm，顶端渐尖或长渐尖，侧脉每边 10~14 条，各级脉下面明显。圆锥花序生于新枝中、下部；花被片卵形，长约 4 mm。果椭圆形或长圆形，长 1.1~1.5 cm，宿存花被片紧贴。

花果期 花期 4 月；果期 10~11 月。

生境及分布 在粤北的乐昌、连州、始兴、英德、仁化、曲江、南雄、梅州、大埔等地常见。生于山地沟谷阔叶林中。分布于广东、广西、贵州、湖南、湖北、江西、浙江、福建等省区。

产蜜及花粉性状 蜜粉源较少；辅助蜜源植物。

栽培要点 播种繁殖。种子成熟采回后，搓洗去除果皮，置于通风室内阴干，用湿润河沙贮藏。造林地宜选择土层深厚、腐殖质含量高、空气湿度较大的山区半阴坡山腰中下部、沟谷两侧或河边台地。营造混交林的方式可提高其造林成活率和促进幼林生长。后期要加强抚育管理，营造适合闽楠生长的光环境和肥力。

紫楠

樟科 楠属

Phoebe sheareri (Hemsl.) Gamble

主要特征 / 乔木；高达 15 m。小枝、叶、花序密被黄褐色或灰黑色毛。叶革质，倒卵形、倒卵状披针形，长 12~18 cm，顶端骤然渐尖或尾尖，侧脉每边 8~13 条，各级脉下面明显。圆锥花序长 7~18 cm。果卵形，长约 1 cm，宿存花被片松展。

花果期 / 花期 4~5 月；果期 9~10 月。

生境及分布 / 在粤北的乐昌、乳源、连州、阳山、仁化、始兴、和平、新丰、蕉岭、梅州等地常见。生于山地沟谷阔叶林中。

分布于长江流域及以南地区。

产蜜及花粉性状 / 蜜粉源较多；优势蜜粉源植物。

栽培要点 / 可用播种繁殖或扦插繁殖。种子采回可堆置后熟，搓洗去掉果皮，宜稍晾干后播种，或混沙贮藏越冬。扦插需要使用一年生粗壮枝条。喜温暖湿润气候及深厚、肥沃、湿润而排水良好之微酸性及中性土壤；有一定的耐寒能力。

华东小檗

小檗科 小檗属

Berberis chingii Cheng

主要特征 常绿灌木。老枝暗灰色，幼枝淡黄色，圆柱形或微具条棱，具黑色疣点；茎刺粗壮，与枝同色，三分叉，长1~2.5 cm。叶薄革质，长圆状倒披针形或长圆状狭椭圆形，长 2~8 cm，宽 0.8~2.5 cm，先端急尖，基部楔形，中脉明显凹陷，侧脉 5~10 对微显，背面被白粉。花 4~14 朵簇生；花梗长 7~18 mm；花黄色。浆果椭圆状或倒卵状椭圆形，长 6~8 mm，直径 4~5 mm，顶端明显具宿存花柱，被白粉。

花果期 花期 4~5 月；果期 6~9 月。

生境及分布 在粤北的乐昌、乳源等地常见。生于山沟阔叶林下、沟边、山坡灌丛中。分布于江西、湖南、福建、广东。

产蜜及花粉性状 泌蜜较少，花粉较多；优势蜜粉源植物。

栽培要点 播种繁殖。喜阴湿环境，适合在山中、下坡或沟谷边造林。

南岭小檗

小檗科 小檗属

Berberis impedita C. K. Schneid.

主要特征 灌木；高达 3 m。小枝有棱，刺 3 叉，长 5~20 mm。叶常 4~6 片簇生于短枝顶端，椭圆形，长 3~8 cm，边缘具刺状锯齿，叶下面有白粉。花 2~8 朵簇生于短枝上；萼片 6 枚，排列成 2 轮；花瓣 6 枚，倒卵形。浆果椭圆形，长 8~11 mm，黑色。

花果期 花期 4~5 月；果期 6~10 月。

生境及分布 在粤北的乐昌、乳源、英德、阳山等地常见；生于山坡下部、溪边。分布于广西、广东、四川、湖南、江西。

产蜜及花粉性状 泌蜜较少，花粉较多；优势蜜粉源植物。

栽培要点 播种繁殖。喜温暖湿润环境，适合在山下坡或沟谷边造林。

豪猪刺

小檗科 小檗属

Berberis julianae C. K. Schneid. in C. S. Sargent

别名 / 三棵针

主要特征 / 灌木；高约 1.5 m。小枝有棱，刺刚硬 3 叉。叶革质，狭长圆形或长圆状披针形，长 3.5~10 cm，宽 1~2 cm，具硬刺尖头，边缘具芒刺状小齿，背面淡绿色。花 10 朵以上簇生；花瓣 6 枚，倒卵形，顶端微 2 裂。浆果长圆形，长 7~9 mm，蓝黑色，具白粉。

花果期 / 花期 3 月；果期 5~11 月。

生境及分布 / 在粤北的梅花、沙坪等地常见；生于山坡下部、溪边。分布于湖北、四川、贵州、湖南、广西。

产蜜及花粉性状 / 蜜粉源较少；辅助蜜源植物。

栽培要点 / 可播种繁殖或扦插繁殖。成熟的果实采收后，可用湿沙混合贮藏，春播。扦插需用一年生粗壮枝条。喜肥沃、排水良好的沙壤土，亦耐旱、耐寒，高山和平坝都可生长。

阔叶十大功劳

小檗科 十大功劳属

Mahonia bealei (Fort.) Carr.

别名 土黄连、鸟不宿

主要特征 常绿灌木；高达 4 m。一回羽状复叶，常生于枝顶，具 7~15 片小叶；小叶卵形至长圆形，长 3.5~12 cm，顶生小叶较大，边缘有 2~8 对刺齿。总状花序 6~10 个簇生茎顶；花黄色；花瓣 6 枚，排成 2 轮，倒卵形。浆果卵球形，直径约 1 cm，深蓝色，被白粉。

花果期 花期 8~10 月；果翌年 3~4 月成熟。

生境及分布 在粤北的乐昌、乳源、连州、连山、连南、阳山、仁化、英德、翁源、和平、连平等地常见。生于山谷林下。分布于四川、贵州、湖南、江西、安徽、浙江、福建、广东、广西、河南、陕西、甘肃。

产蜜及花粉性状 蜜粉源丰富，主要蜜粉源植物。

栽培要点 可播种繁殖或扦插繁殖。成熟的果实采收后，可用湿沙混合贮藏，春播。扦插需一至二年生粗壮枝条。喜阳光充足的环境，但也耐半阴；对土壤要求不高，以排水良好的微酸性沙壤土为宜。

北江十大功劳

小檗科 十大功劳属

Mahonia shenii Chun

别名 / 黄柏、黄连木

主要特征 / 常绿灌木；高 0.5~2 m。一回羽状复叶，常生于枝顶，具 3~7 片小叶；小叶卵状披针形至椭圆形，长 8~13 cm，顶生小叶长可达 17 cm，边全缘或近顶部有 1~2 对刺齿。总状花序数个簇生茎顶，长达 12 cm；花黄色。浆果近球形，直径约 4 mm，蓝黑色，被白粉。

花果期 / 花期 6~9 月；果期 9~10 月。

生境及分布 / 在粤北的新丰、乐昌等地常见。生于山坡，石灰岩山地常见。分布于广西、广东、湖南。

产蜜及花粉性状 / 泌蜜较少，花粉较多；优势蜜粉源植物。

栽培要点 / 播种繁殖。成熟的果实采收后，可用湿沙混合贮藏，春播。喜阳光充足的环境，以排水良好的微酸性沙壤土为宜。

南天竹

小檗科 南天竹属

Nandina domestica Thunb.

主要特征 / 常绿灌木；高 1~3 m。叶为二至三回羽状复叶，叶柄基部抱茎，叶轴具关节；小叶对生，披针形至椭圆状披针形，长 2.5~7 cm，近无柄。圆锥花序直立，长达 25 cm；花白色，花瓣卵状椭圆形，长约 5 mm。浆果球形，红色，直径约 8 mm。

花果期 / 花期 4~6 月；果期 7~11 月。

生境及分布 / 在粤北的乐昌、乳源、连州、连南、翁源、新丰、连平、和平、平远等地常见。生于山地疏林下。分布于我国中南及华东各省区。

产蜜及花粉性状 / 蜜粉源较多；优势蜜粉源植物。

栽培要点 / 播种繁殖。秋季采种，宜即采即播。喜湿润或半燥的气候环境，比较耐；也耐寒。栽培土要求肥沃、排水良好的沙壤土。

尾叶远志

远志科 远志属

Polygala caudata Rehder & E. H. Wilson

主要特征 灌木；高 1~3 m。叶螺旋状排列于小枝顶部，近革质，长圆形或倒披针形，长 3~12 cm，顶端具尾状渐尖。总状花序顶生或生于顶部叶腋内，数个密集成伞房状或圆锥状花序；花瓣 3 枚，白色、黄色或紫色，龙骨瓣顶端背部具 1 盾状鸡冠状附属物。

花果期 花期 11 月至翌年 5 月；果期 5~12 月。

生境及分布 在粤北的乐昌、乳源、连州、阳山等地常见。生于山地和山谷两旁灌丛中，喜生于石灰岩山地。分布于云南、四川、广东、广西、贵州、湖北、湖南等省区。

产蜜及花粉性状 蜜粉源较少；辅助蜜源植物。

栽培要点 播种繁殖。可采用浸种催芽或沙藏结合提高发芽率。适生于阴凉、土壤肥沃、排水良好的环境。

黄花倒水莲

远志科 远志属

Polygala fallax Hemsl.

别名 / 假黄花远志、吊吊黄

主要特征 / 灌木；高 1~3 m。叶薄纸质或草质，披针形至椭圆状披针形，长 8~17 cm。总状花序，花后延长达 30 cm，下垂；花瓣黄绿色，3 枚，侧生花瓣 2/3 以上与龙骨瓣合生，龙骨瓣盔状，鸡冠状附属物具柄，流苏状。蒴果阔倒心形至圆形，具狭翅。

花果期 / 花期 5~8 月；果期 8~10 月。

生境及分布 / 在粤北各地均常见。生于山谷林下阴湿处。分布于广东、广西、湖南、江西、福建等省区。

产蜜及花粉性状 / 蜜粉源较少；辅助蜜源植物。

栽培要点 / 播种繁殖。采收成熟种子后，放通风处晾干、凉爽处贮藏，翌年春播。喜温暖湿润的气候，忌干旱及强光；以土层深厚、质地潮湿疏松、腐殖质丰富的土壤为宜。

香港远志

远志科 远志属

Polygala hongkongensis Hemsl.

主要特征 / 直立草本至亚灌木；高 15~50 cm。叶片纸质，茎下部叶小，卵形，上部叶披针形，长 4~6 cm，顶端渐尖，基部圆形。总状花序顶生；花瓣 3 枚，白色或紫色，龙骨瓣盔状，顶端具流苏状鸡冠状附属物。蒴果近圆形，具阔翅，顶端具缺刻。

花果期 / 花期 5~6 月；果期 6~7 月。

生境及分布 / 在粤北的乐昌、乳源、连州、连山、连南、阳山、蕉岭等地常见。生于沟谷林下或灌丛中。广东、江西和湖南有分布。

产蜜及花粉性状 / 蜜粉源较少；辅助蜜源植物。

栽培要点 / 播种繁殖。成熟种子采回后，放通风处晾干并在凉爽处贮藏，春播。喜温暖湿润的气候，耐阴；以土层深厚、质地疏松、腐殖质丰富的土壤为宜。

狭叶远志

远志科 远志属

Polygala hongkongensis Hemsl. var. **stenophylla** (Hayata)Migo

别名 狭叶香港远志

主要特征 本变种不同于香港远志的主要特征为：叶狭披针形，小，长 1.5~3 cm，宽 3~4 mm，内萼片椭圆形，长约 7 mm，花丝 4/5 以下合生成鞘。

花果期 花期 5~6 月；果期 6~7 月。

生境及分布 在粤北的乐昌、乳源、连州、连山、连南、英德、仁化、蕉岭、大埔、平远等地常见。生于沟谷林下、林缘或山坡草地。分布于江苏、安徽、浙江、江西、福建、湖南和广西等省区。

产蜜及花粉性状 蜜粉源较少；辅助蜜源植物。

栽培要点 播种繁殖。成熟种子采回后，放通风处晾干并在凉爽处贮藏，春播。适合在环境阴凉、土壤肥力好、排水良好的环境造林。

阳桃

酢浆草科 阳桃属

Averrhoa carambola Linn.

主要特征 / 乔木。高可达 12 m。叶柄及总轴被柔毛，小叶 5~11 片，卵形至椭圆形，长 3~6.5 cm，宽 2~3.5 cm，顶端渐尖，基部偏斜，叶面无毛，叶背稍被毛或无毛。圆锥花序状，长约 3 cm，被柔毛；花长 5~6 mm，近钟形，萼片红紫色，披针形，长约为花瓣之半。肉质浆果，卵形或椭圆形，通常 5 棱，长 5~8 cm，横切面呈星形，绿色或腊黄绿色；种子黑色。

花果期 / 花期 4~12 月；果期 7~12 月。

生境及分布 / 在粤北的乐昌、乳源、英德、新丰、河源、丰顺、新兴、罗定、郁南等地常见。原产于马来西亚，我国南方普遍栽培。

产蜜及花粉性状 / 蜜粉源较少；辅助蜜源植物。

栽培要点 / 播种繁殖。果实成熟后采回即洗去果肉，阴干，晾干即可播种。阳桃不耐霜冻，宜在丘陵山地、土壤深厚肥沃、排水良好的环境种植。

尾叶紫薇

千屈菜科 紫薇属

Lagerstroemia caudata Chun & F. C. How ex S. K. Lee & L. F. Lau

主要特征 乔木，高可达 30 m。叶纸质至近革质，互生，阔椭圆形，长 7~12 cm，宽 3~5.5 cm，顶端尾尖或短尾状渐尖，全缘或微波状。圆锥花序生于主枝及分枝顶端，花萼 5~6 裂，裂片三角形；花瓣 5~6 瓣，白色，具长爪。蒴果矩圆状球形，幼时绿色，成熟时带红褐色，5~6 裂。

花果期 花期 4~5 月；果期 7~10 月。

生境及分布 在粤北的乳源、乐昌等地常见。生长于林边或疏林中。分布于广东、广西、江西。

产蜜及花粉性状 蜜粉源较少；辅助蜜源植物。

栽培要点 播种繁殖。种子成熟后采回晾干即可播种，亦可沙藏春播。喜一定阴凉，宜在中、碱性的土壤种植。

紫薇

千屈菜科 紫薇属

Lagerstroemia indica Linn.

主要特征 / 落叶灌木或小乔木；高可达 7 m。树皮薄平，小枝具4棱，略成翅状。叶纸质，椭圆形、阔长圆形或倒卵形，长 2.5~7 cm，顶端短尖或钝形，有时微凹。花淡红色或紫色，组成顶生圆锥花序；花萼裂片 6 片，三角形；花瓣 6 瓣，极皱缩，具长爪。蒴果椭圆状球形。

花果期 / 花期 6~9 月；果期 9~12 月。

生境及分布 / 粤北各县均有栽培或野生。生于山坡下部、低谷。分布于广东、广西、湖南、福建、江西、浙江、江苏、湖北、河南、河北、山东、安徽、陕西、四川、云南、贵州、吉林等省区。

产蜜及花粉性状 / 蜜粉源较少；辅助蜜源植物。

栽培要点 / 播种繁殖。种子成熟后采回晾干，放置通风处阴干并贮藏，翌年春播。耐干旱和寒冷，对土壤要求不严，但在土壤深厚肥沃疏松，土质呈微酸、酸性的沙壤土中生长最好。

了哥王

瑞香科 荛花属

Wikstroemia indica (Linn.) C. A. Mey.

主要特征 / 灌木；高 0.5~2 m。小枝红褐色。叶对生，纸质至近革质，倒卵形、椭圆状长圆形或披针形，长 2~5 cm，顶端钝或急尖。花黄绿色，数朵组成顶生短总状花序；花萼长 7~12 mm，裂片 4 枚，宽卵形至长圆形。果椭圆形，成熟时红色至暗紫色。

花果期 / 花期 3~4 月；果期 8~9 月。

生境及分布 / 在粤北各地均常见。生于路旁、旷野、灌丛中。分布于我国长江以南各省区。

产蜜及花粉性状 / 蜜粉源较少；辅助蜜源植物。

栽培要点 / 播种繁殖。种子成熟后采回晾干，放置通风处阴干并贮藏，翌年春播，营养袋苗成活率高。喜温暖湿润气候，不耐严寒，适合在通气性好的沙壤土中生长，忌积水。

北江荛花

瑞香科 荛花属

Wikstroemia monnula Hance

主要特征 灌木；高 0.5~0.8 m。叶对生，卵状椭圆形至椭圆状披针形，长 1~3.5 cm，基部宽楔形或近圆形。总状花序顶生，伞形花序状，有 3~12 朵花；黄带紫色或淡红色，花萼外面被白色柔毛，长 0.9~1.1 cm，顶端 4 裂。肉质核果干燥，卵圆形，基部为宿存花萼所包被。

花果期 花、果期 4~8 月。

生境及分布 在粤北的乐昌、乳源、南雄、和平等地常见。生于路旁、旷野、灌丛中。分布于浙江、湖南、贵州、广西、广东。

产蜜及花粉性状 蜜粉源较少；辅助蜜源植物。

栽培要点 播种繁殖。喜温暖湿润气候，生长于海拔 650~1100 m 的山坡、灌丛中或路旁。

网脉山龙眼

山龙眼科 山龙眼属

Helicia reticulata W. T. Wang

主要特征 / 乔木或灌木；高 3~10 m。叶近革质，长圆形、卵状长圆形或倒卵形，长 7~27 cm，边缘具疏生锯齿；主脉两面隆起，网脉两面均明显。总状花序腋生或生于小枝已落叶腋部；花梗常双生，基部或下半部彼此贴生；花被管长 13~16 mm，白色或浅黄色。果椭圆状，直径约 1.5 cm，黑色。

花果期 / 花期 5~7 月；果期 10~12 月。

生境及分布 / 粤北各县常见。生于常绿阔叶林中。分布于我国东南及西南各省区。

产蜜及花粉性状 / 蜜粉源较少；辅助蜜源植物。

栽培要点 / 播种繁殖。采收成熟果实后，可使用湿沙贮藏。播种前可采用 45℃ 温水浸种 24 小时，提高发芽率。喜温暖湿润环境；造林初期耐阴，应选择水源条件好、地势平坦、排水良好的沙壤土栽植。

小果山龙眼

山龙眼科 山龙眼属

Helicia cochinchinensis Lour.

主要特征 乔木或灌木；高4~15 m。叶薄革质或纸质，长圆形、倒卵状椭圆形、披针形，长5~12 cm，全缘或上半部具疏浅锯齿；侧脉6~7条，两面均明显。总状花序腋生；花梗常双生；花被管长10~12 mm，白色或淡黄色。果椭圆状，长1~1.5 cm，蓝黑色或黑色。

花果期 花期6~10月；果期11月至翌年3月。

生境及分布 粤北各县常见。喜生于丘陵或山地湿润常绿阔叶林中。分布于我国长江以南各省区。

产蜜及花粉性状 蜜粉源较少；辅助蜜源植物。

栽培要点 播种繁殖。果实成熟后剥去果壳除去假种皮，用清水洗净后即得种子。喜光、喜湿润环境，适生于酸性红壤，能在干旱、贫瘠的土壤中生长。

短萼海桐

海桐花科 海桐花属

Pittosporum brevicalyx (Oliv.) Gagnep.

主要特征 常绿灌木或小乔木；叶互生，通常倒卵状披针形，薄革质，全缘，伞形花序3~5枝生于枝顶或叶腋内；萼片、花瓣和雄蕊均5枚；花瓣狭，基部黏合或几达中部。蒴果近球形，直径7~8 mm，种子7~10颗，长约3 mm。

花果期 花期4~6月；果期秋季。

生境及分布 在粤北的乐昌、乳源、连州等地常见；生于山地疏林中。分布于湖北、江西、湖南、广东、广西、贵州、云南。

产蜜及花粉性状 蜜粉源较少；辅助蜜源植物。

栽培要点 播种繁殖或扦插繁殖。喜光，耐阴能力亦强，喜温暖湿润气候，不耐寒，对土壤适应性强，耐盐碱，萌芽力强，抗风性强，耐烟尘。

褐毛海桐

海桐花科 海桐花属

Pittosporum fulvipilosum H. T. Chang et S. Z. Yan

主要特征 / 灌木或小乔木；高 5 m。嫩枝被褐色柔毛。叶簇生于枝顶，革质，长圆形，长 6~9 cm，基部楔形，下延。伞形花序生于枝顶，多花，花梗有褐毛；萼片分离，卵状披针形，长 2.5 mm，被毛；花瓣长 7~8 mm。蒴果球形，稍压扁，直径约 1 cm，2 片裂开。

花果期 / 花期 4~6 月；果期 9~11 月。

生境及分布 / 在粤北的乐昌、乳源、连州、连南、仁化、阳山、英德、翁源等地常见。生于山地疏林中。分布于广东。

产蜜及花粉性状 / 蜜粉源较少；辅助蜜源植物。

栽培要点 / 播种繁殖。喜光，耐阴能力亦强，喜温暖湿润气候，不耐寒，对土壤适应性强，耐盐碱，萌芽力强。

海金子

海桐花科 海桐花属

Pittosporum illicioides Makino

别名 崖花子

主要特征 常绿灌木；高达 5 m。叶生于枝顶，3~8 片簇生呈假轮生状，薄革质，倒卵状披针形或倒披针形，长 5~10 cm。伞形花序顶生，有花 2~10 朵，花梗长 1.5~3.5 cm，纤细，常向下弯。蒴果近圆形，长 9~12 mm，或有纵沟 3 条，3 片裂开。

花果期 花期 4~6 月；果期 8~10 月。

生境及分布 在粤北的乐昌、乳源、英德、阳山和韶关等地常见。生于山坡林下岩石旁。分布于福建、台湾、浙江、江苏、安徽、江西、湖北、湖南、贵州等省区。

产蜜及花粉性状 蜜粉源较少；辅助蜜源植物。

栽培要点 播种繁殖或扦插繁殖。扦插繁殖可在春季和秋季进行，选取一年生木质化健壮枝条。对气候的适应性较强，耐寒冷，亦颇耐暑热。对光照的适应能力亦较强，较耐阴，亦颇耐烈日，但以半阴地生长最佳。喜肥沃湿润土壤，干旱贫瘠地生长不良。

少花海桐

海桐花科 海桐花属

Pittosporum pauciflorum Hook. et Arn.

主要特征 / 常绿灌木。叶散布于嫩枝上，有时呈假轮生状，革质，狭窄长圆形或狭窄倒披针形，长 5~8 cm。花 3~5 朵生于枝顶叶腋内，呈假伞形状；萼片窄披针形，长 4~5 mm；花瓣长 8~10 mm。蒴果椭圆形或卵形，长约 1.2 cm，3 片裂开。

花果期 / 花期 4~5 月；果期 9~11 月。

生境及分布 / 在粤北的乐昌、乳源、连州、连山、连南、阳山、英德、清远、平远、蕉岭、梅州、兴宁、大埔、丰顺等地常见。生于山地疏林中。分布于广西、广东及江西。

产蜜及花粉性状 / 蜜粉源较少；辅助蜜源植物。

栽培要点 / 播种繁殖。喜温暖湿润环境，耐一定干旱。

海桐

海桐花科 海桐花属

Pittosporum tobira (Thunb.) Ait.

主要特征 常绿灌木或小乔木；高达 6 m。叶聚生于枝顶，革质，倒卵形或倒卵状披针形，长 4~9 cm，上面深绿色，发亮，顶端圆形或钝或微凹。伞形花序或伞房花序，顶生或近顶生。花白色，后变黄色，芳香。蒴果圆球形，有棱或呈三角形，3 片裂开。

花果期 花期 4~7 月；果期 8~10 月。

生境及分布 粤北各县均有栽培。分布于长江以南滨海各省，内地多为栽培供观赏。

产蜜及花粉性状 蜜粉源较少；辅助蜜源植物。

栽培要点 播种繁殖或扦插繁殖。采集成熟果实后，阴干，搓去假种皮及胶质；忌日晒，宜混润沙贮藏。扦插于早春新叶萌动前剪取一至二年生嫩枝。对气候的适应性较强，能耐寒冷，亦颇耐暑热。对土壤的适应性强，在黏土、沙壤土及轻盐碱土中均能正常生长。

山桐子

大风子科 山桐子属

Idesia polycarpa Maxim.

主要特征 / 落叶乔木。叶薄革质或厚纸质，卵形、心状卵形或宽心形，长 13~16 cm，基部通常心形，边缘有粗齿，齿尖有腺体，叶下面有白粉；叶柄长 6~12 cm，下部有 2~4 个紫色、扁平腺体。花单性，雌雄异株或杂性，黄绿色，花瓣缺，排列成顶生圆锥花序。浆果成熟时紫红色，扁圆形。

花果期 / 花期 4~5 月；果期 10~11 月。

生境及分布 / 在粤北的乐昌、乳源、连州、连山、连南、南雄、始兴、仁化、英德、阳山、翁源、新丰、连平、和平等地常见。生于向阳山坡林中。分布于台湾至西南及陕西、甘肃等省区。

产蜜及花粉性状 / 蜜粉源较少；辅助蜜源植物。

栽培要点 / 播种繁殖。果实采回后，去除果肉与种子分开，筛出种子。将种子浸入草木灰水中 1~2 个小时，擦去种皮外层蜡质。混沙贮藏，或阴干后贮藏。宜选择在土壤深厚、肥沃的山坡中下部和向阳山谷、沟边山地造林。可采用块状整地。

南岭柞木

大风子科 柞木属

Xylosma controversum Clos

主要特征 常绿灌木或小乔木；高 4~10 m。叶薄革质，椭圆形至长圆形，长 5~15 cm，顶端渐尖或急尖，基部楔形，边缘有锯齿。总状花序或圆锥花序，腋生；萼片 4 枚，卵形，边缘有睫毛；花瓣无。浆果圆形，直径 3~5 mm，花柱宿存。

花果期 花期 2~5 月；果期 8 月至翌年 1 月。

生境及分布 在粤北的乐昌、乳源、连州、连山、连南、阳山、英德、翁源等地常见。生于山坡林缘、低丘灌丛及村落附近。分布于江西、湖南和华南及西南地区。

产蜜及花粉性状 蜜粉源较少；辅助蜜源植物。

栽培要点 播种繁殖。喜温暖、湿润气候；土壤适应性强，对土壤要求不严，耐干旱瘠薄，在酸性、中性的土壤生长更好。

柞木

大风子科 柞木属

Xylosma racemosum (Sieb. et Zucc.) Miq.

主要特征 / 常绿大灌木或小乔木；高 4~15 m。树皮棕灰色，不规则从下面向上反卷呈小片；幼时有枝刺，结果株无刺。叶薄革质，菱状椭圆形至卵状椭圆形，长 4~8 cm，基部楔形或圆形，边缘有锯齿。总状花序腋生；花萼 4~6 枚，卵形；花瓣缺。浆果黑色，球形。

花果期 / 花期春季；果期冬季。

生境及分布 / 在粤北的乐昌、乳源、连州、连山、连南、南雄、始兴、仁化、英德、阳山、翁源、新丰、连平、和平、兴宁、五华、梅州、云浮等地常见。生于山坡林缘、丘陵或村边附近灌丛中。分布于秦岭以南各省区。

产蜜及花粉性状 / 蜜粉源较少；辅助蜜源植物。

栽培要点 / 播种繁殖，也可扦插。喜温暖、湿润气候，适应性强，稍耐阴；对土壤要求不严，耐干旱瘠薄；酸性、中性或石灰岩的碱性土壤上都能生长，一般选择在酸性、中性的土壤生长更好。

尖叶杨桐

山茶科 杨桐属

Adinandra bockiana E. Pritzel ex Diels var. **acutifolia** (Hand.-Mazz.) Kobuski

别名 尖叶川黄瑞木

主要特征 灌木或小乔木。嫩枝密被灰褐色短柔毛。叶薄革质，长圆形，长 8~12 cm，顶端尾状长尖，下面疏被柔毛。花腋生，花梗被粗毛；萼片 5 枚，被粗毛；花瓣 5 枚，白色，椭圆形，长 7~9 mm。果球形，熟时黑色，直径约 6 mm。

花果期 花期 6~8 月；果期 9~11 月。

生境及分布 在粤北的乐昌、始兴、乳源、连州、连山、连南、仁化、阳山、连平、和平、河源、兴宁、蕉岭等地常见。生于山地林中。分布于广西、广东、湖南、贵州、福建。

产蜜及花粉性状 蜜粉源较少；辅助蜜源植物。

栽培要点 播种繁殖。喜光、温湿环境，对土壤要求不严格。

两广杨桐

山茶科 杨桐属

Adinandra glischroloma Hand.-Mazz.

主要特征 / 灌木或小乔木；高 3~8 m。嫩枝、叶背、叶柄、花梗密被黄褐色或锈褐色长毛。叶革质，长圆状椭圆形，长 8~13 cm。花通常 2~3 朵生于叶腋，花梗粗短，常下垂；萼片 5 枚，阔卵形；花瓣 5 枚，白色。果球形，熟时黑色，直径 8~9 mm。

花果期 / 花期 5~6 月；果期 9~10 月。

生境及分布 / 在粤北的乐昌、乳源、连州、连山、连南、英德、阳山、翁源、连平、和平、梅州、大埔、五华等地常见。生于山地疏林中。分布于江西、湖南、广东、广西等省区。

产蜜及花粉性状 / 蜜粉源较少；辅助蜜源植物。

栽培要点 / 播种繁殖。喜阴湿环境和土壤肥力好、疏松立地。

杨桐

山茶科 杨桐属

Adinandra millettii (Hook. et Arn.) Benth. et Hook. f. ex Hance

主要特征 / 灌木或小乔木；高 2~10 m。叶革质，长圆状椭圆形，长 4.5~9 cm，顶端短渐尖或近钝形。花单朵腋生，花梗纤细，长约 2 cm；花瓣 5 枚，白色，卵状长圆形至长圆形。果圆球形，疏被短柔毛，直径约 1 cm，熟时黑色，宿存花柱长约 8 mm。

花果期 / 花期 5~7 月；果期 8~10 月。

生境及分布 / 粤北各县普遍分布和栽植。生于山地林中。分布于安徽、浙江、江西、福建、湖南、广东、广西、贵州等省区。

产蜜及花粉性状 / 蜜粉源较少；辅助蜜源植物。

栽培要点 / 播种繁殖或扦插繁殖。成熟种子采集后晾干即可播种。扦插穗条应选择生长健壮、半木质化嫩枝的枝条。喜光照充足、土壤肥沃深厚、排水良好的立地。造林采用团状法，造林前期需庇荫。

红楣

山茶科 茶梨属

Anneslea fragrans Wall.

别名 茶梨

主要特征 乔木；高约 15 m。叶革质，长圆状椭圆形，长 8~13 cm，边波状或具稀疏浅钝齿。花数朵至 10 多朵螺旋状聚生于枝端叶腋；萼片 5 枚，质厚，淡红色，卵圆形；花瓣 5 枚，阔卵形，长 13~15 cm。果实浆果状，肉质，仅顶端与花萼分离，直径 2~3.5 cm。

花果期 花期 1~3 月；果期 8~9 月。

生境及分布 在粤北的乐昌、乳源、南雄、连州、连山、英德、新丰、丰顺等地常见。生于山地疏林中。分布于福建、江西、湖南、广东、广西、贵州及云南等省区。

产蜜及花粉性状 蜜粉源较少；辅助蜜源植物。

栽培要点 播种繁殖。果实 10 月下旬至 11 月上旬成熟，果实采回后，稍晾干后取出种子，搓去红色假种皮；随采随播或润沙贮藏。喜深厚疏松的土壤，造林前期要适时护荫；及时中耕除草，保持土壤疏松，勤施肥。

香港毛蕊茶

山茶科 山茶属

Camellia assimilis Champ. ex Benth.

主要特征 / 灌木或小乔木；高 2~4 m。叶革质，长圆形，长 4~8 cm，顶端渐尖或尾状渐尖，边缘有细锯齿。花单生；苞片 5~6 片，半圆形；花萼杯状，萼片 5 枚，近圆形；花冠白色，长 3 cm，花瓣 7 枚。蒴果球形，直径 1.5~2 cm，果柄粗大。

花果期 / 花期 1~3 月；果期 9~10 月。

生境及分布 / 在粤北的乐昌、韶关等地常见。生于低海拔疏林中。分布于广东、广西、海南、台湾及浙江。

产蜜及花粉性状 / 蜜粉源较少；辅助蜜源植物。

栽培要点 / 播种繁殖。喜光、温暖湿润环境，土壤酸性最佳。

柃叶连蕊茶

山茶科 山茶属

Camellia euryoides Lindl.

主要特征 / 灌木至小乔木；高达 6 m。叶薄革质，椭圆形至卵状椭圆形，长 2~4 cm，顶端略尖而有钝的尖头，边缘有小锯齿。花顶生及腋生，白色；花萼杯状，长 2~2.5 mm，萼片 5 枚，阔卵形，边缘有睫毛；花瓣 5 枚，长 2 cm。蒴果圆形，直径 8~10 mm。

花果期 / 花期 1~3 月；果期 5~6 月。

生境及分布 / 在粤北的乳源、乐昌、南雄、连州、仁化、和平、兴宁、大埔、梅州、丰顺等地常见。生于低海拔疏林中。分布于江西及广东。

产蜜及花粉性状 / 蜜粉源较少；辅助蜜源植物。

栽培要点 / 播种繁殖。喜光，土壤酸性最佳，耐干旱、贫瘠。

心叶毛蕊茶

山茶科 山茶属

Camellia cordifolia (Metc.) Nakai

主要特征 灌木至小乔木；高1~6 m。嫩枝有长毛。叶革质，长圆状披针形，长6~10 cm，顶端尾状渐尖，基部圆形或微心形，下面有稀疏褐色长毛。花白色，有短柄；萼片5枚，阔卵形至圆形，顶端圆；花瓣5枚，近圆形。蒴果近球形，长1.4 cm。

花果期 花期10~12月；果期翌年9~10月。

生境及分布 在粤北的乐昌、乳源、连州、仁化、曲江、英德、阳山、连平、翁源、新丰、河源、大埔、郁南等地常见。生于山地林中。分布于广东、广西、江西及台湾。

产蜜及花粉性状 蜜粉源较少；辅助蜜源植物。

栽培要点 播种繁殖。喜光、温暖湿润环境，土壤酸性最佳。

糙果茶

山茶科 山茶属

Camellia furfuracea (Merr.) Coh. Stuart

主要特征 / 灌木至小乔木；高 2~6 m。叶革质，长圆形至披针形，长 8~15 cm，顶端渐尖，侧脉与网脉在上面明显或陷下，边缘有细锯齿。花 1~2 朵顶生及腋生，无柄，白色；苞片及萼片 7~8 片；花瓣 7~8 枚，倒卵形。蒴果球形，直径 2.5~4 cm，3 片裂开，被糠秕。

花果期 / 花期 10 月；果期翌年 9~10 月。

生境及分布 / 在粤北的乐昌、曲江、始兴、翁源、英德、新丰、清远、河源、平远、大埔、罗定、云浮等地常见。生于山地疏林中。分布于广东、广西、湖南、福建、江西。

产蜜及花粉性状 / 蜜粉源较少；辅助蜜源植物。

栽培要点 / 播种繁殖。喜光，喜生于低海拔、富含腐殖质的红壤。

油茶

山茶科 山茶属

Camellia oleifera Abel

主要特征 灌木或小乔木。叶革质，椭圆形或倒卵形，长5~7 cm，边缘有细锯齿。花顶生，近于无柄，苞片与萼片约10枚，由外向内逐渐增大；花瓣白色，5~7枚，倒卵形，长2.5~3 cm，顶端凹入或2裂。蒴果球形或卵圆形，直径2~4 cm，3片或2片裂开，果片木质。

花果期 花期冬春间，果期翌年10~11月。

生境及分布 粤北各县均有野生或栽培。长江流域至华南各地广泛栽培。

产蜜及花粉性状 蜜粉源丰富；有毒蜜粉源植物。

栽培要点 可播种繁殖、扦插繁殖或嫁接繁殖。直播造林以冬季为好；扦插应选择已经木质化、叶片完整、腋芽饱满且没有病虫害的枝条。喜温暖，不耐寒，要有充足的阳光，应选择在坡度和缓、侵蚀作用弱的地方栽植，适生在土层深厚、疏松的酸性土壤。

细尖连蕊茶

山茶科 山茶属

Camellia parvicuspidata H. T. Chang

主要特征 / 灌木。叶革质，披针形，长 4~6 cm，顶端尾状渐尖，尾长 1~1.5 cm，边缘有细锯齿。花顶生；苞片和萼片各 5 枚，卵形；花瓣 7 枚，白色，基部相连，倒卵形，长 0.8~1.1 cm。

花果期 / 花期 3 月；果期 9~10 月。

生境及分布 / 在粤北的乐昌、乳源、丰顺、蕉岭等地常见；生于山地密林中。分布于江西、广西、湖南、贵州、安徽、陕西、湖北、云南、广东、福建。

产蜜及花粉性状 / 蜜粉源较少；辅助蜜源植物。

栽培要点 / 播种繁殖。喜温暖，不耐寒，要有充足的阳光，适生在土层深厚、疏松的酸性土壤。

茶

山茶科 山茶属

Camellia sinensis (Linn.) O. Kuntze

主要特征 / 灌木至小乔木。叶长圆形，长 4~12 cm，下面无毛或初时有柔毛，边缘有锯齿。花 1~3 朵腋生，白色；萼片 5 枚，宿存；花瓣 5~6 枚，阔卵形，长 1~1.6 cm。蒴果三角扁球形，长 1.1~1.5 cm。

花果期 / 花期 10 月至翌年 2 月；果期翌年 10 月。

生境及分布 / 粤北各县普遍栽培或野生。原产于我国西南地区，包括云南、贵州、四川等省区。

产蜜及花粉性状 / 蜜粉源丰富，主要蜜粉源植物。

栽培要点 / 播种繁殖或者扦插繁殖。喜温暖湿润气候，中偏阴性，喜光而耐半阴；喜酸性、疏松肥沃湿润和排水良好的壤土，不耐盐碱土。茶树病虫害种类繁多，应注意防治病虫害。

红花油茶

山茶科 山茶属

Camellia semiserrata Chi

主要特征 小乔木；高 8~12 m。叶革质，椭圆形，长 9~15 cm，边缘上半部有疏而锐利的锯齿。花顶生，红色，无柄，直径 7~9 cm；苞片及萼片 11 枚，花开后脱落；花瓣 6~7 枚，阔倒卵圆形。蒴果卵球形，直径 4~8 cm，果皮厚木质，表面红色。

花果期 花期 1~3 月；果期 9~11 月。

生境及分布 在粤北的乐昌、乳源、清远、和平、罗定等地常见。分布于广东西江一带、广西东南部。

产蜜及花粉性状 蜜粉源丰富，主要蜜粉源植物。

栽培要点 播种繁殖或者扦插繁殖。喜温暖湿润气候，中偏阴性，喜光而耐半阴；喜酸性、疏松肥沃湿润和排水良好的壤土，不耐盐碱土；在土层瘠薄和全日强光照直射的环境生长欠佳。

91

野茶

山茶科 山茶属

Camellia sinensis var. **assamica** (Mast.) Kitam.

别名 / 普洱茶

主要特征 / 灌木或乔木，野生状态为高大乔木，高达 16 m，胸径可达 75 cm。叶椭圆形，边缘有细锯齿。花白色，直径约 3 cm。果近球形；种子含有丰富的油脂。

花果期 / 花期 9~11 月；果期 6~7 月。

生境及分布 / 粤北各县均有栽培。生于阔叶林中。分布于广东、云南。

产蜜及花粉性状 / 蜜粉源较多；优势蜜粉源植物。

栽培要点 / 播种繁殖。蒴果开裂后取得种子放置阴凉处贮藏。喜山坡沟谷、暖湿环境，适生于土壤深厚、排水良好又富有腐殖质的林地。

尖叶毛柃

山茶科 柃木属

Eurya acuminatissima Merr. et Chun

主要特征 / 灌木或小乔木；高 1~7 m。嫩枝圆柱形，红褐色。叶坚纸质或薄革质，卵状椭圆形，长 5~9 cm，宽 1.2~2.5 cm，顶端尾状长渐尖，基部楔形，边缘有细锯齿。花 1~3 朵腋生；萼片圆形，顶端常用微凹；花瓣 5 枚，白色，雄蕊花药不具分格。蒴果椭圆状卵形或圆球形，疏被柔毛。

花果期 / 花期 9~11 月；果期翌年 6~8 月。

生境及分布 / 在粤北的乐昌、乳源、南雄、始兴、连州、连山、连南、仁化、英德、阳山、翁源、紫金等地常见。生于山地林下或沟谷。分布于广东、广西、湖南、贵州。

产蜜及花粉性状 / 蜜粉源较多；优势蜜粉源植物。

栽培要点 / 播种繁殖。耐阴，喜土壤疏松、湿度大的立地。

尖萼毛柃

山茶科 柃木属

Eurya acutisepala Hu et L. K. Ling

主要特征 / 灌木或小乔木；高 1~7 m。叶薄革质，卵状椭圆形，长 5~9 cm，顶端尾状长渐尖，边缘有细锯齿。花 1~4 朵腋生，雌雄异株；萼片 5 枚，卵形或圆形，顶端尖；花瓣 5 枚，白色，卵形或披针形。果实卵形或圆球，长 3~4 mm。

花果期 / 花期 10~11 月；果期翌年 6~8 月。

生境及分布 / 在粤北的乐昌、乳源、连州、连南、仁化、阳山、英德等地常见；生于山地林中。分布于广东、江西、福建、广西、贵州、浙江等省区。

产蜜及花粉性状 / 蜜粉源较多；优势蜜粉源植物。

栽培要点 / 播种繁殖。耐阴，喜土壤疏松、肥沃且含水量高的林地。

翅柃

山茶科 柃木属

Eurya alata Kobuski

主要特征 / 灌木；高 1~3 m。嫩枝具 4 条棱。叶革质，长圆形，长 4~7.5 cm，边缘密生细锯齿，中脉在上面凹下，侧脉在上面不甚明显。花 1~3 朵簇生于叶腋；萼片 5 枚，卵形；花瓣 5 枚，白色，倒卵状长圆形。果实圆球形，成熟时蓝黑色。

花果期 / 花期 10~11 月；果期翌年 6~8 月。

生境及分布 / 在粤北的连山、连州、阳山、乐昌、乳源等地常见。生于山地林中。分布于陕西、安徽、浙江、江西、湖南、广东、广西、四川及贵州等省区。

产蜜及花粉性状 / 蜜粉源较多；优势蜜粉源植物。

栽培要点 / 扦插繁殖。插条选择生长健壮、无病虫害、无机械损伤的植株，秋季扦插效果较好，其次为春季，扦插时采用 50 毫克 / 升吲哚丁酸提高生根率。耐阴和喜湿度大的环境，适生于土壤疏松、肥沃的林地。

米碎花

山茶科 柃木属

Eurya chinensis R. Br.

主要特征 灌木；高 1~3 m。多分枝，嫩枝具 2 条棱。叶革质，倒卵形或倒卵状椭圆形，长 2~5.5 cm，边缘密生细锯齿，中脉在上面凹下。花 1~4 朵簇生于叶腋；萼片 5 枚，卵圆形或卵形；花瓣 5 枚，白色，倒卵形或卵形。果实圆球形，成熟时紫黑色。

花果期 花期 11~12 月；果期翌年 6~7 月。

生境及分布 在粤北的连州、连山、乳源、乐昌、始兴、曲江、英德、阳山、新丰、连平、翁源、清远、河源、和平、龙川、五华、梅州、平远、蕉岭、大埔、新兴、云浮、罗定等地常见。生于丘陵灌丛和山地林缘中。广泛分布于江西、福建、台湾、湖南、广东、广西等省区。

产蜜及花粉性状 蜜粉源丰富；主要蜜粉源植物。

栽培要点 播种繁殖、扦插繁殖或者分株繁殖。喜温暖、阴湿环境。要求土壤酸性。萌蘖力强。

细枝柃

山茶科 柃木属

Eurya loquaiana Dunn

主要特征 / 灌木或小乔木；高 2~10 m。枝纤细，嫩枝和芽密被微毛。叶薄革质，窄椭圆形，长 4~9 cm，顶端长渐尖，常呈短尾状，边缘有钝锯齿。花 1~4 朵簇生于叶腋；雄花花瓣 5 枚，倒卵形；雌花花瓣 5 枚，白色，椭圆形。果实圆球形，成熟时黑色。

花果期 / 花期 10~12 月；果期翌年 7~9 月。

生境及分布 / 在粤北的乐昌、乳源、始兴、南雄、连南、阳山、英德、连平、新丰、翁源、蕉岭、大埔、平远、罗定、郁南等地常见。生于山地林中。分布于安徽、浙江、江西、福建、台湾、湖北、湖南、广东、海南、广西、四川、贵州及云南等省区。

产蜜及花粉性状 / 蜜粉源较多；主要蜜粉源植物。

栽培要点 / 播种繁殖。种子成熟后采收，阴干，放置阴凉处贮藏。喜温暖、阴湿环境，适生于土壤疏松、肥沃的林地，耐一定贫瘠。

黑柃

山茶科 柃木属

Eurya macartneyi Champ.

主要特征 灌木或小乔木；高 2~7 m。树皮黑褐色，小枝灰褐色或褐色。叶革质，长圆状椭圆形，长 6~14 cm，全缘或上半部略有细锯齿。花黄色，1~4 朵簇生于叶腋；花瓣 5 枚，倒卵形。果实圆球形，直径约 5 mm，成熟时黑色。

花果期 花期 11 月至翌年 1 月；果期翌年 6~8 月。

生境及分布 在粤北的乐昌、乳源、南雄、曲江、始兴、连州、连南、连山、仁化、阳山、英德、连平、翁源、新丰、河源、和平、五华、蕉岭等地常见。生于山地林中。分布于江西、福建、广东、海南、湖南、广西等省区。

产蜜及花粉性状 蜜粉源较多；主要蜜粉源植物。

栽培要点 播种繁殖。喜温暖、阴湿环境，适生于土壤疏松、肥沃的林地。

格药柃

山茶科 柃木属

Eurya muricata Dunn

主要特征 灌木或小乔木；高 2~6 m。叶革质，椭圆形，长 5.5~11.5 cm，边缘有细钝锯齿，上面有光泽，侧脉不甚明显。花 1~5 朵簇生叶腋，白色；萼片 5 枚，近圆形；雄花花瓣长圆状倒卵形，花药具多分格；雌花花瓣 5 枚，卵状披针形。果实圆球形，成熟时紫黑色。

花果期 花期 9~11 月；果期翌年 6~8 月。

生境及分布 在粤北的九峰、五山、大源、坪石、沙坪等地常见。生于山地林中。分布于江苏、安徽、浙江、江西、福建、广东、香港、湖北、湖南、四川及贵州等省区。

产蜜及花粉性状 蜜粉源较多；优势蜜粉源植物。

栽培要点 扦插繁殖。插条选择生长健壮、无病虫害、无机械损伤的植株。春季扦插效果最佳；可用质量浓度为 50 毫克/升的激素处理，提高生根率。喜温暖环境，适生于土壤疏松、肥沃的林地。耐一定低温和贫瘠。

细齿叶柃

山茶科 柃木属

Eurya nitida Korthals

主要特征 / 灌木或小乔木；高 2~5 m。嫩枝纤细，具 2 条棱。叶薄革质，长圆状椭圆形或倒卵状披针形，长 4~6 cm，边缘密生细锯齿。花 1~4 朵簇生于叶腋；花萼片近圆形；雄花花瓣 5 枚，倒卵形；雌花花瓣长圆形。果实圆球形，成熟时蓝黑色。

花果期 / 花期 11 月至翌年 1 月；果期翌年 7~9 月。

生境及分布 / 粤北各县常见。生于山地林中。广泛分布于浙江、江西、福建、湖北、湖南、广东、海南、广西、四川、重庆、贵州等省区。

产蜜及花粉性状 / 蜜粉源丰富；主要蜜粉源植物。

栽培要点 / 播种繁殖。喜温暖环境，适生于土壤疏松、肥沃的林地。

银木荷

山茶科 木荷属

Schima argentea Pritz ex Diels

主要特征 / 乔木。嫩枝有柔毛，老枝有白色皮孔。叶厚革质，长圆形，长 8~12 cm，顶端尖锐，基部阔楔形，下面有银白色蜡被，全缘。花数朵生于枝顶，直径 3~4 cm；萼片圆形，外面有绢毛；花瓣白色，长 1.5~2 cm。蒴果扁球形，直径 1.2~1.5 cm。

花果期 / 花期 7~8 月；果期翌年 2~3 月。

生境及分布 / 在粤北的乐昌、乳源、连南、仁化、阳山、新丰等地常见。生于山地林中。分布于四川、云南、贵州、湖南。

产蜜及花粉性状 / 蜜粉源较多；优势蜜粉源植物。

栽培要点 / 播种繁殖。种子采收后曝晒，取出种子，干藏备用，春播。喜光，对土壤要求较高，需土壤疏松、湿润肥沃的林地。

木荷

山茶科 木荷属

Schima superba Gardn. et Champ.

别名 / 荷木

主要特征 / 大乔木；高 25 m。叶革质或薄革质，椭圆形，长 7~12 cm，边缘有钝齿。花生于枝顶叶腋，常多朵排成总状花序，直径 3 cm，白色；萼片半圆形，内面有绢毛；花瓣最外 1 枚风帽状，边缘多少有毛。蒴果直径 1.5~2 cm。

花果期 / 花期 5~8 月；果期 10~11 月。

生境及分布 / 粤北各县低海拔次生林中常见。生于山地疏林中。分布于四川、云南、贵州、湖南。

产蜜及花粉性状 / 蜜粉源较多；优势蜜粉源植物。

栽培要点 / 播种繁殖。成熟种子采回后先堆放 3~5 天，然后摊晒取种，筛选后干藏。喜光，对土壤适应性较强，酸性土如红壤、红黄壤、黄壤上均可生长，在肥厚、湿润、疏松的沙壤土中生长良好。

厚皮香

山茶科 厚皮香属

Ternstroemia gymnanthera (Wight et Arn.) Beddome

主要特征 / 灌木或乔木；高 2~15 m。叶革质，通常聚生于枝端，椭圆形或椭圆状倒卵形，长 5.5~9 cm，侧脉两面不明显。花两性或单性，生于当年生无叶的小枝上或生于叶腋；萼片 5 枚，卵圆形或长圆卵形，顶端圆；花瓣 5 枚，淡黄白色，倒卵形。果实圆球形。

花果期 / 花期 5~7 月；果期 8~11 月。

生境及分布 / 粤北各县常见。生于山地疏林中。广泛分布于安徽、浙江、江西、福建、湖北、湖南、广东、广西、云南、贵州及四川等省区。

产蜜及花粉性状 / 蜜粉源较少；辅助蜜源植物。

栽培要点 / 播种繁殖或扦插繁殖。成熟果实采回后，摊放在通风阴凉处，开裂后取出种子，阴干沙藏；扦插育苗一般选择在 6 月前后剪取半木质化枝条。喜温暖、凉爽气候，较耐寒，适宜于微酸性土壤，造林前期若有阴凉条件生长更好。

广东厚皮香

山茶科 厚皮香属

Ternstroemia kwangtungensis Merr.

别名 华南厚皮香

主要特征 灌木或小乔木；高 2~10 m。叶厚革质且肥厚，阔椭圆形，长 7~11 cm，密被红褐色或褐色腺点。花 1~2 朵生于叶腋；萼片 5 枚，卵圆形，长、宽为 6~8 mm，顶端圆；花瓣 5 枚，白色，倒卵形，长约 10 mm。果实扁球形，直径 1.6~2 cm。

花果期 花期 5~6 月；果期 9~11 月。

生境及分布 在粤北的乐昌、乳源、英德、阳山、大埔、蕉岭等地常见；生于山坡或山顶林中以及溪沟边、路旁灌丛中。分布于江西、福建、广东、广西及香港等省区。

产蜜及花粉性状 蜜粉源较少；辅助蜜源植物。

栽培要点 播种繁殖或扦插繁殖。成熟果实采回后放置通风处阴干，忌日晒，用湿润、干净的河沙贮藏。扦插采用树冠上部粗壮的一年生枝条。喜光，稍耐阴，适应深厚、肥沃、微酸性的土壤；耐一定低温。

亮叶厚皮香

山茶科 厚皮香属

Ternstroemia nitida Merr.

主要特征 / 灌木或小乔木；高 2~8 m。叶薄革质，长圆形至椭圆形，长 6~10 cm。花杂性，单生于叶腋；萼片 5 枚，卵形，顶端钝或略尖，两面被头垢状金黄色小圆点；花瓣 5 枚，白色或淡黄色。果实长卵形，长 1~1.2 cm，成熟时紫褐色，果梗较纤细。

花果期 / 花期 6~7 月；果期 8~9 月。

生境及分布 / 在粤北的乐昌、乳源、连州、阳山、仁化、英德、曲江、连平、翁源、和平、五华、蕉岭、大埔等地常见。生于山地林中、林下或溪边荫蔽地。分布于浙江、江西、福建、湖南、广东、广西及贵州等省区。

产蜜及花粉性状 / 蜜粉源较少；辅助蜜源植物。

栽培要点 / 播种繁殖或扦插繁殖。成熟果实采回后放通风处阴干，用干净的湿沙贮藏。扦插选择半木质化稍强的当年生枝作插穗。喜光，稍耐阴湿，适应土壤深厚肥沃、排水良好、呈酸性的立地。

短果石笔木

山茶科 石笔木属

Tucheria brachycarpa Chang

主要特征 / 乔木；高达 15 m。叶薄革质，椭圆形，长 11~17 cm，顶端渐尖，侧脉 10~12 对，边缘有锯齿。花单生于枝顶叶腋，白色，直径 4~5 cm；萼片 10 枚，圆形，背面有灰黄色绢毛；花瓣 5 枚，倒卵圆形。蒴果近圆形，直径 2~2.5 cm，3~4 片裂开。

花果期 / 花期 8~9 月；果期 9~11 月。

生境及分布 / 在粤北的乐昌、乳源、阳山、蕉岭等地常见；生于山地林中。分布于湖南、福建、广东、广西。

产蜜及花粉性状 / 蜜粉源较少；辅助蜜源植物。

栽培要点 / 播种繁殖。成熟果实采回后放通风处阴干，用干净的湿沙贮藏。喜光，适应土壤深厚肥沃、排水良好、呈酸性的立地。

石笔木

山茶科 石笔木属

Tucheria championii Nakai

主要特征 常绿乔木。叶厚革质，椭圆形，长 12~16 cm，顶端尖锐，边缘有小锯齿。花单生于枝顶叶腋，白色，直径 5~7 cm；萼片 9~11 枚，厚革质，外面有灰毛；花瓣 5 枚，倒卵圆形，顶端凹入，外面有绢毛。蒴果球形，直径 5~7 cm，由下部向上开裂；果爿 5 片。

花果期 花期 6 月；果期 10~11 月。

生境及分布 在粤北的乐昌、乳源、曲江、梅州、平远、蕉岭、丰顺、郁南等地常见。生于山地林中。分布于云南、四川、广西、湖南、广东、浙江和台湾。

产蜜及花粉性状 蜜粉源较少；辅助蜜源植物。

栽培要点 扦插繁殖。扦插插条选小于 10 年生的实生母树中、上部生长健壮、无病虫害的一年生木质化或半木质化枝条，每穗条上部至少有一个腋芽；穗条浸于 ABT2 号生根粉 0.01% 溶液中 1 小时。喜温暖湿润环境，适生于排水良好、土层深厚、富含腐殖质、土壤结构疏松的立地。

小果石笔木

山茶科 石笔木属

Tutcheria microcarpa Dunn

主要特征 / 乔木；高 5~17 m。叶革质，椭圆形至长圆形，长 4.5~12 cm，顶端尖锐，边缘有细锯齿。花细小，白色，直径 1.5~2.5 cm；萼片 5 枚，圆形；花瓣背面和萼片同样有绢毛。蒴果三角球形，长 1~1.8 cm，两端略尖。

花果期 / 花期 6~7 月；果期 9~11 月。

生境及分布 / 在粤北的乐昌、乳源、始兴、曲江、英德、翁源、新丰、和平、梅州、大埔、蕉岭等地常见。生于山地林中。分布于贵州、广西、广东、湖南、江西、福建、云南、浙江等省区。

产蜜及花粉性状 / 蜜粉源较少；辅助蜜源植物。

栽培要点 / 扦插繁殖。选择成年植株树冠中上部，生长健壮、叶芽饱满、无病虫害的一年或二年生枝条。喜温暖湿润环境，适生于土壤肥沃、土壤结构疏松、排水好的立地。

五列木

五列木科 五列木属

Pentaphylax euryoides Gardn. et Champ.

主要特征 常绿乔木或灌木；高 3~10 m。叶革质，卵形、卵状长圆形或长圆状披针形，长 5~9 cm，顶端尾状渐尖。总状花序长 4.5~7 cm；花小，白色；花瓣长圆形或倒披针形，顶端钝、微凹或浅心形。蒴果椭圆状，长 6~9 mm，褐黑色，成熟后沿室背中脉 5 裂。

花果期 花期 4~6 月；果期 10~11 月。

生境及分布 在粤北的乐昌、乳源、曲江、连州、连山、英德、阳山、新丰、紫金、五华、梅州、丰顺、平远、蕉岭等地常见。常见于中海拔至高海拔山林内及山顶灌丛中。分布于广东、海南、广西、江西等省区。

产蜜及花粉性状 蜜粉源较少；辅助蜜源植物。

栽培要点 播种繁殖。生性粗放，喜光，稍耐阴；不耐寒，喜温暖、湿润环境，耐干旱，耐瘠薄，不拘土质，但以排水良好的沙壤土为佳。

水东哥

水东哥科 水东哥属

Saurauia tristyla DC.

别名 / 米花树、水枇杷

主要特征 / 灌木；高 1~6 m。叶纸质，阔椭圆形至倒卵状长圆形，长 10~28 cm，顶端短渐尖至尾状渐尖，叶缘具细刺状锯齿。花序聚伞式，1~4 个簇生于叶腋或老枝落叶叶腋，分枝处具苞片 2~3 枚；花粉红色或白色；花瓣卵形，顶部反卷。浆果球形，直径 6~10 mm。

花果期 / 花期 6~12 月；果期 9~11 月。

生境及分布 / 粤北各县均有分布。生于丘陵沟旁、低山山谷中。分布于云南、广西、海南及福建。

产蜜及花粉性状 / 蜜粉源较少；辅助蜜源植物。

栽培要点 / 播种繁殖。喜生长在阴湿、土壤肥沃的环境；耐干旱，亦耐水湿；耐半阴，适生于酸性土壤。

岗松

桃金娘科 岗松属

Baeckea frutescens Linn.

主要特征 灌木。嫩枝纤细，多分枝。叶小，叶片狭线形或线形，长 5~10 mm，宽 1 mm，顶端尖，有透明油腺点。花小，白色，单生于叶腋内；萼管钟状，萼齿 5，细三角形；花瓣圆形，基部狭窄成短柄。蒴果小，长约 2 mm；种子扁平，有角。

花果期 花期 7~8 月；果期 9~11 月。

生境及分布 粤北各县常见。喜生于低丘及荒山草坡与灌丛中，是酸性土的指示植物。分布于福建、广东、广西及江西等省区。

产蜜及花粉性状 蜜粉源较多；优势蜜粉源植物。

栽培要点 播种繁殖或扦插繁殖。成熟种子采回后即可播种或用塑料袋密封贮存于冰箱。扦插应采集地径 1.5 cm 以上的一两年生健壮岗松为插条。喜高温、湿润、向阳之地，耐热、耐旱、耐风，栽培介质以腐殖土或沙壤土为佳。

红千层

桃金娘科 红千层属

Callistemon rigidus R. Br.

主要特征 / 小乔木。叶片线形，长 5~9 cm，宽 3~6 mm，顶端尖锐，油腺点明显，中脉在两面均凸起；叶柄极短。穗状花序生于枝顶；萼管略被毛，萼齿半圆形；花瓣绿色，卵形，有油腺点；雄蕊极多，鲜红色，花药暗紫色。蒴果半球形，宽 7 mm，顶端平截，3 爿裂开。

花果期 / 花期 6~8 月；果期 9~11 月。

生境及分布 / 在粤北的乐昌、三水等地常见。喜暖湿环境。原产于澳大利亚，广东、广西、海南、福建、台湾等省区均有栽培。

产蜜及花粉性状 / 蜜粉源较少；辅助蜜源植物。

栽培要点 / 播种繁殖或扦插繁殖。由于种子细小，播种时将种子与细沙以 1:15 的比例拌和，然后均匀撒播；扦插条应选择当年生、健壮、无病虫害的成熟或半木质化枝条。性喜温暖湿润气候，能耐烈日酷暑，较耐寒；喜肥沃、酸性土壤，也耐瘠薄地。

尾叶桉

桃金娘科 桉属

Eucalyptus urophylla S. T. Blake

主要特征 乔木。树干通直圆满，树干可达树高 1/2~2/3，树冠舒展浓绿。叶具柄，成熟叶片顶端呈尾状，叶脉清晰，侧脉稀疏平行。边脉不明显。花序腋生，花梗长 15~20 cm，花 5~7 朵或更多；果杯状，果成熟后暗褐色；果盘内陷，果瓣与果缘几乎平行，4~5 裂。

花果期 花期 8~11 月；果期翌年 4~5 月。

生境及分布 在粤北的乐昌、韶关等地常见。喜温暖、湿润的环境，耐干旱。原产于印度尼西亚，我国热带地区有栽培。

产蜜及花粉性状 蜜粉源较少；辅助蜜源植物。

栽培要点 播种繁殖或组培苗。喜光、喜温湿、肥沃疏松的土壤；能耐干旱和瘠薄，但不耐霜冻；适生于酸性或微酸性土壤环境。

大叶桉

桃金娘科 桉属

Eucalyptus robusta Smith

主要特征 大乔木；高 20 m。树皮宿存，深褐色，厚 2 cm，稍软松。叶卵状披针形，厚革质，不等侧，长 8~17 cm，两面均有腺点。伞形花序粗大，有花 4~8 朵；萼管半球形或倒圆锥形，帽状体与萼管同长，顶端收缩成喙。蒴果卵状壶形，长 1~1.5 mm，蒴口稍扩大，果瓣 3~4，深藏于萼管内。

花果期 花期 4~9 月；果期夏、冬季。

生境及分布 粤北各县均有栽培。喜温暖、湿润的环境。原产于澳大利亚，华南各省有栽种，但生长不良；在四川、云南个别生境则生长较好。

产蜜及花粉性状 蜜粉源较多；优势蜜粉源植物。

栽培要点 组培苗造林。喜光、畏寒，适生于土层深厚、疏松、肥沃、排水良好的山地红壤、黄红壤及壤质土壤。

细叶桉

桃金娘科 桉属

Eucalyptus tereticornis Smith

主要特征 / 大乔木。树皮平滑，长片状脱落，干基有宿存的树皮。叶片狭披针形，长 10~25 cm，稍弯曲，两面有细腺点。伞形花序腋生，有花 5~8 朵；萼管长 2.5~3 mm，帽状体长 7~10 mm，渐尖。蒴果近球形，宽 6~8 mm，果缘突出萼管，果瓣 4 裂。

花果期 / 花期 4~9 月；果期夏、冬季。

生境及分布 / 在粤北的乐昌有栽培；喜温暖、湿润的环境。原产于澳大利亚，华南各省有栽种。

产蜜及花粉性状 / 蜜粉源丰富，主要蜜粉源植物。

栽培要点 / 播种繁殖、扦插繁殖或者组培苗。一般用组培苗造林。喜光，能生长在各种土壤上，多在冲积平原。适生于肥沃冲积土、沙壤土、潮湿但不积水的地方。

番石榴

桃金娘科 番石榴属

Psidium guajava Linn.

别名 / 鸡屎果

主要特征 / 乔木，高达 13 m。树皮平滑，灰色，片状剥落；嫩枝有棱，被毛。叶长圆形至椭圆形，长 6~12 cm。花单生或 2~3 朵排成聚伞花序；萼管钟形，萼帽近圆形，长 7~8 mm，不规则裂开；花瓣白色。浆果球形、卵圆形或梨形，长 3~8 cm，顶端有宿存萼片。

花果期 / 花期 4~5 月；果期 10 月至翌年 3 月。

生境及分布 / 粤北各县常见。原产于南美洲，华南各地均有栽培。

产蜜及花粉性状 / 粉源较少；辅助蜜源植物。

栽培要点 / 播种繁殖或扦插繁殖。喜光、喜热，对土壤要求不严，在排水良好的沙壤土、黏壤土中生长较好；土壤 pH 值 4.5~8.0 均能种植。

桃金娘

桃金娘科 桃金娘属

Rhodomyrtus tomentosa (Ait.) Hassk.

别名 岗稔

主要特征 灌木；高1~2 m。叶对生，革质，椭圆形或倒卵形，长3~8 cm，下面有灰色茸毛，离基3出脉直达顶端且相结合。花常单生，紫红色，直径2~4 cm；萼管倒卵形，有灰茸毛，萼裂片5枚，近圆形，宿存；花瓣5枚，倒卵形；雄蕊红色。浆果卵状壶形，长1.5~2 cm，熟时紫黑色。

花果期 花期4~5月；果期6~9月。

生境及分布 粤北各县均有分布。生于丘陵坡地，为酸性土指示植物。分布于台湾、福建、广东、广西、云南、贵州及湖南。

产蜜及花粉性状 蜜粉源较少；辅助蜜源植物。

栽培要点 播种繁殖或扦插繁殖。种子随采随播，亦可阴凉处贮藏春播；扦插繁殖应取当年生枝条。喜光、温暖湿润环境，喜酸性土壤，耐干旱耐贫瘠。

华南蒲桃

桃金娘科 蒲桃属

Syzygium austrosinense (Merr. et Perry) H. T. Chang et R. H. Miau

主要特征 / 灌木至小乔木；高达 10 m。嫩枝有 4 条棱，干后褐色。叶片革质，椭圆形，长 4~7 cm，顶端尖锐或稍钝，基部阔楔形。聚伞花序顶生；萼管倒圆锥形，长 2.5~3 mm，萼片 4 枚，短三角形；花瓣分离，倒卵圆形。果实球形，宽 6~7 mm。

花果期 / 花期 6~8 月；果期 9~10 月。

生境及分布 / 粤北各县均有分布。生于中海拔常绿阔叶林中。

分布于四川、湖北、贵州、江西、浙江、福建、广东、广西等省区。

产蜜及花粉性状 / 蜜粉源较少；辅助蜜源植物。

栽培要点 / 播种繁殖。喜光、喜高温潮湿的环境，适生于土壤肥沃、疏松、潮湿的立地。

赤楠

桃金娘科 蒲桃属

Syzygium buxifolium Hook. et Arn.

主要特征 / 灌木或小乔木。嫩枝有棱，干后黑褐色。叶片革质，阔椭圆形至椭圆形，长 1.5~3 cm，顶端圆或钝，基部阔楔形或钝，侧脉多而密，斜行向上。聚伞花序顶生，有花数朵；萼管倒圆锥形，萼齿浅波状；花瓣 4 枚，分离。果实球形，直径 5~7 mm。

花果期 / 花期 6~8 月；果期 9~12 月。

生境及分布 / 粤北各县均有分布。生于疏林或灌丛中。分布于安徽、浙江、台湾、福建、江西、湖南、广东、广西、贵州等省区。

产蜜及花粉性状 / 蜜粉源较少；辅助蜜源植物。

栽培要点 / 播种繁殖和扦插繁殖。成熟果实采回后可堆放在阴凉处，搓洗去除果皮和果肉，取出种子晾干。可随即播种，也可湿沙贮藏。扦插在 6~7 月，选取一年生健壮枝条，剪截成 10 cm 长，留 2~4 对叶片，入土 1/2，注意保湿遮阴，约 1 个月可生根。喜光，较耐阴，喜温暖、湿润气候，耐寒能力较差；适生于腐殖质丰富、疏松肥沃而排水良好的酸性沙壤土。

蒲桃

桃金娘科 蒲桃属

Syzygium jambos (Linn.) Alston

主要特征 乔木；高 10 m。叶片革质，披针形或长圆形，长 12~25 cm，叶面多透明细小腺点。聚伞花序顶生，有花数朵；花白色，直径 3~4 cm；萼管倒圆锥形，长 8~10 mm，萼齿 4，半圆形；花瓣分离，阔卵形。果实球形，果皮肉质，直径 3~5 cm，成熟时黄色。

花果期 花期 3~4 月；果期 5~6 月。

生境及分布 在粤北的英德、乐昌、清远等地常见。喜生于河边及河谷湿地。分布于台湾、福建、广东、广西、贵州、云南等省区。

产蜜及花粉性状 蜜粉源较多；优势蜜粉源植物。

栽培要点 播种繁殖、嫁接繁殖和扦插繁殖。成熟果实采收后破除果肉取出种子，洗净晾干，阴凉处贮藏。扦插宜选枝条发育饱满的一年生枝条。蒲桃嫁接可全年进行，但以 4~11 月较适宜，雨天嫁接成活率较低。喜光照充足、高温潮湿的环境，适生于肥沃、疏松、潮湿的土壤，瘠瘠的土壤应多施一些有机肥。

红枝蒲桃

桃金娘科 蒲桃属

Syzygium rehderianum Merr. et Perry

主要特征 / 灌木至小乔木。嫩枝红色，稍压扁。叶革质，椭圆形至狭椭圆形，长 4~7 cm，顶端急渐尖，尖头钝，侧脉以 50° 开角斜向边缘。聚伞花序腋生，通常有 5~6 条分枝，每分枝顶端有无梗的花 3 朵；萼管倒圆锥形，上部平截，萼齿不明显；花瓣连成帽状。果实椭圆状卵形，长 1.5~2 cm。

花果期 / 花期 6~8 月；果期 9~11 月。

生境及分布 / 在粤北的乐昌、连山、连南、阳山、英德、翁源、新丰、清远、云浮、罗定等地常见。生于中低海拔的疏、密林中。分布于福建、广东、广西。

产蜜及花粉性状 / 蜜粉源较少；辅助蜜源植物。

栽培要点 / 播种繁殖和扦插繁殖。成熟果实需经堆沤或浸泡后用清水洗出种子，与细沙层积贮藏，翌年春播。扦插应选择一年生生长健壮、无病虫害的半木质化枝条作插穗。喜光，也耐稀疏遮阴，喜湿润，也较耐干燥。适生于酸性土或碱性土，沙土或黏性土均宜，耐水湿也较耐干旱，但土层浅薄的贫瘠地不宜。

柏拉木

野牡丹科 柏拉木属

Blastus cochinchinensis Lour.

主要特征 灌木；高 0.6~3 m。叶纸质，披针形、狭椭圆形至椭圆状披针形，长 6~12 cm，3~5 基出脉。伞状聚伞花序，腋生；花萼钟状漏斗形或钝四棱形，裂片 4~5 枚；花瓣 4~5 枚，白色至粉红色，卵形，于右上角突出一小片；花药粉红色，呈屈膝状。蒴果椭圆形，4 纵裂，为宿存萼所包。

花果期 花期 6~8 月；果期 10~12 月。

生境及分布 粤北各县均有分布。生于阔叶林内。分布于广西、广东、福建。

产蜜及花粉性状 蜜粉源较少；辅助蜜源植物。

栽培要点 播种繁殖。喜光，对土壤要求不严格，适生于各土壤环境，在肥沃、疏松的土壤中生长更好。

金花树

野牡丹科 柏拉木属

Blastus dunnianus Lévl.

主要特征 / 灌木；高约 1 m。叶纸质，卵形、广卵形，基部钝至心形，长 6.5~15 cm，5~7 基出脉。聚伞花序组成圆锥花序，顶生；花萼漏斗形，具 4 条棱，裂片反折，卵形或椭圆状卵形；花瓣粉红色至玫瑰色或红色。蒴果椭圆形，4 纵裂，为宿存萼所包；宿存萼具 4 条棱。

花果期 / 花期 6~7 月；果期 9~11 月。

生境及分布 / 在粤北的乐昌、乳源、连州、连山、连南、曲江、阳山、和平等地常见。生于山谷、山坡林下、溪边。分布于贵州、湖南、广西、广东、江西、福建等省区。

产蜜及花粉性状 / 蜜粉源较少；辅助蜜源植物。

栽培要点 / 播种繁殖。喜光，适生于土壤肥沃、疏松的环境。

多花野牡丹

野牡丹科 野牡丹属

Melastoma affine D. Don

主要特征 灌木；高约1 m。全株密被糙伏毛和柔毛。叶坚纸质，卵状披针形或近椭圆形，长5.4~13 cm，5基出脉。伞房花序顶生，近头状，有花10朵以上，基部具叶状总苞2；花萼裂片广披针形，裂片间具1小裂片；花瓣粉红色至紫红色；雄蕊长者花药隔基部伸长，末端2深裂。蒴果坛状球形，顶端平截，与宿存萼贴生。

花果期 花期2~5月；果期8~12月。

生境及分布 在粤北的乐昌常见。生于山坡、山谷林下或疏林下及灌草丛中，为酸性土壤中常见的植物。分布于贵州、湖南、广西、广东、江西、浙江、福建。

产蜜及花粉性状 蜜粉源较少；辅助蜜源植物。

栽培要点 播种繁殖。喜光，对土壤要求不严格；适生于各土壤环境，在肥沃、疏松的土壤中生长良好。

多花山竹子

藤黄科 山竹子属

Garcinia multiflora Champ. ex Benth.

别名 / 木竹子

主要特征 / 常绿乔木；高 5~15 m。枝具黄色树脂液。叶对生，革质，卵形至长圆状倒卵形，长 7~16 cm。花杂性，同株。雄花序成聚伞状圆锥花序；雄花萼片 2 大 2 小，花瓣橙黄色，倒卵形；雌花序有雌花 1~5 朵，柱头大而厚，盾形。果卵圆形至倒卵圆形，长 3~5 cm，成熟时黄色，盾状柱头宿存。

花果期 / 花期 6~8 月；果期 11~12 月。

生境及分布 / 粤北各县普遍分布和栽植。生于山坡疏林、密林、沟谷或灌丛中。分布于台湾、福建、江西、湖南、广东、海南、广西、贵州、云南等省区。

产蜜及花粉性状 / 蜜粉源较少；辅助蜜源植物。

栽培要点 / 播种繁殖。成熟果实采回须堆沤 3~5 天，搓去果皮果肉，种子洗净晾干，混沙贮藏；需露天沙藏 1 年以上，到第三年春季播种。喜光，适生于半山腰以下土壤较肥沃深厚的环境，造林前须细致整地，整地应在秋季进行，一般采用块状整地，按株行距定点挖穴。

扁担杆

椴树科 扁担杆属

Grewia biloba G. Don

主要特征 灌木；高 1~4 m。嫩枝被粗毛。叶薄革质、菱状卵形，长 4~9 cm，顶端锐尖，基部楔形或钝，两面有稀疏星状粗毛，基出脉 3 条，边缘有细锯齿。聚伞花序腋生，多花，花序柄短；萼片狭长圆形；花瓣长 1~1.5 mm。核果红色，有 2~4 颗分核。

花果期 花期 5~7 月；果期 8~10 月。

生境及分布 在粤北的乐昌、乳源、始兴、南雄、连州、连山、阳山、英德、清远、和平等地常见。生于山地林缘、沟谷、草地、灌丛或疏林中。分布于江西、湖南、浙江、广东、台湾、安徽、四川等省。

产蜜及花粉性状 蜜粉源较少；辅助蜜源植物。

栽培要点 播种繁殖和分株繁殖。成熟果实采回后堆沤，然后放在水中搓洗除去果皮和果肉，稍晾干得种子，即可播种或短期干藏。喜光，稍耐阴。对土壤要求不严。在肥沃、排水良好的土中生长旺盛。耐寒，耐干旱，耐修剪，耐瘠薄。

小花扁担杆

椴树科 扁担杆属

Grewia biloba G.Don var. **parviflora** (Bunge) Hand.-Mazz.

主要特征 / 与扁担杆的区别在于叶下面密被黄褐色软茸毛，花朵较短小。

花果期 / 花期 5~7 月；果期 8~10 月。

生境及分布 / 粤北各县均有栽培。生于山地林缘、沟谷、草地、灌丛或疏林中。分布于广西、广东、湖南、贵州、云南、四川、湖北、江西、浙江、江苏、安徽、山东、河北、山西、河南、陕西等省区。

产蜜及花粉性状 / 蜜粉源较少；辅助蜜源植物。

栽培要点 / 播种繁殖。成熟果实果肉腐烂后经搓洗、阴干，便得到纯净种子，阴凉处贮藏或者冷藏。喜光，稍耐阴，耐干旱、瘠薄土壤，耐旱能力较强。耐寒，对土壤要求不严，在富有腐殖质的土壤中生长更好。

白毛椴

椴树科 椴树属

Tilia endochrysea Hand.-Mazz.

主要特征 / 乔木；高达 20 m。叶卵形或阔卵形，长 9~16 cm，基部斜心形或截形，下面被灰色或灰白色星状茸毛，边缘有稀疏大牙齿，叶柄长 3~7 cm。聚伞花序长 9~16 cm；苞片窄长圆形，长 7~10 cm，顶端圆或钝，基部心形或楔形，下部 1~1.5 cm 与花序柄合生。果实球形，5 片裂开。

花果期 / 花期 7~8 月；果期 9~10 月。

生境及分布 / 在粤北的乐昌、乳源、连山、阳山等地常见。生于山坡密林中。分布于广西、广东、湖南、江西、福建、浙江等省区。

产蜜及花粉性状 / 泌蜜较多，花粉较少；优势蜜粉源植物。

栽培要点 / 播种繁殖。成熟种子采回后，自然晾干，阴凉处贮藏或者冷藏。喜光，适生于肥沃、疏松、湿润的土壤。

南京椴

椴树科 椴树属

Tilia miqueliana Maxim.

主要特征 乔木；高 20 m。嫩枝有黄褐色茸毛，顶芽卵形，被黄褐色茸毛。叶卵圆形，长 9~12 cm，基部心形或稍偏斜，下面被灰色或灰黄色星状茸毛，边缘有整齐锯齿。聚伞花序长 6~8 cm，花序柄被灰色茸毛；苞片狭窄倒披针形，长 8~12 cm，顶端钝，基部狭窄，下部 4~6 cm 与花序柄合生。果实球形。

花果期 花期夏季；果期秋季。

生境及分布 在粤北的乐昌、乳源等地常见。生于山地林中。分布于江苏、浙江、安徽、江西、广东。

产蜜及花粉性状 泌蜜较多，花粉较少；优势蜜粉源植物。

栽培要点 播种繁殖。成熟种子采收后，通风阴干，阴凉处贮藏或冷藏。无纺布容器袋育苗提高成活率。喜温暖湿润气候，适应能力强，耐干旱瘠薄。

中华杜英

杜英科 杜英属

Elaeocarpus chinensis (Gardn. et Champ.) Hook. f. ex Benth.

别名 小冬桃、羊尿乌

主要特征 常绿小乔木。叶薄革质，卵状披针形或披针形，长 5~8 cm，基部圆形，上面绿色有光泽，下面有细小黑腺点，边缘有波状小钝齿；叶柄纤细，顶端膨大。总状花序生于无叶的去年枝上；花两性或单性；花瓣 5 枚，白色，长圆形。核果椭圆形，蓝绿色，长不到 1 cm。

花果期 花期 5~6 月；果期 9~12 月。

生境及分布 在粤北的乐昌、乳源、连南、阳山、英德、新丰、连平、河源、梅州、蕉岭等地常见。生于常绿阔叶林中。分布于广东、广西、浙江、福建、江西、贵州、云南。

产蜜及花粉性状 蜜粉源较多；优势蜜粉源植物。

栽培要点 扦插繁殖和播种繁殖。果实采收后，堆放待果肉软化后，搓揉淘洗干净种子，捞出阴干后随即播种，或湿沙层积贮藏至翌年春播。扦插可以用硬枝扦插，当年生枝条更佳。喜温暖湿润环境，适生于排水良好、土壤肥沃的酸性黄壤土环境。

冬桃杜英

杜英科 杜英属

Elaeocarpus duclouxii Gagnep.

别名 / 广西杜英

主要特征 / 乔木；高达 25 m。叶革质，长圆形，长 8~15 cm，顶端急尖，基部楔形，下延，侧脉在上面明显，在下面凸起，边缘有波状钝齿，叶上面老时无毛，下面有褐色茸毛。花两性，花序长 4~7 cm；萼片披针形，两面有毛；花瓣长 5~6 cm，上半部撕裂。核果椭圆状卵形，榄绿色，长 2~3 cm。

花果期 / 花期 6~7 月；果期秋季。

生境及分布 / 在粤北的乐昌、乳源、曲江、始兴、连南、仁化、阳山、英德、新丰、翁源、云浮、郁南、罗定等地常见。喜生于水旁湿润、肥沃的常绿阔叶林里。分布于云南、贵州、四川、湖南、广西、广东及江西。

产蜜及花粉性状 / 蜜粉源较多；优势蜜粉源植物。

栽培要点 / 播种繁殖。采种后即播种，也可将种子用湿沙层积贮藏至翌年春播。喜光、湿润环境，不耐瘠薄，适生于土壤腐殖质含量高、偏酸性的黄壤土环境。

秃瓣杜英

杜英科 杜英属

Elaeocarpus glabripetalus Merr.

主要特征 乔木；高达 12 m。嫩枝有棱。叶纸质、倒披针形，长 8~12 cm，基部变窄而下延，边缘有小钝齿。总状花序常生于无叶的去年枝上；萼片 5 枚，披针形；花瓣 5 枚，白色，长 5~6 mm，顶端较宽，撕裂为 14~18 条。核果椭圆形，绿色，长 1~1.5 cm。

花果期 花期 5~6 月；果期 9~11 月。

生境及分布 在粤北的乐昌、乳源、南雄、曲江、连山、阳山、英德、新丰、清远、龙川、和平、平远等地常见。生于山地疏林或水旁的常绿阔叶林里。分布于广东、广西、江西、福建、浙江、湖南、贵州及云南。

产蜜及花粉性状 蜜粉源较多；优势蜜粉源植物。

栽培要点 播种繁殖和扦插繁殖。成熟果实采回后马上用清水浸泡 1~2 天，搓去外果皮，用清水漂洗后，阴干后收藏，不可暴晒；翌年春播。扦插枝条选用带顶芽的一年生或当年生枝带 2~3 枚叶片。喜温暖湿润的气候，适生于土壤深厚、肥沃的沙性山地黄壤、黄红壤立地。

日本杜英

杜英科 杜英属

Elaeocarpus japonicus Sieb. et Zucc.

主要特征 / 乔木。叶革质，通常卵形、椭圆形或倒卵形，长 6~12 cm，基部圆形或钝，边缘有疏锯齿；叶柄长 2~6 cm，顶端膨大。总状花序腋生；花两性或单性；花瓣长圆形，两面有毛，与萼片等长。核果椭圆形，长 1~1.3 cm，深蓝色。

花果期 / 花期 4~5 月；果期 9 月。

生境及分布 / 粤北各县均有栽培。生于山地林中。分布于长江以南各省区。

产蜜及花粉性状 / 蜜粉源较多；优势蜜粉源植物。

栽培要点 / 播种繁殖。果实采回后在室内摊放数天，待果皮软化后，混沙擦洗去外果皮；种子在室内阴干后，混沙贮藏；翌年春播。适生于山坡中下部和山谷、沟旁深厚、肥沃、疏松的微酸性土壤。

山杜英

杜英科 杜英属

Elaeocarpus sylvestris (Lour.) Poir.

主要特征 小乔木；高约 10 m。叶纸质，倒卵形或倒披针形，长 4~8 cm，基部窄楔形，下延，边缘有钝锯齿或波状钝齿。总状花序生于枝顶叶腋内；萼片 5 枚，披针形；花瓣倒卵形，上半部撕裂。核果椭圆形，长 1~1.2 cm，绿色。

花果期 花期 4~5 月；果期 10~12 月。

生境及分布 粤北各县均有分布。生于山地林中。分布于广东、海南、广西、福建、浙江、江西、湖南、贵州、四川及云南。

产蜜及花粉性状 蜜粉源较多；优势蜜粉源植物。

栽培要点 播种繁殖。果实采回后浸泡 2~3 天，搓去果皮与果肉，然后用清水洗净晾干即可播种，或将种子用湿沙贮藏至翌年春播。能耐阴，适生于土层深厚、排水良好的山地红壤、红黄壤。坡度较大的山坡地采用条垦挖穴，缓坡地可进行全穴垦整地。

薄果猴欢喜

杜英科 猴欢喜属

Sloanea leptocarpa Diels

主要特征 / 乔木；高达 25 m。叶薄革质，披针形、倒披针形，长 7~14 cm，脉腋间有毛丛。花单生或数朵丛生于枝顶叶腋内；萼片 4~5 枚，卵圆形，大小不相等；花瓣 4~5 枚，长 6~7 mm，上端齿状撕裂。蒴果圆球形，宽 1.5~2 cm，3~4 片裂开，果爿薄；针刺短。

花果期 / 花期 4~5 月；果期 9 月。

生境及分布 / 在粤北的乐昌、曲江、始兴、连州、连南、英德、翁源、清远、和平、大埔、云浮等地常见。生于山地林中、溪边。分布于广东、广西、福建、湖南、四川、贵州及云南。

产蜜及花粉性状 / 蜜粉源较多；优势蜜粉源植物。

栽培要点 / 播种繁殖。成熟果实采回后堆沤 1 周，于通风处阴干，再搓去种皮，用湿沙贮藏；翌年春播。喜阴湿环境，宜选择在土层深厚、排水良好的中性或酸性的黄红壤、红壤的山坡、山谷等立地下造林。

猴欢喜

杜英科 猴欢喜属

Sloanea sinensis (Hance) Hemsl.

主要特征 乔木；高达 20 m。叶薄革质，通常为长圆形或狭窄倒卵形，长 6~12 cm，通常全缘，有时上半部有数个疏锯齿。花多朵簇生于枝顶叶腋；花瓣 4 枚，长 7~9 mm，绿白色，顶端有齿刻。蒴果木质，卵球形，宽 2~5 cm，3~7 片裂开；针刺长 1~1.5 cm；内果皮紫红色。

花果期 花期 9~11 月；果期翌年 6~7 月。

生境及分布 粤北各县均有分布。生于常绿阔叶林中。分布于广东、海南、广西、贵州、湖南、江西、福建、台湾和浙江。

产蜜及花粉性状 蜜粉源较多；优势蜜粉源植物。

栽培要点 播种繁殖。成熟果实采回后堆沤 1 周，然后摊于通风处阴干，再搓去种皮，用湿沙贮藏；翌年春播。猴欢喜幼年喜阴耐湿，宜选择土层深厚、排水良好的中性或酸性的黄红壤、红壤的山坡、山谷作为造林地。

梧桐

梧桐科 梧桐属

Firmiana simplex (Linn.) F. W. Wight

别名 / 青桐、桐麻

主要特征 / 落叶乔木。树皮青绿色，平滑。叶心形，宽15~30 cm，掌状 3~5 裂，裂片三角形，基部心形，叶柄与叶片等长。花杂性，排成顶生圆锥花序，花淡黄绿色；萼花瓣状，5深裂几至基部，萼片条形，向外卷曲。蓇葖果膜质，成熟前开裂成叶状，长 6~11 cm，每蓇葖果有种子 2~4 个。

花果期 / 花期 6 月；果期 9~10 月。

生境及分布 / 粤北各县普遍分布和栽培。我国南北各省区多栽培。

产蜜及花粉性状 / 泌蜜较少，花粉较多；优势蜜粉源植物。

栽培要点 / 播种繁殖和扦插繁殖。成熟果实采收后，晒干脱粒后于当年秋播，也可干藏或沙藏至翌年春播。干藏种子在播前需用温水浸种催芽处理。扦插枝条选择当年生、粗壮、无病虫害、生长势好的枝条。喜温暖、湿润的气候，喜光，稍耐阴，不耐寒，喜肥沃、湿润的沙壤土。

翻白叶树

梧桐科 翅子树属

Pterospermum heterophyllum Hance

别名 半枫荷

主要特征 乔木，高达 20 m。小枝、叶背、花序、萼片及蒴果均被黄褐色短柔毛。叶二型，幼树或萌蘖枝上的叶盾形，掌状3~5 裂；成长树上的叶长圆形至卵状长圆形，长 7~15 cm。花单生或 2~4 朵组成腋生的聚伞花序；花青白色；花瓣 5 枚，倒披针形。蒴果木质，长圆状卵形，长约 6 cm；种子具膜质翅。

花果期 花期秋季；果期 7~12 月。

生境及分布 在粤北的乐昌、曲江、英德、阳山、翁源、清远、和平、河源、大埔、新兴等地常见；生于砂岩或页岩地区的山地、山谷疏林中。分布于广东、福建、广西。

产蜜及花粉性状 蜜粉源较少；辅助蜜源植物。

栽培要点 播种繁殖。成熟果实采回后先置于太阳下晒至壳开始微有破裂，然后于通风处阴干，阴凉处贮藏，翌年春播。喜温暖湿润的气候，较耐干旱，一般土壤都能种植，适生于向阳、排水良好而深厚肥沃的沙壤土中。

木芙蓉

锦葵科 木槿属

Hibiscus mutabilis Linn.

主要特征 / 落叶灌木；高 2~5 m。枝、叶、花梗和花萼均密被毛。叶宽卵形至圆卵形，直径 10~15 cm，常 3~7 裂，裂片具钝圆锯齿。花单生于枝端叶腋；花初开时白色或淡红色，后变深红色，直径约 8 cm。蒴果扁球形，直径约 2.5 cm，被淡黄色刚毛和绵毛，果爿 5。

花果期 / 花期 8~10 月；果期 11~12 月。

生境及分布 / 粤北各县常见。辽宁、河北、山东、陕西、安徽、江苏、浙江、江西、福建、台湾、广东、广西、湖南、湖北、四川、贵州和云南等省区有栽培。

产蜜及花粉性状 / 蜜粉源较少；辅助蜜源植物。

栽培要点 / 播种繁殖、扦插繁殖、压条繁殖和分株繁殖。扦插穗宜选取一年生健壮而充实的枝条；压条宜在 6~7 月进行，使植株外围的枝条变弯曲，压入土中；分株繁殖宜在 2~3 月进行，将植株的根挖出后分开，采用湿土干栽法，栽后压实。喜温暖湿润气候，喜光、不耐寒、耐水湿、耐修剪，适生于温暖肥沃、排水良好的微酸性土壤。

木槿

锦葵科 木槿属

Hibiscus syriacus Linn.

别名 / 鸡肉花

主要特征 / 灌木；高 3~4 m。叶菱形至三角状卵形，长 3~10 cm，具深浅不等的 3 裂或不裂，边缘具不整齐齿缺。花单生于枝端叶腋；小苞片 6~8 枚，线形，密被星状疏茸毛；花萼钟形，裂片 5 枚，三角形；花钟形，淡紫色，直径 5~6 cm，花瓣倒卵形。蒴果卵圆形，直径约 1.2 cm。

花果期 / 花期 7~10 月；果期 10~12 月。

生境及分布 / 粤北各县均有栽培。台湾、福建、广东、广西、云南、贵州、四川、湖南、湖北、安徽、江西、浙江、江苏、山东、河北、河南、陕西等省区均有栽培。

产蜜及花粉性状 / 蜜粉源较少；辅助蜜源植物。

栽培要点 / 播种、压条、扦插、分株繁殖，主要运用扦插繁殖和分株繁殖。分株繁殖宜在早春发芽前，将生长旺盛的成年株丛挖起分株；扦插穗应选择一至二年生健壮未萌芽枝条，春季扦插成活率高。喜光，稍耐阴，喜温暖、湿润气候，耐修剪、耐热又耐寒，适宜生长在疏松透气且富含多种营养物质的土壤中，较耐干燥和贫瘠。萌蘖性强。

赛葵

锦葵科 赛葵属

Malvastrum coromandelianum (Linn.) Garcke

主要特征 / 亚灌木；高达 1 m。叶卵状披针形或卵形，长 3~6 cm，边缘具粗锯齿，上面疏被长毛，下面疏被长毛和星状长毛。花单生于叶腋；小苞片线形，长 5 mm；萼浅杯状，5 裂，裂片卵形，基部合生；花瓣 5 枚，黄色，倒卵形。果扁球形，分果爿 8~12，肾形。

花果期 / 花、果期 3~12 月。

生境及分布 / 粤北各县均有栽培。分布于台湾、福建、广东、广西和云南等省区。

产蜜及花粉性状 / 蜜粉源较少；辅助蜜源植物。

栽培要点 / 播种繁殖。喜温暖湿润的气候，稍耐旱，不耐寒，宜以疏松而肥沃的土壤种植。

白背黄花稔

锦葵科 黄花稔属

Sida rhombifolia Linn.

主要特征 / 亚灌木；高 0.5~1 m。叶菱形或长圆状披针形，长 2.5~4.5 cm，基部宽楔形，边缘具锯齿，下面被灰白色星状柔毛。花单生于叶腋；萼杯形，被星状短绵毛，裂片 5 枚，三角形；花黄色，直径约 1 cm，花瓣倒卵形。果半球形，分果爿 8~10，顶端具 2 短芒。

花果期 / 花期 5~12 月。

生境及分布 / 粤北各县均有分布。生于山坡灌丛间、旷野和沟谷旁。我国南部各省常见。

产蜜及花粉性状 / 蜜粉源较少；辅助蜜源植物。

栽培要点 / 播种繁殖。成熟的种子采收后于阴凉通风处贮藏。喜温暖湿润的气候，亦耐旱耐贫瘠，在土质肥沃疏松的砂性黏土中生长最好。

地桃花

锦葵科 梵天花属

Urena lobata Linn.

别名 肖梵天花

主要特征 亚灌木；高达 1 m。茎下部的叶近圆形，长 4~5 cm，顶端浅 3 裂，基部圆形或近心形，边缘具锯齿；中部的叶卵形，长 5~7 cm；上部的叶长圆形至披针形；叶上面被柔毛，下面被灰白色星状茸毛。花腋生，淡红色，直径约 15 mm；花瓣 5 枚，倒卵形。果扁球形，分果爿被星状短柔毛和锚状刺。

花果期 花期 7~10 月；果期 11~12 月。

生境及分布 粤北各县均有分布。生于空旷地、草坡或疏林下。分布于长江以南各省区。

产蜜及花粉性状 蜜粉源较少；辅助蜜源植物。

栽培要点 播种繁殖。种子采集即可播种。喜光，耐半阴，喜温暖湿润气候，对土壤要求不高。

梵天花

锦葵科 梵天花属

Urena procumbens Linn.

别名 狗脚迹

主要特征 小灌木；高 80 cm。下部叶掌状 3~5 深裂达中部以下，裂片菱形或倒卵形，呈葫芦状，基部圆形至近心形，具锯齿，两面均被星状短硬毛。花单生或近簇生；萼短于小苞片或近等长，卵形；花冠淡红色，花瓣长 10~15 mm。果球形，直径约 6 mm，具刺和长硬毛，刺端有倒钩。

花果期 花期 6~9 月；果期 11~12 月。

生境及分布 粤北各县均有分布。常生于山坡小灌丛中。分布于广东、台湾、福建、广西、江西、湖南、浙江等省区。

产蜜及花粉性状 蜜粉源较少；辅助蜜源植物。

栽培要点 播种繁殖。成熟种子采收后，阴干贮藏，翌年春播育苗。喜温暖湿润气候，可在空旷地和稍荫蔽的环境生长，适生于土质疏松、肥沃的沙壤土中。

红背山麻秆

大戟科 山麻秆属

Alchornea trewioides (Benth.) Muell. Arg.

主要特征 / 灌木；高 1~2 m。叶纸质，阔卵形，长 8~15 cm，基部浅心形或近截平，边缘疏生具腺小齿，背面浅红色，基部具斑状腺体 4 个。雌雄异株，雄花序穗状，苞片三角形，雄花 11~15 朵簇生于苞腋；雌花序总状，顶生，具花 5~12 朵，苞片狭三角形。蒴果球形，具 3 条圆棱。

花果期 / 花期 3~5 月；果期 6~8 月。

生境及分布 / 粤北各县常见。生于低海拔沟谷、疏林或旷野。分布于浙江、江西、福建、台湾、湖南、广东、海南、广西、贵州、云南等省区。

产蜜及花粉性状 / 蜜粉源较少；辅助蜜源植物。

栽培要点 / 播种繁殖。成熟种子采收后，阴干贮藏，翌年春播育苗。喜温暖湿润气候，可在空旷地和稍荫蔽的环境生长，适生于土质疏松、肥沃的沙壤土。

五月茶

大戟科 五月茶属

Antidesma bunius (Linn.) Spreng.

主要特征 乔木，高达 10 m；叶片纸质，长椭圆形、倒卵形或长倒卵形，长 8~23 cm，顶端急尖至圆。雄花序为顶生的穗状花序，长 6~17 cm；雄花花萼杯状，顶端 3~4 分裂，裂片卵状三角形；雌花序为顶生的总状花序，长 5~18 cm，雌花花萼和花盘与雄花的相同。核果近球形或椭圆形，长 8~10 mm，成熟时红色。

花果期 花期 3~5 月；果期 6~11 月。

生境及分布 在粤北的乐昌、丰顺、云浮等地常见。生于山地疏林中或山谷湿润地方。分布于江西、福建、湖南、广东、海南、广西、贵州、云南和西藏等省区。

产蜜及花粉性状 蜜粉源较少；辅助蜜源植物。

栽培要点 播种繁殖。成熟果实采回后用水浸搓去种皮，得干净种子，宜随采随播或冷藏。喜光，对土壤要求不高；适生于土层深厚、湿润、疏松的土壤，以中下坡土层深厚的立地生长较好。

长梗五月茶

大戟科 五月茶属

Antidesma filipes Hand.-Mazz.

主要特征 / 乔木或灌木，高 2~8 m；小枝初时被短柔毛，后变无毛。叶片纸质至近革质，椭圆形、长椭圆形至长圆状披针形，稀倒卵形，长 3.5~13 cm，宽 1.5~4 cm，顶端通常尾状渐尖，有小尖头，基部楔形、钝或圆，除叶脉上被短柔毛外，其余均无毛；侧脉每边 5~10 条，在叶面扁平，在叶背略凸起；叶柄长 5~10 mm，被短柔毛至无毛；托叶线形，早落。总状花序顶生，长达 10 cm，不分枝或有少数分枝。雄花：花梗长约 0.5 mm，被疏微毛至无毛，基部具有披针形的小苞片；花萼钟状，长约 0.7 mm，3~5 裂，裂片卵状三角形，外面被疏短柔毛，后变无毛；雄蕊 2~5 枚，伸出花萼之外，花丝较长，着生于花盘之内；花盘垫状；雌花：花梗极短；花萼与雄花的相似，但较小；花盘垫状，内面有时有 1~2 枚退化雄蕊；子房卵圆形，长 1~1.5 mm，无毛，花柱顶生，柱头 2~3 裂。核果椭圆形，长 5~6 mm。

花果期 / 花期 4~6 月；果期 7~9 月。

生境及分布 / 在粤北的乐昌、韶关等地有栽培。生于海拔 300~1700 m 的山地疏林中或山谷湿润地方。分布于我国长江以南各省区。

产蜜及花粉性状 / 蜜粉源较少；辅助蜜源植物。

栽培要点 / 播种繁殖。成熟果实采回后，用水浸泡并搓去种皮，得干净种子，可随采随播或冷藏。喜光，对土壤要求不高；适生于土层深厚、湿润、疏松的土壤。

酸味子

大戟科 五月茶属

Antidesma japonicum Sieb. et Zucc.

别名 日本五月茶

主要特征 灌木；高 2~8 m。叶片纸质至近革质，椭圆形至长圆状披针形，稀倒卵形，长 3.5~13 cm，顶端通常尾状渐尖。总状花序顶生，长达 10 cm；雄花花萼钟状，3~5 裂，裂片卵状三角形；雌花花萼与雄花的相似，但较小。核果椭圆形，长 5~6 mm。

花果期 花期 4~6 月；果期 7~9 月。

生境及分布 粤北各县均有分布。生于山地疏林中或山谷湿润的地方。分布于我国华南和华东地区。

产蜜及花粉性状 蜜粉源较少；辅助蜜源植物。

栽培要点 播种繁殖。成熟果实采回后用水浸搓去种皮，得干净种子，宜随采随播或冷藏。适生于土层深厚、湿润、疏松的土壤。

尖叶土蜜树

大戟科 土蜜树属

Bridelia insulana Hance

别名 / 禾串树

主要特征 / 乔木；高达 17 m。叶片近革质，椭圆形或长椭圆形，长 5~25 cm，顶端渐尖或尾状渐尖，边缘反卷。花雌雄同序，密集成腋生的团伞花序；雌花萼片三角形；花瓣菱状圆形，长约为萼片之半。核果长卵形，直径约 1 cm，成熟时紫黑色。

花果期 / 花期 3~8 月；果期 9~11 月。

生境及分布 / 在粤北的乐昌、英德、翁源、清远、大埔、梅州、云浮、罗定等地常见。生于山地疏林或山谷密林中。分布于福建、台湾、广东、海南、广西、四川、贵州、云南等省区。

产蜜及花粉性状 / 蜜粉源较少；辅助蜜源植物。

栽培要点 / 播种繁殖。成熟种子采回后阴干，于阴凉处贮藏。喜暖湿环境，适生于石灰质壤土或沙壤土。

土蜜树

大戟科 土蜜树属

Bridelia tomentosa Bl.

主要特征 直立灌木或小乔木。叶片纸质，长圆形、长椭圆形或倒卵状长圆形，长 3~9 cm，基部宽楔形至近圆形。花雌雄同株或异株，簇生于叶腋；萼片三角形；花瓣倒卵形或匙形，顶端全缘或有齿裂，比萼片短。核果近圆球形，直径 4~7 mm。

花果期 花、果期几乎全年。

生境及分布 在粤北的乐昌、英德、清远、五华、紫金、新兴、罗定、云浮等地常见。生于山地疏林中或平原灌木林中。分布于福建、台湾、广东、海南、广西和云南。

产蜜及花粉性状 蜜粉源较少；辅助蜜源植物。

栽培要点 播种繁殖。种子成熟采回后阴干，于阴凉处贮藏。喜高温高湿，全日照、半日照环境下均能生长，但光照充足生长较旺盛；以石灰质壤土或沙壤土为佳，排水需良好。

长圆叶鼠刺

鼠刺科 鼠刺属

Itea chinensis Hook. et Arn. var. **oblonga** (Hand.-Mazz.) C. Y. Wu

主要特征 / 常绿灌木。枝有片状髓。叶互生，近革质，叶片倒卵形或长圆状倒卵形，先端短渐尖，基部楔形或宽楔形，边缘密生小锯齿。总状花序生于叶腋，具叶状苞片；花萼5裂，裂片长三角形，先端尖，宿存；白色花瓣5枚，镊合状排列；雄蕊5枚，生于花盘边缘下方，花药椭圆形；子房上位，常呈2室，心皮合生，花柱连合，柱头微2裂，偶3裂。蒴果2裂，稀3裂，几全分离。种子多数，细小，线形，两端尖。

花果期 / 花期5~6月；果期9~10月。

生境及分布 / 粤北各县均有分布。生于山坡疏林或灌丛中，海拔400~1200 m。分布于浙江、安徽、江西、福建、湖北、湖南、广东、广西、四川等省区。

产蜜及花粉性状 / 蜜粉源较少；辅助蜜源植物。

栽培要点 / 播种繁殖。种子成熟采回后，于通风处晾干，阴凉处贮藏，翌年春播。耐旱，耐寒，稍耐阴，对土壤要求不严，适应能力较强。

白背叶

大戟科 野桐属

Mallotus apelta (Lour.) Muell. Arg.

别名 吊粟

主要特征 灌木；高 1~4 m。全株各部均密被星状柔毛和散生橙黄色颗粒状腺体。叶卵形或阔卵形，长和宽均 6~20 cm，基部截平或稍心形，基部近叶柄处有褐色斑状腺体 2 个。花雌雄异株，雄花序为开展的圆锥花序或穗状；雌花序穗状，长 15~30 cm。蒴果近球形，密生软刺；种子黑色。

花果期 花期 6~9 月；果期 8~11 月。

生境及分布 粤北各县均有分布。生于山坡或山谷灌丛中。分布于我国华南地区。

产蜜及花粉性状 蜜粉源较少；辅助蜜源植物。

栽培要点 播种繁殖和扦插繁殖。种子成熟后可即采即播，亦可阴干后于阴凉处贮藏，翌年春播。喜光和温暖气候，适生于土壤肥沃、排水良好的立地；耐修剪、耐寒、耐旱、耐贫瘠及粗放管理。

141

绒毛野桐

大戟科 野桐属

Mallotus japonicus (Thunb.) Muell. Arg. var. **oreophilus** (Muell. Arg.) S. M. Hwang

主要特征 / 灌木；高约 3 m。小枝、叶柄、叶背和花序轴均密被锈色星状毛。叶卵状三角形至肾形，长 5~17 cm，基部圆形、截平或楔形，不分裂或上部 2 裂；基部有黑色腺体。花雌雄异株，总状花序或圆锥花序，顶生。蒴果扁球形，具 3 条钝棱。

花果期 / 花、果期 7~10 月。

生境及分布 / 在粤北的乐昌、乳源、仁化等地常见。生于山地疏林。分布于云南、四川、贵州、广西、广东等省区。

产蜜及花粉性状 / 蜜粉源较少；辅助蜜源植物。

栽培要点 / 播种繁殖。喜光、暖湿环境，适生于土壤疏松、肥沃的立地，耐旱、耐贫瘠。

东南野桐

大戟科 野桐属

Mallotus lianus Croiz.

主要特征 乔木或灌木；高 2~10 m。小枝、叶柄、叶背和花序轴均密被红棕色星状毛。叶纸质，卵形或心形，长 10~18 cm，下面被毛和疏生紫红色颗粒状腺体；近叶柄着生外有褐色斑状腺体 2~4 枚。花雌雄异株，总状或圆锥花序。蒴果球形，具线形软刺，密被星状毛和橙黄色颗粒状腺体。

花果期 花期 8~9 月；果期 11~12 月。

生境及分布 在粤北的乐昌、始兴、乳源、南雄、仁化、连州、连南、阳山、英德、新丰、翁源、和平、梅州、大埔等地常见。生于阴湿林中或林缘。分布于云南、广西、贵州、四川、广东、江西、湖南、福建和浙江。

产蜜及花粉性状 蜜粉源较少；辅助蜜源植物。

栽培要点 播种繁殖。种子成熟后可即采即播，亦可阴干后于阴凉处贮藏，翌年春播。喜光和温暖气候，适生于土壤肥沃、排水良好的立地；耐旱、耐贫瘠。

白楸

大戟科 野桐属

Mallotus paniculatus (Lam.) Muell. Arg.

主要特征 / 乔木或灌木；高 3~15 m。叶互生，卵形、卵状三角形或菱形，长 5~15 cm，顶端长渐尖，边缘波状；嫩叶两面均被灰色星状茸毛；基部近叶柄处具斑状腺体 2 枚。花雌雄异株，花序总状或下部分枝。蒴果扁球形，被褐色星状茸毛和疏生钻形软刺。

花果期 / 花期 7~10 月；果期 11~12 月。

生境及分布 / 在粤北的乐昌、乳源、英德、始兴、翁源、大埔、新兴、云浮等地常见。生于林缘或灌丛中。分布于云南、贵州、广西、广东、海南、福建和台湾。

产蜜及花粉性状 / 蜜粉源较多；优势蜜粉源植物。

栽培要点 / 播种繁殖。种子成熟后可即采即播，亦可阴干后于阴凉处贮藏，翌年春播。喜光、喜温暖至高温。适生于排水良好而土层深厚肥沃的立地。

栗果野桐

大戟科 野桐属

Mallotus paxii Pamp. var. **castanopsis** (Metc.) S. M. Hwang

主要特征 灌木；高 1~3.5 m。叶互生，纸质，卵状三角形，稀卵形或心形，长 6~12 cm，顶端渐尖，基部圆形或截平，边缘具不规则锯齿；基出脉 5 条；基部近叶柄外常具褐色斑状腺体 2 个。花雌雄异株，花序总状，下部常分枝。果序粗短，长 5~8 cm，宽 4~5 cm；蒴果球形，密聚排列，直径约 1.5 cm；软刺紫红色或红棕色，长 10~16 mm；种子卵球形，长约 3 mm，黑色。

花果期 花期 6~8 月；果期 10~11 月。

生境及分布 乐昌九峰特产。生于山地疏林中。分布于广东。

产蜜及花粉性状 蜜粉源较少；辅助蜜源植物。

栽培要点 播种繁殖。种子成熟后可即采即播，亦可阴干后于阴凉处贮藏，翌年春播。喜光和温暖气候，适生于土壤肥沃、排水良好的立地。

粗糠柴

大戟科 野桐属

Mallotus philippensis (Lam.) Muell. Arg.

主要特征 / 小乔木或灌木；高 2~18 m。小枝、嫩叶和花序均密被黄褐色星状柔毛。叶近革质，卵形、长圆形或卵状披针形，长 5~18 cm，下面被灰黄色星状短茸毛，散生红色颗粒状腺体；近基部有褐色斑状腺体 2~4 枚。花雌雄异株，花序总状，单生或数个簇生。蒴果扁球形，密被红色颗粒状腺体和粉末状毛。

花果期 / 花期 4~5 月；果期 5~8 月。

生境及分布 / 在粤北的乐昌、乳源、曲江、连山、连南、始兴、英德、翁源、龙川、大埔、蕉岭、云浮等地常见。生于山地林中或林缘。分布于四川、云南、贵州、湖北、江西、安徽、江苏、浙江、福建、台湾、湖南、广东、广西和海南。

产蜜及花粉性状 / 泌蜜较多，花粉较少；优势蜜粉源植物。

栽培要点 / 播种繁殖。种子成熟后可即采即播，亦可阴干后于阴凉处贮藏，翌年春播。喜光，不耐阴，耐干燥瘠薄土壤，在酸性土和钙质土上都能生长。

石岩枫

大戟科 野桐属

Mallotus repandus (Willd.) Muell. Arg.

主要特征 攀援状灌木。嫩枝、叶柄、花序和花梗均密生黄色星状柔毛。叶纸质，卵形或椭圆状卵形，长 3.5~8 cm，基出脉 3 条，有时稍离基。蒴果扁球形，具 2 个分果片，直径约 1 cm，密生黄色粉末状毛和具颗粒状腺体。

花果期 花期 3~5 月；果期 8~9 月。

生境及分布 在粤北的乳源、乐昌、连州、连南、英德、连平、翁源、新丰、龙川、和平、五华、平远、大埔、紫金、云浮等地常见。生于山地疏林中或林缘。分布于广西、广东、海南和台湾。

产蜜及花粉性状 蜜粉源较少；辅助蜜源植物。

栽培要点 播种繁殖。种子成熟后可即采即播，亦可阴干后于阴凉处贮藏，翌年春播。喜阳光充足，喜温暖、湿润环境，不耐阴，耐干旱，耐瘠薄。

鼎湖血桐

大戟科 血桐属

Macaranga sampsonii Hance

主要特征 灌木或小乔木；高 2~7 m。嫩枝、叶和花序均被黄褐色茸毛。叶薄革质，三角状卵形或卵圆形，长 12~17 cm，顶端骤长渐尖，基部近截平或阔楔形，浅盾状着生，叶缘波状或具腺的粗锯齿；掌状脉 7~9 条。花序圆锥状；雄花萼片 3 枚；雌花萼片 4 枚。蒴果双球形，具颗粒状腺体。

花果期 花期 5~6 月；果期 7~8 月。

生境及分布 在粤北的乐昌、英德、阳山、清远、大埔、丰顺等地常见。生于山地或山谷常绿阔叶林中。分布于广东、广西、福建。

产蜜及花粉性状 蜜粉源较少；辅助蜜源植物。

栽培要点 播种繁殖。种子成熟后可即采即播，亦可通风阴凉处贮藏，翌年春播。适生于环境暖湿，土壤深厚、肥沃、疏松的立地。

斑子乌桕

大戟科 白木乌桕属

Neoshirakia atrobadiomaculata (F. P. Metcalf)
Esser & P. T. Li

主要特征 / 灌木；高 1~3 m。全体无毛，具丰富的白色乳汁。叶互生，狭椭圆形或披针形，长 3~7(9) cm，宽 1.5~3 cm；先端短尖，基部钝或微心形，两侧常不对称；上面绿色，下面浅绿色；侧脉每边 7~9 条，斜出，近边缘处连结；叶柄长 1.5~2.5 cm，顶端无腺体。总状花序顶生，长 2~4 cm；雄花 3~4 生苞腋内；雌花单生苞腋，花少数。蒴果近圆形，直径约 1 cm；种子球形，具棕褐色斑纹，表面无蜡质层。

花果期 / 花期 4~6 月；果期 9~11 月。

生境及分布 / 在粤北的乐昌、乳源、仁化、新丰、兴宁、丰顺、大埔等地常见。生于红色砂页岩灌丛、荒坡。分布于福建、广东、江西。

产蜜及花粉性状 / 蜜粉源较少；辅助蜜源植物。

栽培要点 / 播种繁殖。果球采摘后晾晒，果壳开裂后收集种子，于阴凉处贮藏，翌年春播。喜光，适生于土质疏松、肥沃、富含腐殖质的土壤。

山乌桕

大戟科 乌桕属

Sapium discolor (Champ. ex Benth.) Muell. Arg.

别名 / 红心乌桕

主要特征 / 乔大或灌木；高 3~12 m。叶椭圆形或长卵形，长 4~10 cm，背面近缘常有数枚圆形的腺体；叶柄顶端具 2 枚毗连的腺体。花雌雄同株，密集成顶生总状花序，雌花生于花序轴下部，雄花在花序轴上部或全为雄花；雄花每一苞片内有 5~7 朵花；雌花每一苞片内仅 1 朵花。蒴果黑色，球形，直径 1~1.5 cm。

花果期 / 花期 4~6 月；果期 7~10 月。

生境及分布 / 粤北各县均有分布。生于山谷或山坡混交林中。广布于云南、四川、贵州、湖南、广西、广东、江西、安徽、福建、浙江、台湾等省区。

产蜜及花粉性状 / 蜜源丰富，粉源较多；主要蜜源植物。

栽培要点 / 播种繁殖。果球采摘后晾晒，待果壳开裂后收集种子，于阴凉处密封贮藏。喜光，适生于土质疏松、肥沃、腐殖质较多的山谷、山脚缓坡处。

圆叶乌桕

大戟科 乌桕属

Sapium rotundifolium Hemsl.

主要特征 灌木或乔木；高 3~12 m。叶近革质，近圆形，宽 6~12 cm，腹面绿色，背面苍白色。花雌雄同株，密集成顶生的总状花序，雌花生于花序轴下部，雄花生于花序轴上部或有时花序全为雄花。雄花每一苞片内有 3~6 朵花；雌花每一苞片内仅有 1 朵花。蒴果近球形，直径约 1.5 cm。

花果期 花期 4~6 月；果期 7~10 月。

生境及分布 在粤北的乐昌、乳源、连州、连南、曲江、英德、阳山、云浮、罗定等地常见。喜生于山谷、山顶疏林。分布于云南、贵州、广西、广东和湖南。

产蜜及花粉性状 泌蜜较多，花粉较少；优势蜜粉源植物。

栽培要点 播种繁殖。果球采摘后晾晒，收集种子后于阴凉处密封贮藏。适生于阳光充足的石灰岩山地立地。

乌桕

大戟科 乌桕属

Sapium sebiferum (Linn.) Roxb.

主要特征 / 乔木；高可达 15 m。叶纸质，菱形、菱状卵形，长 3~8 cm，顶端骤然紧缩具长短不等的尖头。花雌雄同株，雄花生于花序轴上部或有时花序全为雄花。雄花每一苞片内具 10~15 朵花；雌花每一苞片内仅 1 朵雌花，间有 1 朵雌花和数雄花同聚生于苞腋内。蒴果梨状球形，直径 1~1.5 cm。

花果期 / 花期 4~8 月；果期 8~11 月。

生境及分布 / 粤北各县均有分布。生于旷野、塘边或疏林中。分布于黄河以南各省区。

产蜜及花粉性状 / 蜜源丰富，粉源较多；主要蜜源植物。

栽培要点 / 播种、扦插或高压法繁殖。种子采收后，于干燥的室内阴干后贮藏即可。扦插穗应选择当年生、粗壮、无病虫害的枝条。喜光、高温和湿润，亦耐热、耐寒、耐旱、耐瘠的立地。

油桐

大戟科 油桐属

Vernicia fordii (Hemsl.) Airy Shaw

别名 三年桐

主要特征 落叶乔木；高达 10 m。叶卵圆形，长 8~18 cm，基部截平至浅心形，全缘，稀 1~3 浅裂；叶柄顶端有 2 枚扁平、无柄腺体。花雌雄同株，先于叶或与叶同时开放；花萼佛焰苞状，2 裂；花瓣白色，有淡红色脉纹，倒卵形。核果近球状，直径 4~6 cm，果皮光滑。

花果期 花期 3~4 月；果期 8~9 月。

生境及分布 在粤北的乳源、乐昌、始兴、南雄、仁化、连山、阳山、英德、连平、清远、和平、兴宁、梅州、平远、蕉岭、大埔等地常见。生于山谷疏林。分布于陕西、河南、江苏、安徽、浙江、江西、福建、湖南、湖北、广东、海南、广西、四川、贵州、云南等省区。

产蜜及花粉性状 蜜粉源较少；辅助蜜源植物。

栽培要点 播种繁殖。成熟果实阴干，核果开裂后收集种子，于阴凉处贮藏。喜光，适生于土层深厚、疏松肥沃、富含腐殖质、排水良好的微酸性沙壤土。

木油桐

大戟科 油桐属

Vernicia montana Lour.

别名 千年桐、山桐

主要特征 落叶乔木；高达 20 m。叶阔卵形，长 8~20 cm，基部心形至截平，全缘或 2~5 裂，裂缺常有杯状腺体；叶柄顶端有 2 枚具柄的杯状腺体。花雌雄异株或有时同株异序；花萼佛焰苞状，2~3 裂；花瓣白色或基部紫红色且有紫红色脉纹。核果卵球状，直径 3~5 cm，具 3 条纵棱，棱间有粗疏网状皱纹。

花果期 花期 4~5 月；果期 8~10 月。

生境及分布 粤北各县常见栽培或野生于疏林。生于路旁或疏林中。分布于浙江、江西、福建、台湾、湖南、广东、海南、广西、贵州、云南等省区。

产蜜及花粉性状 蜜粉源较少；辅助蜜源植物。

栽培要点 播种繁殖和嫁接繁殖。核果采回后，堆置于阴凉通风处，种子置通风处适当晾干即可。喜温暖湿润气候，不耐阴，喜生于向阳避风、排水良好的缓坡。对霜冻有一定抗性，适生于土层深厚、疏松、肥沃、湿润、排水良好的中性或微酸性土壤。

牛耳枫

交让木科 交让木属

Daphniphyllum calycinum Benth.

别名 / 南岭虎皮楠

主要特征 / 灌木；高 1~4 m。叶纸质，阔椭圆形或倒卵形，长 12~16 cm，全缘，略反卷，叶背被白粉，具细小乳突体。总状花序腋生，雄花花萼盘状，3~4 浅裂；雌花萼片 3~4 枚，阔三角形。果卵圆形，长约 7 mm，被白粉，顶端具宿存柱头，基部具宿萼。

花果期 / 花期 4~6 月；果期 8~11 月。

生境及分布 / 粤北各县均有分布。生于疏林或灌丛中。分布于广西、广东、福建、江西等省区。

产蜜及花粉性状 / 蜜粉源较少；辅助蜜源植物。

栽培要点 / 播种繁殖。种子成熟后洗去种皮后冷藏。喜温暖、潮湿的气候，适生于湿润、肥沃的土壤立地。

交让木

交让木科 交让木属

Daphniphyllum macropodium Miq.

别名 / 山黄树、豆腐头

主要特征 / 灌木或乔木；高 3~12 m。小枝粗壮，具圆形大叶痕。叶革质，长圆形至倒披针形，长 14~25 cm，叶背淡绿色，略被白粉；叶柄紫红色，粗壮。花序长 5~8 cm，花萼不育；花柱极短，柱头 2 枚，外弯。果椭圆形，长约 10 mm，被白粉，具疣状皱褶。

花果期 / 花期 3~5 月；果期 8~10 月。

生境及分布 / 在粤北的乐昌、乳源、连山等地常见。生于常绿阔叶林中。分布于云南、四川、贵州、广西、广东、台湾、湖南、湖北、江西、浙江、安徽等省区。

产蜜及花粉性状 / 蜜粉源较少；辅助蜜源植物。

栽培要点 / 播种繁殖。果实采回后用水堆沤 4~5 天，搓去果皮，晾干，润沙贮藏；苗期注意遮阴。喜温暖湿润气候，较耐阴，适生于土壤深厚、肥沃、排水良好的中性或酸性土壤立地。

虎皮楠

交让木科 交让木属

Daphniphyllum oldhamii (Hemsl.) Rosenth.

主要特征 / 灌木或小乔木；高 5~10 m。叶革质，椭圆状披针形或长圆形，长 9~14 cm，下面显著被白粉，侧脉两面凸起，网脉在叶面明显。雄花花萼小，不整齐 4~6 裂；雌花序长 4~6 cm，萼片 4~6 枚，披针形，具齿。果椭圆或倒卵圆形，长约 8 mm，暗褐至黑色，顶端具宿存柱头。

花果期 / 花期 3~5 月；果期 8~11 月。

生境及分布 / 粤北各县均有产。生于阔叶林中。分布于长江以南各省区。

产蜜及花粉性状 / 蜜粉源较少；辅助蜜源植物。

栽培要点 / 播种繁殖。核果采集后置于室内堆沤 2~3 天，搓去肉质果皮得种子。湿沙贮藏，翌年春播。喜温暖湿润的气候环境，适生于土层深厚、疏松肥沃、水分条件较好的土壤，在酸性和微酸性土壤上生长良好。

圆锥绣球

绣球花科 绣球属

Hydrangea paniculata Sieb.

主要特征 灌木；高 1~5 m。叶纸质，2~3 片对生或轮生，卵形或椭圆形，长 5~14 cm，基部圆形或阔楔形，边缘有密集稍内弯的小锯齿，圆锥花序顶生，长达 26 cm；不育花较多，白色；孕性花花瓣白色，卵形或卵状披针形。蒴果椭圆形，长 4~5.5 mm，顶端突出部分圆锥形。

花果期 花期 7~8 月；果期 10~11 月。

生境及分布 在粤北的乳源、乐昌、南雄、曲江、连州、连南、连山、始兴、仁化、阳山、英德、翁源、连平、新丰、龙川、梅州、蕉岭、大埔、平远等地常见。生于山谷、山坡疏林下或山脊灌丛中。分布于华东、华中、华南、西南和甘肃等省区。

产蜜及花粉性状 蜜粉源较少；辅助蜜源植物。

栽培要点 扦插、压条和分株繁殖。多采用嫩枝扦插技术于 4~6 月进行繁殖；压条和分株在春季进行成活率更高。喜光、温暖湿润及半阴的环境，不耐寒、干旱和水涝。

蜡莲绣球

绣球花科 绣球属

Hydrangea strigosa Rehd.

主要特征 / 灌木；高 1~3 m。叶对生，纸质，长圆形、卵状披针形或倒卵状披针形，长 8~28 cm，边缘有具硬尖头的小齿，下面有时呈淡紫红色或淡红色。伞房状聚伞花序，直径达 28 cm；不育花萼片 4~5 枚，阔卵形至近圆形，白色或淡紫红色；孕性花淡紫红色，花瓣长卵形。蒴果坛状，顶端截平。

花果期 / 花期 7~8 月；果期 11~12 月。

生境及分布 / 产于乐昌的九峰、北乡、廊田、五山、乐城、大源；生于山谷密林或山坡路旁疏林或灌丛中。分布于陕西、四川、云南、贵州、湖北、湖南、广西、广东、江西。

产蜜及花粉性状 / 蜜粉源较少；辅助蜜源植物。

栽培要点 / 播种繁殖。蒴果快裂而未裂时采种，阴干，于阴凉处贮藏。稍耐阴，适应于凉爽、润湿、肥沃的生长环境，适生于 pH 值为 4.5~7 的土壤。

桃

薔薇科 李属

Prunus persica (Linn.) Batsch

主要特征 乔木；高 3~8 m。树皮暗红褐色，老时粗糙呈鳞片状。叶长圆状披针形、倒卵状披针形，叶边具锯齿。花单生、先于叶开放，直径 2.5~3.5 cm；花瓣长圆状椭圆形至宽倒卵形，粉红色。果实卵形、宽椭圆形或扁圆形，外面密被短柔毛，腹缝明显。

花果期 花期 3~4 月；果期 7~9 月。

生境及分布 粤北各县均有栽植，也有野生。各省区广泛栽培。

产蜜及花粉性状 蜜粉源较少；优势蜜源植物。

栽培要点 播种繁殖和嫁接。移植宜在早春或秋季落叶后进行。喜光，不耐阴，适温和气候；耐寒、耐旱，忌涝；适生于土层深厚、富含腐殖质、排水良好、疏松肥沃及保水、保肥能力强的土壤。

梅

薔薇科 李属

Prunus mume Siebold & Zucc.

主要特征 / 小乔木，稀灌木，高 4~10 m。树皮浅灰色或带绿色，平滑；小枝绿色，光滑无毛。叶片卵形或椭圆形，先端尾尖，基部宽楔形至圆形，叶边常具小锐锯齿。花单生或有时 2 朵同生于 1 芽内，直径 2~2.5 cm，香味浓，先于叶开放；花梗短；花萼通常红褐色，但有些品种的花萼为绿色或绿紫色；萼筒宽钟形，无毛或有时被短柔毛；花瓣倒卵形，白色至粉红色。果实近球形，直径 2~3 cm，黄色或绿白色，被柔毛，味酸。

花果期 / 花期冬、春季；果期 5~6 月。

生境及分布 / 粤北各县均有栽培或野生。各省区广泛栽培。

产蜜及花粉性状 / 蜜粉源较少；优势蜜粉源植物。

栽培要点 / 扦插、嫁接和播种繁殖。嫁接砧木可选用桃、山桃、杏、山杏及梅的实生苗，早春发芽前嫁接成活率高；扦插穗选择幼龄母树当年生健壮枝条，于早春开花后或秋季落叶后进行扦插；果实 6~7 月变色时采收，置于阴凉处让其充分成熟，然后洗出种子晾干贮藏。喜光，喜通风良好、温暖湿润的气候环境，不耐寒，较耐干旱和瘠薄、不耐涝，对土壤要求不严。

钟花樱桃

蔷薇科 樱属

Cerasus campanulata (Maxim.) Yu et Li

别名 福建山樱花、山樱花

主要特征 乔木或灌木；高 3~8 m。叶卵形、卵状椭圆形或倒卵状椭圆形，长 4~7 cm，边缘有急尖锯齿；叶柄顶端常有腺体 2 枚。伞形花序，有花 2~4 朵，先于叶开放；萼筒钟状，萼片长圆形；花瓣倒卵状长圆形，粉红色，顶端颜色较深，下凹。核果卵球形，长约 1 cm。

花果期 花期 2~3 月；果期 4~5 月。

生境及分布 在粤北的乐昌、乳源、仁化、曲江、连南、连山、河源、兴宁等地常见。生于山谷林中及林缘。分布于浙江、福建、台湾、广东、广西。

产蜜及花粉性状 蜜粉源较少；辅助蜜源植物。

栽培要点 播种、扦插和嫁接繁殖。种子成熟后即采即播，也可沙藏于翌年春播；扦插穗在春季用一年生硬枝，夏季用当年生嫩枝；嫁接可用单瓣樱花或山樱桃作砧木，于 3 月下旬或 8 月下旬进行嫁接。喜光，喜通风良好、温暖湿润的气候环境，在土壤深厚、肥沃、湿润的立地下生长更好。

尾叶樱桃

蔷薇科 樱属

Cerasus dielsiana (Schneid.) Yu et Li

主要特征 / 乔木或灌木。叶片长椭圆形或倒卵状长椭圆形，长6~14 cm，顶端尾状渐尖，边缘有尖锐单齿或重锯齿，齿端有圆钝腺体；叶柄顶端或上部有1~3枚腺体。花序伞形或近伞形，有花3~6朵，先于叶开放或花叶同开；苞片卵圆形，边缘撕裂状；花瓣白色或粉红色，顶端2裂。核果红色，近球形。

花果期 / 花期3~4月；果期5~6月。

生境及分布 / 在粤北的乐昌、乳源等地常见。生于山谷、溪边、林中。分布于江西、安徽、湖北、湖南、四川、广东、广西。

产蜜及花粉性状 / 蜜粉源较少；辅助蜜源植物。

栽培要点 / 播种繁殖。果实成熟采回后，搓洗去除果皮、果肉，阴干后于阴凉处贮藏。喜光、喜温、喜湿环境，适生于土层深厚、土质疏松、透气性好、保水力较强的沙壤土或砾质壤土。

郁李

蔷薇科 樱属

Prunus japonica Thunb.

主要特征 / 灌木，高1~1.5 m，小枝灰褐色，无毛。叶片卵形或卵状披针形，长3~7 cm，宽1.5~2.5 cm，先端渐尖，基部圆形，边有缺刻状尖锐重锯齿；托叶线形，长4~6 mm，边有腺齿。花1~3朵，簇生，花叶同开或先叶开放；萼筒陀螺形，长宽近相等，无毛，萼片椭圆形，比萼筒略长，先端圆钝，边有细齿；花瓣白色或粉红色，倒卵状椭圆形。核果近球形，深红色，直径约1 cm。

花果期 / 花期5月；果期7~8月。

生境及分布 / 在粤北的乳源、乐昌等地常见。生于山坡林下、灌丛中或栽培。分布于黑龙江、吉林、辽宁、河北、山东、浙江。

产蜜及花粉性状 / 蜜粉源较少；辅助蜜源植物。

栽培要点 / 扦插和播种繁殖。硬枝扦插一般在早春发芽前进行，选一、二年生的粗壮枝条，最适温度为20~30℃，湿度为75%~85%；果实成熟后采回堆熟，再将种子洗净阴干，至秋季播种，还可将种子低温沙藏后春播，播种前可用45℃左右的温热水把种子浸泡12~24个小时，提高发芽率。喜光和温暖湿润的环境，耐热、耐旱、耐潮湿；对土壤要求不严，耐瘠薄，适生于排水良好、肥沃疏松的中性沙壤土。

山樱花

蔷薇科 樱属

Cerasus serrulata (Lindl.) G. Don ex London

主要特征 / 小乔木；高 3~8 m。叶片卵状椭圆形或倒卵状椭圆形，长 5~9 cm，顶端渐尖，边有单锯齿及重锯齿；叶柄顶端有 1~3 枚圆形腺体。花序伞房总状或近伞形，有花 2~3 朵；萼筒管状，萼片三角状披针形；花瓣白色，稀粉红色，倒卵形，顶端下凹。核果球形或卵球形，紫黑色，直径 8~10 mm。

花果期 / 花期 4~5 月；果期 6~7 月。

生境及分布 / 在粤北的九峰、大源、乐城等地常见。生于山谷林中。分布于黑龙江、河北、山东、江苏、浙江、安徽、江西、湖南、贵州。

产蜜及花粉性状 / 蜜粉源较少；辅助蜜源植物。

栽培要点 / 扦插、播种和嫁接繁殖。樱桃成熟采收后，将果皮果肉去除，而后将种子放在阴凉处晾干 1~2 日即可播种；春、夏生长期间，选取半成熟的健壮枝条扦插；嫁接可用樱桃或山樱桃作砧木，于 3 月下旬或 8 月下旬切接。喜光、耐寒，喜空气湿度大的环境。适生于土层深厚、土质疏松、透气性好、保水力较强的沙壤土或砾质壤土。

野山楂

蔷薇科 山楂属

Crataegus cuneata Sieb. et Zucc.

别名 / 小叶山楂、红果子

主要特征 / 落叶灌木；高达 1.5 m。分枝密，通常具细刺。叶片宽倒卵形至倒卵状长圆形，长 2~6 cm，边缘有不规则重锯齿，顶端常有 3 或稀 5~7 浅裂片。伞房花序，具花 5~7 朵；花瓣近圆形或倒卵形，白色。果实近球形或扁球形，直径 1~1.2 cm，红色或黄色，常具宿存反折萼片或 1 枚苞片。

花果期 / 花期 5~6 月；果期 9~11 月。

生境及分布 / 在粤北的乐昌、乳源等地常见。生于山谷、多石湿地或山地灌木丛中。分布于河南、湖北、江西、湖南、安徽、江苏、浙江、云南、贵州、广东、广西、福建。

产蜜及花粉性状 / 蜜粉源较少；辅助蜜源植物。

栽培要点 / 播种繁殖、分株繁殖和扦插繁殖。果实成熟后取出种子，埋于半干半湿的沙子里；嫁接一般选择山楂树作砧木，时间为 6 月下旬至 7 月下旬；分株最好在芽萌发前进行。喜光照充足、凉爽湿润的空气环境，较耐寒、耐高温、耐旱，适生于土层深厚、质地肥沃、疏松、排水良好的微酸性沙壤土。

枇杷

蔷薇科 枇杷属

Eriobotrya japonica (Thunb.) Lindl.

主要特征 常绿小乔木；高可达 10 m。小枝粗壮，密生锈色或灰棕色毛。叶革质、披针形、倒披针形、椭圆状长圆形，长 12~30 cm，上部边缘有疏锯齿，叶背密生灰棕色茸毛。圆锥花序顶生；总花梗和花梗密生锈色茸毛；花瓣白色，长圆形或卵形。果球形或长圆形，直径 2~5 cm，黄色或桔黄色。

花果期 花期 10~12 月；果期 3~5 月。

生境及分布 粤北各县广泛栽培，间有野生。分布于甘肃、陕西、河南、江苏、安徽、浙江、江西、湖北、湖南、四川、云南、贵州、广西、广东、福建、台湾。

产蜜及花粉性状 蜜粉源丰富，主要蜜粉源植物。

栽培要点 播种和嫁接繁殖。果实成熟采收后，将果皮果肉去除，于阴凉处晾干，翌年春播；用实生苗作砧木，接穗应选取优良健壮母株上一年生枝，在 3 月下旬至 4 月中旬进行。适宜于温暖湿润的气候。适生于土层深厚、土质疏松、含腐殖质多、保水保肥力强而又不易积水的立地。

棣棠花

蔷薇科 棣棠花属

Kerria japonica (Linn.) DC.

主要特征 / 落叶灌木；高 1~2 m。叶三角状卵形或卵圆形，顶端长渐尖，基部圆形、截形或微心形，边缘有尖锐重锯齿。单花，着生在当年生侧枝顶端；花直径 2.5~6 cm；花瓣黄色，宽椭圆形，顶端下凹，比萼片远长。瘦果倒卵形至半球形，褐色或黑褐色，有皱褶。

花果期 / 花期 4~6 月；果期 6~8 月。

生境及分布 / 产于乐昌沙坪。生于山坡灌丛中。分布于甘肃、陕西、山东、河南、湖北、江苏、安徽、浙江、福建、江西、湖南、四川、贵州、云南。

产蜜及花粉性状 / 蜜粉源较少；辅助蜜源植物。

栽培要点 / 分株、扦插和播种繁殖。分株宜在早春和晚秋进行；扦插穗以未发芽的一年生枝条中下段为佳，早春扦插成活率高；播种繁殖方法只在大量繁殖单瓣原种时采用。种子采收后需经过 5℃低温沙藏 1~2 个月，翌春播种。喜光、喜温暖湿润气候，较耐阴，不耐寒；对土壤要求不严，适生于肥沃、疏松的沙壤土。

全缘桂樱

蔷薇科 桂樱属

Prunus marginata Dunn

主要特征 常绿小乔木或灌木；高4~6 m。小枝灰褐色至黑褐色，疏生不明显皮孔，幼时密被黄褐色柔毛，老时宿存或脱落。叶片厚革质，长圆形至倒卵状长圆形，长5~7（9）cm，宽1.5~3（4）cm，先端渐尖，尖头钝，基部狭楔形，一侧常偏斜，叶边平，全缘而具坚硬厚边，两面无毛，上面亮绿色，下面色较浅，近基部具基腺2枚或无，侧脉和网脉均不明显；叶柄长1~5 mm，无毛；托叶早落。总状花序短小，单生于叶腋，具花数朵，长2~3 cm，密被柔毛；花梗长1~3 mm；苞片早落；花直径2~3 mm；花萼外面无毛或微被柔毛；萼筒钟形或杯形，长约2 mm；萼片卵形至卵状披针形，先端圆钝或急尖；花瓣近圆形或倒卵形，长2~3 mm，白色；雄蕊约25~30，长于花瓣；子房无毛，花柱几与雄蕊等长。果实卵球形，长10~12 mm，宽7~9 mm，暗褐色至黑褐色，无毛；核壁较薄，成熟时表面具细网纹。

花果期 花期春、夏季；果期秋、冬季。

生境及分布 在粤北的乐昌、乳源、新丰、清远、梅州、大埔、蕉岭等地常见。生于山坡阳处或山顶疏密林内或路边及沟旁海拔500~700 m的地区。

产蜜及花粉性状 蜜粉源较少；辅助蜜源植物。

栽培要点 播种繁殖。种子成熟后，通风处晾干，低温贮藏，翌年春播。喜光、喜温暖湿润气候；对土壤要求不严，适生于肥沃、疏松的酸性壤土。

腺叶桂樱

薔薇科 桂樱属

Laurocerasus phaeosticta (Hance) S. K. Schneid.

别名 / 腺叶野樱、腺叶稠李

主要特征 / 常绿灌木或小乔木；高 4~12 m。叶近革质，狭椭圆形、长圆形或长圆状披针形，长 6~12 cm，顶端长尾尖，下面散生黑色小腺点，基部常有 2 枚较大扁平基腺。总状花序腋生；萼筒杯形，萼片卵状三角形；花瓣近圆形，白色。果实近球形或横向椭圆形，紫黑色。

花果期 / 花期 4~5 月；果期 7~10 月。

生境及分布 / 粤北各县均有分布。生于疏密阔叶林内或混交林中，也见于山谷、溪旁或路边。分布于湖南、江西、浙江、福建、台湾、广东、广西、贵州、云南等省区。

产蜜及花粉性状 / 蜜粉源较少；辅助蜜源植物。

栽培要点 / 播种繁殖。种子成熟后，阴干，低温贮藏，翌年春播。喜光、喜温暖湿润气候；对土壤要求不严，适生于肥沃、疏松的酸性壤土。

大叶桂樱

蔷薇科 桂樱属

Laurocerasus zippeliana (Miq.) Yu et Lu

别名 大叶野樱

主要特征 常绿乔木；高 10~25 m。叶片革质，宽卵形至椭圆状长圆形，长 10~19 cm，基部宽楔形至近圆形，边缘具粗锯齿，齿端有黑色硬腺体。总状花序单生或 2~4 个簇生叶腋；花瓣近圆形，长约为萼片的 2 倍，白色。果长圆形或卵状长圆形，黑褐色。

花果期 花期 7 月；果期冬季。

生境及分布 在粤北的乐昌、始兴、乳源、曲江、韶关、连州、连山、英德、连平、翁源、清远等地常见。生于山地阳坡林中。分布于陕西、湖北、湖南、江西、浙江、福建、台湾、广东、广西、贵州、云南、四川等省区。

产蜜及花粉性状 蜜粉源较少；辅助蜜源植物。

栽培要点 播种繁殖。果实成熟采回后，须搓去果肉获得种子，随采随播。喜光、耐寒；对土壤要求不严，适生于肥沃、疏松的酸性壤土。

尖嘴林檎

蔷薇科 苹果属

Malus melliana (Hand.-Mazz.) Rehd.

主要特征 / 乔木；高达 20 m。叶椭圆形至卵状椭圆形，长 5~10 cm，边缘有圆钝锯齿。花序近伞形，有花 5~7 朵；花直径约 2.5 cm；萼片三角披针形，内面具茸毛；花瓣倒卵形，基部有短爪，紫白色。果实球形，直径 1.5~2.5 cm，宿萼有长筒，萼片反折。

花果期 / 花期 5 月；果期 8~9 月。

生境及分布 / 在粤北的乐昌、乳源、连山、连州、连南、阳山、英德、连平、仁化、新丰、和平、河源、五华、梅州、平远、大埔等地常见。生于山地林中或山谷沟边。分布于浙江、安徽、江西、湖南、福建、广东、广西、云南。

产蜜及花粉性状 / 蜜粉源较少；辅助蜜源植物。

栽培要点 / 播种繁殖。果实成熟采回后，搓去果肉获得种子，阴凉处贮藏，翌年春播。喜光、不耐寒；对土壤要求不严，适生于肥沃、疏松的酸性壤土。

三叶海棠

蔷薇科 苹果属

Malus sieboldii (Regel) Rehd.

别名 / 野黄子、山楂子

主要特征 / 灌木；高 2~6 m。叶卵形、椭圆形或长椭圆形，长 3~7.5 cm，基部圆形或宽楔形，边缘有尖锐锯齿，在新枝上的叶片锯齿粗锐，常 3 浅裂。花 4~8 朵，集生于小枝顶端；花瓣长椭圆状倒卵形，淡粉红色。果近球形，直径 6~8 mm，红色或褐黄色。

花果期 / 花期 4~5 月；果期 8~9 月。

生境及分布 / 在粤北的乐昌、乳源、仁化、连州、连山、连南等地常见。生于山坡林中或灌木丛中。分布于辽宁、山东、陕西、甘肃、江西、浙江、湖北、湖南、四川、贵州、福建、广东、广西。

产蜜及花粉性状 / 蜜粉源较少；辅助蜜源植物。

栽培要点 / 播种繁殖。果实成熟采回后，搓去果肉，种子阴凉处贮藏，翌年春播。喜光，对土壤要求不严，适生于肥沃、疏松的酸性壤土。

中华石楠

蔷薇科 石楠属

Photinia beauverdiana C. K. Schneid.

主要特征 落叶灌木或小乔木，高 3~10 m；小枝无毛，紫褐色，有散生灰色皮孔。叶片薄纸质，长圆形、倒卵状长圆形或卵状披针形，长 5~10 cm，宽 2~4.5 cm，先端突渐尖，基部圆形或楔形，边缘有疏生具腺锯齿，上面光亮，无毛，下面中脉疏生柔毛。花多数，成复伞房花序；总花梗和花梗无毛，密生疣点；萼筒杯状，萼片三角卵形；花瓣白色，卵形或倒卵形。果实卵形，直径 5~6 mm，紫红色，无毛，微有疣点，先端有宿存萼片。

花果期 花期 5 月；果期 7~8 月。

生境及分布 在粤北的乐昌、乳源、连山、罗定等地常见。生于山坡或山谷林下。分布于陕西、河南、江苏、安徽、浙江、江西、湖南、湖北、四川、云南、贵州、广东、广西、福建。

产蜜及花粉性状 蜜粉源较少；辅助蜜源植物。

栽培要点 播种繁殖。种子成熟采集后，阴干后沙藏。喜光，稍耐阴，适生于肥沃、湿润、土层深厚、排水良好、微酸性的沙壤土。

闽粤石楠

蔷薇科 石楠属

Photinia benthamiana Hance

别名 / 边沁石斑木

主要特征 / 灌木或小乔木；高 3~10 m。叶纸质，倒卵状长圆形或长圆状披针形，长 5~11 cm，边缘有疏锯齿。花多数，组成顶生复伞房花序；萼筒杯状，萼片三角形；花瓣白色，倒卵形或圆形，顶端圆钝或微缺。果实卵形或近球形，直径 3~5 mm，有淡黄色疏柔毛。

花果期 / 花期 4~5 月；果期 7~8 月。

生境及分布 / 在粤北的乐昌、曲江、连南、始兴、英德、翁源、清远、蕉岭、平远、紫金等地常见。生于山坡或村落旁。分布于广东、福建、湖南、浙江。

产蜜及花粉性状 / 蜜粉源较少；辅助蜜源植物。

栽培要点 / 播种繁殖。种子成熟采集后，阴干沙藏。喜光，稍耐阴，深根性，对土壤要求不严，但以肥沃、湿润、土层深厚、排水良好、微酸性的沙壤土最为适宜。

椤木石楠

蔷薇科 石楠属

Photinia davidsoniae Rehd. et Wils.

别名 椤木、凿树

主要特征 常绿乔木；高 6~15 m。叶片革质，长圆形、倒披针形，长 5~15 cm，边缘稍反卷，有具腺的细锯齿。花多数，密集成顶生复伞房花序；萼筒浅杯状，萼片阔三角形；花瓣圆形，顶端圆钝，基部有极短爪。果球形或卵形，直径 7~10 mm，黄红色。

花果期 花期 5 月；果期 9~10 月。

生境及分布 在粤北的乳源、乐昌、南雄、龙川、平远等地常见。分布于湖北、四川、云南、福建、广东、广西。

产蜜及花粉性状 蜜粉源丰富；主要蜜粉源植物。

栽培要点 播种和扦插繁殖。种子成熟采集后，阴干沙藏。喜暖、喜湿、喜光，耐寒、耐阴、耐旱、不耐涝。对土壤要求不严，适生于土壤肥沃、湿润、土层深厚、排水良好、微酸性的沙壤土。

桃叶石楠

蔷薇科 石楠属

Photinia prunifolia (Hook. et Arn.) Lindl.

主要特征 / 常绿乔木；高 10~20 m。叶革质，长圆形或长圆状披针形，长 7~13 cm，边缘有密生具腺的细锯齿，下面满布黑色腺点。花多数，密集成顶生复伞房花序；花瓣白色，倒卵形，顶端圆钝。果实椭圆形，长 7~9 mm，红色。

花果期 / 花期 3~4 月；果期 10~11 月。

生境及分布 / 粤北各县均有分布。生于山坡或沟谷疏林中。分布于广东、广西、福建、浙江、江西、湖南、贵州、云南。

产蜜及花粉性状 / 蜜粉源较少；辅助蜜源植物。

栽培要点 / 播种和扦插繁殖。采回后，去掉果皮、果肉，然后阴干，可随采随播，也可干藏或混细润沙贮藏，翌年春播。喜光、喜暖、喜湿，耐寒、耐阴、耐旱、不耐涝，适生于土层深厚、肥沃、排灌条件良好的立地。

绒毛石楠

蔷薇科 石楠属

Photinia schneideriana Rehd. & Wils.

主要特征 灌木或小乔木；高达 7 m。老枝带灰褐色，具梭形皮孔。叶长圆状披针形或长椭圆形，长 6~11 cm，边缘有锐锯齿，上面初疏生长柔毛，后脱落，下面被稀疏茸毛。花多数，成顶生复伞房花序；花瓣白色，近圆形。果卵形，长 10 mm，带红色，多疣点，顶端具宿存萼片。

花果期 花期 5 月；果期 10 月。

生境及分布 在粤北的乳源、乐昌、连山、连州、始兴、阳山、英德、仁化、曲江、河源、和平、平远等地常见。生于山坡疏林中。分布于浙江、江西、湖南、湖北、四川、贵州、福建、广东。

产蜜及花粉性状 蜜粉源较少；辅助蜜源植物。

栽培要点 播种繁殖和扦插繁殖。种子成熟采回后，去掉果皮、果肉、阴干，可随采随播，也可干藏，翌年春播；扦插穗应取当年生半木质化枝条，雨季进行最佳。喜光、喜暖、喜湿、耐寒、耐阴、耐旱，适生于土层深厚、肥沃、排灌条件良好的立地。

石楠

蔷薇科 石楠属

Photinia serratifolia (Desf.) Kalkman

别名 / 凿木

主要特征 / 常绿灌木或小乔木；高 4~6 m。叶革质，长椭圆形、长倒卵形或倒卵状椭圆形，长 9~22 cm，边缘有疏生具腺细锯齿。复伞房花序顶生；花密生，直径 6~8 mm；花瓣白色，近圆形。果球形，直径 5~6 mm，红色，后成褐紫色。

花果期 / 花期 4~5 月；果期 10 月。

生境及分布 / 在粤北的乳源、乐昌、连州、连南、阳山、平远等地常见。生于山地林中。分布于陕西、甘肃、河南、江苏、安徽、浙江、江西、湖南、湖北、福建、台湾、广东、广西、四川、云南、贵州。

产蜜及花粉性状 / 蜜粉源较少；辅助蜜源植物。

栽培要点 / 播种繁殖和插扦繁殖。果实成熟采回后，将果实捣烂取籽晾干，采用种沙比 1:3 沙藏，翌年春播。扦插可在雨季进行，选当年生半木质化的嫩枝，带叶和芽。喜光稍耐阴，喜温暖、湿润气候。对土壤要求不严，以肥沃、湿润、土层深厚、排水良好、微酸性的沙壤土为佳。

毛叶石楠

蔷薇科 石楠属

Photinia villosa (Thunb.) DC.

主要特征 落叶灌木或小乔木，高 2~5 m。叶片草质，倒卵形或长圆倒卵形，长 3~8 cm，先端尾尖，边缘上半部具密生尖锐锯齿。花 10~20 朵，成顶生伞房花序，直径 3~5 cm；苞片和小苞片钻形，长 1~2 mm，早落；花直径 7~12 mm；花瓣白色，近圆形。果实椭圆形或卵形，直径 6~8 mm，红色或黄红色，稍有柔毛，顶端有直立宿存萼片。

花果期 花期 4 月；果期 8~9 月。

生境及分布 粤北各县均有分布。生于山坡灌丛中。分布于甘肃、河南、山东、江苏、安徽、浙江、江西、湖南、湖北、贵州、云南、福建、广东。

产蜜及花粉性状 蜜粉源较少；辅助蜜源植物。

栽培要点 播种繁殖和插扦繁殖。果实成熟采回后，捣烂取籽晾干，沙藏，翌年春播。扦插可在雨季进行，选当年生半木质化的嫩枝，带叶和芽。喜光稍耐阴，喜温暖、湿润气候。适生于质地疏松、肥沃、微酸性至中性的土壤。注意防治叶斑病。

李

蔷薇科 李属

Prunus salicina Lindl.

主要特征 / 落叶乔木；高 9~12 m。叶片长圆状倒卵形、长椭圆形，长 6~8 cm，边缘有圆钝重锯齿。花通常 3 朵并生；花瓣白色，长圆状倒卵形，顶端啮蚀状。核果球形、卵球形或近圆锥形，直径 3.5~5 cm，黄色或红色，有时为绿色或紫色，外被蜡粉。

花果期 / 花期 3 月；果期 7~8 月。

生境及分布 / 粤北各县均有栽培或野生。分布于陕西、甘肃、四川、云南、贵州、湖南、湖北、江苏、浙江、江西、福建、广东、广西和台湾。

产蜜及花粉性状 / 泌蜜较多，花粉较少；优势蜜源植物。

栽培要点 / 播种、扦插和分株繁殖。果实成熟后，捣烂取籽晾干，沙藏，翌年春播。嫁接采用劈接法，7 月进行最佳。扦插选当年生半木质化的嫩枝，带叶和芽。喜光，宜在土质疏松、土壤透气和排水良好、土层深厚和地下水位较低的土壤环境栽植。

全缘火棘

蔷薇科 火棘属

Pyracantha atalantioides (Hance) Stapf

主要特征 常绿灌木；高达 6 m。通常有枝刺。叶片椭圆形或长圆形，长 1.5~4 cm，叶通常全缘或有时具不显明的细锯齿，下面微带白霜。花成复伞房花序；花瓣白色，卵形，基部具短爪。梨果扁球形，直径 4~6 mm，亮红色。

花果期 花期 4~5 月；果期 9~11 月。

生境及分布 在粤北的乐昌、乳源、连州、连南、阳山、英德等地常见。生于山坡或谷地灌丛疏林中。分布于陕西、湖北、湖南、四川、贵州、广东、广西。

产蜜及花粉性状 蜜粉源较少；辅助蜜源植物。

栽培要点 播种和扦插繁殖。果实成熟后，除去果皮、果肉取得种子，晾干，沙藏，翌年春播。春插一般在 2 月下旬至 3 月上旬，选取一二年生的健康丰满枝条；夏插一般在 6 月中旬至 7 月上旬，选取一年生半木质化带叶嫩枝条。喜光，对土壤要求不严，适生于土层深厚、土质疏松、富含有机质、较肥沃、排水良好、pH 值 5.5~7.3 的微酸性土壤。

177

豆梨

蔷薇科 梨属

Pyrus calleryana Decne.

主要特征 / 灌木或小乔木；高 5~8 m。叶宽卵形至卵形，长 4~8 cm，边缘有钝锯齿。伞形总状花序，具花 6~12 朵；萼片披针形，顶端渐尖；花瓣卵形，基部具短爪，白色。梨果球形，直径约 1 cm，褐色，有斑点，有细长果梗。

花果期 / 花期 4 月；果期 8~9 月。

生境及分布 / 在粤北的乐昌、乳源、始兴、南雄、仁化、阳山、英德、连平、新丰、大埔、蕉岭、平远、丰顺、郁南、罗定等地常见。生于山坡、山谷或阔叶林中。分布于山东、河南、江苏、浙江、江西、安徽、湖北、湖南、福建、广东、广西。

产蜜及花粉性状 / 蜜粉源较少；辅助蜜源植物。

栽培要点 / 嫁接繁殖。嫁接可选择杜梨、棠梨或豆梨本砧作为嫁接砧木；春季嫁接选择生长健壮、无病虫害的一年生砧木苗进行嫁接，秋季嫁接选择生长健壮、当年播种的砧木苗进行嫁接。喜光，稍耐阴，不耐寒；耐干旱、瘠薄，对土壤要求不严，在碱性土中也能生长。

沙梨

薔薇科 梨属

Pyrus pyrifolia (Burm. F.) Nakai

主要特征 乔木；高 7~15 m。叶片卵状椭圆形或卵形，长 7~12 cm，边缘有刺芒锯齿。伞形总状花序，具花 6~9 朵；萼片三角卵形，边缘有腺齿，内面密被褐色茸毛；花瓣卵形，顶端啮齿状，白色。果实近球形，直径 5~8 cm，浅褐色，有浅色斑点，顶端微向下陷。

花果期 花期 4 月；果期 8 月。

生境及分布 在粤北的乐昌、新丰、韶关等地有栽培。分布于安徽、江苏、浙江、江西、湖北、湖南、贵州、四川、云南、广东、广西、福建。

产蜜及花粉性状 泌蜜较多，花粉较少；优势蜜源植物。

栽培要点 播种繁殖。果实成熟后，除去果皮、果肉取得种子，晾干，沙藏，翌年春播。喜光，喜温暖湿润气候，耐旱，也耐水湿，不耐寒；适生于土壤疏松、pH 值 6~7.5 的沙壤土。

薔薇科 梨属

Pyrus pyrifolia (Burm. F.) Nakai

石斑木

蔷薇科 石斑木属

Raphiolepis indica (Linn.) Lindl.

别名 / 春花木、车轮梅

主要特征 / 常绿灌木；高可达 4 m。叶片集生于枝顶，卵形或长圆形，长 4~8 cm，基部渐狭连于叶柄，边缘具细钝锯齿，叶脉稍凸起，网脉明显。顶生圆锥花序或总状花序；花直径 1~1.3 cm；萼筒筒状，萼片 5 枚，三角披针形至线形；花瓣 5 枚，白色或淡红色。果实球形，紫黑色。

花果期 / 花期 4 月；果期 7~8 月。

生境及分布 / 粤北各县均有栽培。生于山坡、路边或溪边灌木林中。分布于安徽、浙江、江西、湖南、贵州、云南、福建、广东、广西、台湾。

产蜜及花粉性状 / 蜜粉源较少；辅助蜜源植物。

栽培要点 / 播种繁殖。果实成熟采后在室内堆放数天，水中搓去果肉，漂洗净种后即可播种或混沙湿润贮藏，翌春播种。喜光，较耐阴，对土壤条件要求一般，适生于肥沃、湿润和疏松深厚的酸性至微酸性土壤及半阴环境。

柳叶石斑木

蔷薇科 石斑木属

Raphiolepis salicifolia Lindl.

主要特征 / 常绿灌木或小乔木；高 2.5~6 m。叶片披针形、长圆状披针形，长 6~9 cm，基部狭楔形，下延连于叶柄，边缘具稀疏不整齐的浅钝锯齿，中脉在两面凸起。顶生圆锥花序；萼筒筒状，萼片三角状披针形或椭圆状披针形，内面有柔毛；花瓣白色，椭圆形或倒卵状椭圆形。

花果期 / 花期 4 月；果期 10 月。

生境及分布 / 在粤北的乳源、曲江、南雄、连山、连州、仁化、英德等地常见。生于山坡林缘或山顶疏林下。分布于广东、广西、福建。

产蜜及花粉性状 / 蜜粉源较少；辅助蜜源植物。

栽培要点 / 播种繁殖。果实成熟采收后，取种子，可即采即播，也可阴干，翌年春播。喜光、喜欢湿润或半燥的气候环境，适生于肥沃、湿润和疏松深厚的土壤。

广东美脉花楸

蔷薇科 花楸属

Sorbus caloneura (Stapf) Rehd. var. **kwangtungensis** T. T. Yu

主要特征 / 乔木或灌木；高达 10 m。叶长圆形至长圆状卵形，长 7~12 cm，边缘有圆钝锯齿，侧脉 8~10 对，直达叶边齿尖；叶柄长达 3 cm。复伞房花序，多花；萼片三角卵形，外面被稀疏柔毛；花瓣宽卵形，顶端圆钝，白色。果实球形，直径约 1 cm，褐色，外被显著斑点，萼片脱落后残留圆斑。

花果期 / 花期 4 月；果期 8~10 月。

生境及分布 / 在粤北的乐昌、翁源等地常见。生于山地林内。分布于广东。

产蜜及花粉性状 / 蜜粉源较少；辅助蜜源植物。

栽培要点 / 播种繁殖。果实成熟采收后，取种子，阴干，翌年春播。喜欢温暖、湿润的生长环境，不耐严寒，对温度的要求较高，对土壤的要求不严，适生于土壤疏松、肥沃且排水性良好的土壤。

江南花楸

蔷薇科 花楸属

Sorbus hemsleyi (Schneid.) Rehd.

主要特征 / 乔木或灌木；高 7~10 m。叶卵形至长椭圆状卵形，长 5~11 cm，边缘有细锯齿，下面除叶脉外有灰白色茸毛，侧脉 12~14 对，直达叶边齿端。复伞房花序有花 20~30 朵；萼片三角状卵形，外被白色茸毛；花瓣宽卵形，白色。果实近球形，直径 5~8 mm，顶端萼片脱落后留有圆斑。

花果期 / 花期 5 月；果期 8~9 月。

生境及分布 / 在粤北的乳源、乐昌等地常见。生于山坡干燥地疏林内。分布于湖北、湖南、江西、安徽、浙江、广西、四川、贵州、云南。

产蜜及花粉性状 / 蜜粉源较少；辅助蜜源植物。

栽培要点 / 播种繁殖。种子采后须先沙藏层积，春播。喜光，对土壤的要求不严，适生于疏松、肥沃且排水性良好的土壤。

大叶石灰花楸

薔薇科 花楸属

Sorbus chengii C. J. Qi

主要特征 乔木；高达 10 m。叶片卵形至椭圆状卵形，11~15 cm，宽 5~8 cm；边缘有细锯齿或新枝上叶片有重锯齿和浅裂片，下面密被白色茸毛，侧脉通常 8~15 对，侧脉通常 13~14 对，略具重锯齿，偶有浅裂。复伞房花序具多花，总花梗和花梗均被白色茸毛；萼片三角状卵形；花瓣卵形，白色。果实椭圆形，果长圆形，红色，直径 6~8 mm，基部骤然收缩为柄状，顶端萼片脱落后留有圆穴。

花果期 花期 4~5 月；果期 7~8 月。

生境及分布 在粤北的乐昌、乳源、连州等地常见。生于山坡林中。分布于陕西、甘肃、河南、湖北、湖南、江西、安徽、广东、广西、贵州、四川、云南。

产蜜及花粉性状 蜜粉源较少；辅助蜜源植物。

栽培要点 播种繁殖。果实成熟采收后，取出种子，阴干，翌年春播。喜欢温暖、湿润的生长环境，不耐严寒，对土壤的要求不严，适宜在疏松、肥沃且排水性良好的土壤中生长。

中华绣线菊

蔷薇科 绣线菊属

Spiraea chinensis Maxim.

主要特征 / 灌木；高 1.5~3 m。叶片菱状卵形至倒卵形，长 2.5~6 cm，基部宽楔形或圆形，边缘有缺刻状粗锯齿或具不明显 3 裂，下面密被黄色茸毛。伞形花序具花 16~25 朵；花瓣近圆形，顶端微凹或圆钝，白色。蓇葖果开张，具直立宿萼。

花果期 / 花期 3~6 月；果期 6~10 月。

生境及分布 / 在粤北的乐昌、乳源、连州、阳山、和平、平远等地常见。生于山坡灌木丛中、山谷溪边、田野路旁。分布于内蒙古、河北、河南、陕西、湖北、湖南、安徽、江西、江苏、浙江、贵州、四川、云南、福建、广东、广西。

产蜜及花粉性状 / 蜜粉源较少；辅助蜜源植物。

栽培要点 / 播种繁殖或分株繁殖。易栽培、管理简单。喜阳光充足及温暖湿润环境，稍耐阴，对土壤要求不严。

狭叶绣线菊

蔷薇科 绣线菊属

Spiraea japonica Linn. f. var. **acuminata** Franch.

主要特征 / 直立灌木，高达 1.5 m；叶端渐尖，基部楔形，边缘有尖锐重锯齿，下面沿叶脉有短柔毛。复伞房花序直径 10~18 cm；花瓣粉红色，卵形至圆形。蓇葖果半开张，花柱稍倾斜开展，具直立宿萼。

花果期 / 花期 6~7 月；果期 8~9 月。

生境及分布 / 在粤北的乐昌、乳源等地常见。生于山坡旷地、疏林中、山谷或河沟旁。分布于河南、陕西、甘肃、湖北、湖南、江西、浙江、安徽、贵州、四川、云南、广西。

产蜜及花粉性状 / 蜜粉源较少；辅助蜜源植物。

栽培要点 / 播种繁殖。种子成熟收集后，阴干放置阴凉处贮藏，翌年春播。喜光和温暖湿润环境，对土壤要求不严。

菱叶绣线菊

蔷薇科 绣线菊属

Spiraea vanhouttei (Briot) Zabel

主要特征 / 灌木；高达 2 m。叶片菱状长卵形至菱状倒卵形，长 1.5~4 cm，基部楔形，通常具不明显 3~5 裂片，边缘近中部以上有缺刻状重锯齿，两面无毛。伞形花序具多数花；花瓣近圆形，顶端微凹或圆钝，白色。蓇葖果稍开张，具直立宿萼。

花果期 / 花期 5~6 月；果期 9~10 月。

生境及分布 / 在粤北的乐昌常见。生于山坡灌木丛中、山谷溪边、田野路旁。分布于山东、江苏、广东、广西、四川等省区。

产蜜及花粉性状 / 蜜粉源较少；辅助蜜源植物。

栽培要点 / 播种和扦插繁殖。种子成熟收集后，阴干放置阴凉处贮藏，春播前先将种子放在温水（30℃）中浸泡 24 小时。扦插穗应选当年生枝条，春季用硬枝扦插，夏季可用软枝扦插；扦插穗可用 BT 生根粉浸泡 24 小时。喜光，耐寒、耐旱、耐贫瘠，对土壤要求不严。

蜡梅

蜡梅科 蜡梅属

Chimonanthus praecox (Linn.) Link

主要特征 落叶灌木；高达 4 m。老枝灰褐色，有皮孔。叶纸质，卵圆形、宽椭圆形至卵状椭圆形，长 5~25 cm。花着生于二年生枝条叶腋内，先花后叶，直径 2~4 cm；花被片淡黄色、透明，长圆形、倒卵形、椭圆形或匙形。果托近木质化，坛状或倒卵状椭圆形，长 2~5 cm，口部收缩。

花果期 花期 11 月至翌年 3 月；果期 4~11 月。

生境及分布 粤北各县有少量栽培。分布于山东、江苏、安徽、浙江、福建、江西、湖南、湖北、河南、陕西、四川、贵州、云南等省。

产蜜及花粉性状 蜜粉源较少；辅助蜜源植物。

栽培要点 播种、嫁接和分株繁殖。7~8 月采收种子干藏，翌春播种；嫁接宜用狗芽蜡梅作砧木，叶芽萌动初期进行；分株繁殖宜在叶芽刚萌动时进行；喜光，稍耐阴；具一定耐寒性，较耐旱，不耐水淹，忌黏土和盐碱土，适生于肥沃、疏松、湿润、排水良好的中性或微酸性沙壤土。

台湾相思

含羞草科 金合欢属

Acacia confusa Merr.

主要特征 / 常绿乔木；高 6~15 m。苗期第一片真叶为羽状复叶，长大后小叶退化，叶柄变为叶状，叶状柄革质，披针形，长 6~10 cm，直或微呈弯镰状，两端渐狭，有明显的纵脉 3~5 条。头状花序球形，直径约 1 cm；花金黄色，有微香。荚果扁平，长 4~9 cm，于种子间微缢缩。

花果期 / 花期 3~10 月；果期 8~12 月。

生境及分布 / 在粤北的乐昌有栽培。分布于台湾、福建、广东、广西、云南。

产蜜及花粉性状 / 蜜粉源较少；辅助蜜源植物。

栽培要点 / 播种繁殖。荚果微裂时及时采集，采回后晒干，于阴凉处贮藏，翌年春播。喜光、喜热。对土壤条件要求不高，极耐干旱和瘠薄，在土壤冲刷严重的酸性粗骨土、沙壤土均能生长。

阔荚合欢

含羞草科 合欢属

Albizia lebbeck (L.) Benth.

主要特征 落叶乔木，高 8~12 m。二回偶数羽状复叶，总叶柄基部及叶轴上羽片着生处有腺体，羽片 2~4 对；小叶对生，叶为长椭圆形，基部偏斜。头状花序聚生于叶腋，或 2~3 个花序簇生枝顶；花黄绿色，两性，芳香。荚果带状，常宿存于枝上经久不落。

花果期 花期 5~9 月；果期 10 月至翌年 5 月。

生境及分布 在粤北的乐昌有少量栽培。原产于非洲热带，我国南方各省均有栽培。

产蜜及花粉性状 蜜粉源较少；辅助蜜源植物。

栽培要点 播种繁殖。荚果转变为褐色后即可采集，种子阴干后于阴凉处贮藏。喜光、适宜高温高湿、水热平衡的气候条件；对土壤的适应性较强，较耐干旱瘠薄，对土壤酸碱度要求不高，但在肥沃湿润、土层深厚、排水良好的壤土中长势最好。

189

合欢

含羞草科 合欢属

Albizia julibrissin Durazz.

主要特征 / 落叶乔木；高可达 16 m。二回羽状复叶，羽片 4~12 对；小叶 10~30 对，线形至长圆形，长 6~12 mm，向上偏斜；中脉紧靠上边缘。头状花序生于枝顶排成圆锥花序；花粉红色；花冠长 8 mm，裂片三角形。荚果带状，长 9~15 cm，宽 1.5~2.5 cm。

花果期 / 花期 6~7 月；果期 8~10 月。

生境及分布 / 在粤北的乳源、乐昌等地常见。分布于我国东北至华南及西南部各省区。

产蜜及花粉性状 / 泌蜜较少，花粉较多；优势蜜粉源植物。

栽培要点 / 播种繁殖。采种子粒饱满、无病虫害的荚果，将其晾晒脱粒，干藏于干燥通风处，翌年春播。喜光、耐寒性稍差、耐干旱和贫瘠、对土壤要求度不高、不耐水涝。

山槐

含羞草科 合欢属

Albizia kalkora (Roxb.) Prain

别名 山合欢

主要特征 落叶小乔木或灌木；通常高 3~8 m。枝条暗褐色，有显著皮孔。二回羽状复叶；羽片 2~4 对；小叶 5~14 对，长圆形或长圆状卵形，基部不等侧，中脉稍偏于上侧。头状花序 2~7 个生于叶腋；花初白色，后变黄；花冠中部以下连合呈管状，裂片披针形。荚果带状，长 7~17 cm。

花果期 花期 5~6 月；果期 8~10 月。

生境及分布 在粤北的乐昌、乳源、始兴、连州、连山、连南、阳山、英德、和平、罗定等地常见。生于山坡灌丛、疏林中或沟谷。分布于我国华北、西北、华东、华南、西南部各省区。

产蜜及花粉性状 泌蜜较多，花粉较少；优势蜜粉源植物。

栽培要点 播种、嫁接和扦插繁殖。荚果转为褐色即可采收，种子晒干后干藏，翌年春播。嫁接分芽接和枝接两种：芽接是用芽作接穗进行嫁接，一年生的苗子就能作砧木进行芽接；嫁接时间从 6~9 月都可。茎、叶、根、芽等都可做扦插穗。喜光，对土壤要求不严，适应各种立地。

猴耳环

含羞草科 猴耳环属

Archidendron clypearia (Jack) Nielsen

别名 / 围涎树

主要特征 / 乔木；高可达 10 m。小枝有棱角，密被黄褐色茸毛。二回羽状复叶；羽片 3~8 对，最下部的羽片有小叶 3~6 对，最顶部的羽片有小叶 10~12 对；小叶革质，斜菱形，长 1~7 cm，基部极不等侧。花数朵聚成小头状花序，再排成圆锥花序；花冠白色或淡黄色。荚果旋卷，宽 1~1.5 cm。

花果期 / 花期 2~6 月；果期 4~8 月。

生境及分布 / 在粤北的乐昌、英德、连山、阳山、清远、新丰、和平、连平、兴宁、五华、梅州、蕉岭、丰顺、大埔、罗定等地常见。生于山谷疏林或林缘灌丛中。分布于浙江、台湾、福建、广东、海南、广西、云南。

产蜜及花粉性状 / 蜜粉源较少；辅助蜜源植物。

栽培要点 / 播种和扦插繁殖。荚果采回后摊放于阴处，待果荚开裂，脱出种子，不宜久藏，宜随采随播或沙藏；扦插成活率不高，用组培苗更佳。喜光，适生于土层深厚的山坡中下部，适应性强，耐干旱。

亮叶猴耳环

含羞草科 猴耳环属

Archidendron lucidum (Benth.) Nielsen

主要特征 乔木，高 2~10 m。嫩枝、叶柄和花序均被褐色短茸毛。羽片 1~2 对；下部羽片通常具 2~3 对小叶，上部羽片具 4~5 对小叶；小叶斜卵形或长圆形，长 5~9 cm，顶生的 1 对最大，对生，而其余的互生且较小，基部略偏斜。头状花序球形，有花 10~20 朵，排成圆锥花序。荚果旋卷成环状，宽 2~3 cm。

花果期 花期 4~6 月；果期 7~12 月。

生境及分布 在粤北的乐昌、英德、连山、阳山、清远、新丰、和平、连平、兴宁、五华、梅州、蕉岭、丰顺、大埔、罗定等地常见。生于林中或林缘灌木丛中。分布于浙江、台湾、福建、广东、海南、广西、云南、四川。

产蜜及花粉性状 蜜粉源较少；辅助蜜源植物。

栽培要点 播种繁殖。采种时要选择籽粒饱满、无病虫害的荚果，将其晾晒脱粒，干藏于干燥通风处，翌年春播。喜光，适生于土层深厚、排水良好的沙壤土中。

银合欢

含羞草科 银合欢属

Leucaena leucocephala (Lam.) de Wit

主要特征 灌木或小乔木；高 2~6 m。羽片 4~8 对；小叶 5~15 对，线状长圆形，长 7~13 mm，中脉偏向小叶上缘。头状花序通常 1~2 个腋生，直径 2~3 cm；花白色。荚果带状，长 10~18 cm，顶端凸尖，基部有柄；种子 6~25 颗，卵形，扁平，光亮。

花果期 花期 4~7 月；果期 8~10 月。

生境及分布 在粤北的乐昌、梅州、丰顺、云浮等地常见。生于低海拔的荒地或疏林中。分布于台湾、福建、广东、广西和云南。

产蜜及花粉性状 蜜粉源较少；辅助蜜源植物。

栽培要点 播种繁殖。采种时要选择籽粒饱满、无病虫害的荚果，阴干，干藏，播种前可以热水（82℃）浸泡 3~5 分钟，或沸水（100℃）浸泡 50~100 秒钟。喜光、喜温暖湿润环境，稍耐阴，耐旱，适生于土层深厚、肥沃、微碱性土壤，适应 pH 值为 5~8。

红花羊蹄甲

苏木科 羊蹄甲属

Bauhinia blakeana Dunn

主要特征 / 落叶乔木；高 5~10 m。叶革质，宽心形至近圆形，宽 8~13 cm，基部心形，顶端 2 深裂；掌状脉 9~13 条。花于老干上簇生或成总状花序；萼阔钟形，5 齿裂；花瓣倒卵形或倒披针形，长 5~6 cm，紫红色，有黄白色脉纹。

花果期 / 花期全年，3~4 月最盛。通常不结果。

生境及分布 / 在粤北各地均有栽培。分布于福建、广东、海南、广西、云南等地。

产蜜及花粉性状 / 蜜粉源较少；辅助蜜源植物。

栽培要点 / 扦插繁殖和嫁接繁殖。3~4 月，选择一年生健壮枝条，顶端应预留两个叶片，及时喷水，用塑料膜覆盖。嫁接可采用阔裂叶羊蹄甲、白花羊蹄甲、琼岛羊蹄甲等为砧木，进行高位芽接。喜温暖湿润、多雨的气候和阳光充足的环境，适生于土层深厚、肥沃、排水良好的偏酸性沙壤土。有一定耐寒能力。

羊蹄甲

苏木科 羊蹄甲属

Bauhinia purpurea Linn.

主要特征 / 乔木或灌木；高 7~10 m。叶硬纸质，近圆形，长 10~15 cm，基部浅心形，顶端分裂达叶长的 1/3~1/2；基出脉 9~11 条。总状花序；萼佛焰苞状，一侧开裂达基部成外反的 2 枚裂片；花瓣桃红色，倒披针形，长 4~5 cm，具脉纹和长的瓣柄。荚果带状，扁平，长 12~25 cm，略呈弯镰状。

花果期 / 花期 9~11 月；果期翌年 2~3 月。

生境及分布 / 在粤北各地均有栽培。分布于我国南部。

产蜜及花粉性状 / 蜜粉源较少；辅助蜜源植物。

栽培要点 / 播种繁殖。采收后的种子可脱水贮藏或随采随播，随采随播的种子可不晒干，用冷水浸泡 24 小时后可播种；经过晒干的种子播种前则需要用约 60℃的热水浸种后再播种。喜光、暖热、潮湿气候，耐干旱，不耐寒，适生于湿润、肥沃、排水良好的酸性土壤。

洋紫荆

苏木科 羊蹄甲属

Bauhinia variegata Linn.

别名 宫粉羊蹄甲

主要特征 落叶乔木。叶近革质，广卵形至近圆形，宽
7~11 cm，基部心形，顶端 2 裂达叶长的 1/3；基出脉 9~13
条。花大，近无梗；萼佛焰苞状；花瓣倒卵形或倒披针形，长
4~5 cm，紫红色或淡红色，杂以黄绿色及暗紫色的斑纹，近轴
一片较阔。荚果带状，扁平，长 15~25 cm。

花果期 花期全年，3 月最盛。

生境及分布 在粤北的各地均有栽培。分布于我国南部。

产蜜及花粉性状 蜜粉源较少；辅助蜜源植物。

栽培要点 播种和扦插繁殖。5 月采种，收集到的种子于通风干
燥处储存，种子随采随播，也可冷藏至翌年春播。扦插穗应选
择当年生半木质化枝条。喜光，喜温暖湿润气候；对土壤要求
不高，适应性强，但幼苗稍耐阴，对土壤要求不严，耐干旱。

双荚决明

苏木科 决明属

Cassia bicapsularis (Linn.) Roxb.

主要特征 / 直立灌木。叶长 7~12 cm，有小叶 3~4 对；小叶倒卵形或倒卵状长圆形，膜质，长 2.5~3.5 cm，顶端圆钝，基部偏斜，在最下方的 1 对小叶间有黑褐色线形而钝头的腺体 1 枚。总状花序，常集成伞房花序状；花鲜黄色，直径约 2 cm。荚果圆柱状，膜质，长 13~17 cm，直径 1.6 cm。

花果期 / 花期 10~11 月；果期 11 月至翌年 3 月。

生境及分布 / 在粤北的各地均有栽培。原产于美洲热带地区，广东、广西等省区有栽培。

产蜜及花粉性状 / 蜜粉源较少；辅助蜜源植物。

栽培要点 / 播种繁殖和扦插繁殖。采回的果实阴干，常温下不宜久藏，最好随采随播。冷藏可至翌年春播；扦插宜春季进行，扦插穗应选择一年生健壮枝条。喜光，耐寒，耐干旱瘠薄的土壤，适生于肥力中等的微酸性土壤或砖红壤。

黄槐决明

苏木科 决明属

Cassia surattensis Burm. f.

主要特征 灌木或小乔木；高 5~7 m。嫩枝、叶轴、叶柄被微柔毛。叶轴及叶柄呈扁四方形，上部有棍棒状腺体 2~3 枚；小叶 7~9 对，长椭圆形或卵形，长 2~5 cm。总状花序生于上部叶腋；萼片卵圆形，大小不等；花瓣鲜黄至深黄色，卵形至倒卵形。荚果扁平，带状，开裂，长 7~10 cm，顶端具细长的喙。

花果期 花、果期几乎全年。

生境及分布 在粤北的各地均有栽培。原产于印度、斯里兰卡、印度尼西亚、菲律宾和澳大利亚、波利尼西亚等地，我国各省区均有栽培。

产蜜及花粉性状 蜜粉源较少；辅助蜜源植物。

栽培要点 播种和扦插繁殖。荚果采收后，阴干、干藏，翌年春播，播种前，用始温 85~90℃的水浸种 24 小时。扦插应在叶芽未萌动之前进行，扦插后要遮荫，保持土壤湿润。幼树能耐阴，成年树喜光，耐干旱，不抗风，不耐涝；对土壤水肥条件要求不苛，肥力中等即可生长好。

广西紫荆

苏木科 紫荆属

Cercis chuniana Metc.

主要特征 / 乔木；高 6~27 m。叶近革质，菱状卵形，长 5~9 cm，顶端长渐尖，基部两侧不对称，两面常被白粉。总状花序长 3~5 cm，有花数朵至十余朵；花粉红色，长 0.8~1.2 cm。荚果紫红色，干后红褐色，狭长圆形，极压扁，长 6~9 cm，两端略尖，顶端具细尖喙，翅较狭。

花果期 / 花期 5~6 月；果期 9~11 月。

生境及分布 / 在粤北的乐昌、连州、连南、连山等地常见。生于山谷、溪边疏林或密林中。分布于广西、贵州、广东、湖南和江西。

产蜜及花粉性状 / 蜜粉源较少；辅助蜜源植物。

栽培要点 / 播种、扦插、压条和分株繁殖，但以播种为主。收集成熟荚果，取出种子，埋于干沙中置阴凉处贮藏。播前用 60℃温水浸泡种子，水凉后继续泡 3~5 天。分株法：10 月或春季发芽前进行。压条法：生长季节都可进行，以 3~4 月较好，可选一、二年生枝条。喜光，有一定的耐寒能力，适生于肥沃而排水良好的土壤，不耐涝。

湖北紫荆

苏木科 紫荆属

Cercis glabra Pampan.

主要特征 乔木，高 6~16 m。叶较大，厚纸质或近革质，心脏形或三角状圆形，长 5~12 cm，先端钝或急尖，基部浅心形至深心形，幼叶常呈紫红色。总状花序短，总轴长 0.5~1 cm，有花数朵至十余朵；花淡紫红色或粉红色，先于叶或与叶同时开放，长 1.3~1.5 cm。荚果狭长圆形，紫红色，长 9~14 cm，先端渐尖，基部圆钝，二缝线不等长，背缝稍长，向外弯拱。

花果期 花期 3~4 月；果期 9~11 月。

生境及分布 在粤北的乐昌、乳源、连州等地常见。生于山地疏林或密林中、路边或岩石上。分布于湖北、河南、陕西、四川、云南、贵州、广西、广东、湖南、浙江、安徽等省区。

产蜜及花粉性状 蜜粉源较少；辅助蜜源植物。

栽培要点 播种繁殖。收集成熟荚果，取出种子，埋于干沙中置阴凉处贮藏。播种前需用温水浸种 2~3 小时。喜光，不耐寒，耐旱，对土壤要求不严。

皂荚

苏木科 皂荚属

Gleditsia sinensis Lam.

主要特征 / 落叶乔木；高可达 30 m。刺粗壮，常分枝，多呈圆锥状，长达 16 cm。一回羽状复叶；小叶 3~9 对，纸质，卵状披针形至长圆形，长 2~8.5 cm，边缘具细锯齿。花杂性，黄白色，组成总状花序。荚果带状，长 5~13 cm，果颈长 1~3.5 cm，常被白色粉霜。

花果期 / 花期 3~5 月；果期 5~12 月。

生境及分布 / 在粤北的乐昌、乳源、连州等地常见。生于山坡林中或谷地、路旁。分布于河北、山东、河南、山西、陕西、甘肃、江苏、安徽、浙江、江西、湖南、湖北、福建、广东、广西、四川、贵州、云南等省区。

产蜜及花粉性状 / 泌蜜较多，花粉较少；优势蜜粉源植物。

栽培要点 / 播种繁殖。10 月采种，果实晒干后取得种子，阴干干藏。播种前需将种子放入水中浸泡 48 小时，然后与湿沙混合储藏催芽。喜光，在微酸性、石灰质、轻盐碱土甚至黏土或沙壤土中均能正常生长，适生于疏松、肥沃的土壤。

任豆

苏木科 任豆属

Zenia insignis Chun

主要特征 落叶乔木；高 15~20 m。一回羽状复叶；小叶薄革质，长圆状披针形，长 6~9 cm，下面有灰白色的糙伏毛。圆锥花序顶生；花红色；花瓣长约 12 mm，最上面一片较大，倒卵形，其他的较小。荚果长圆形，红棕色，通常长约 10 cm，翅阔 5~6 mm。

花果期 花期 5 月；果期 6~8 月。

生境及分布 在粤北的乐昌、连州、连南、阳山等地常见。生长于山地密林或疏林中。分布于广东、广西。

产蜜及花粉性状 蜜粉源较多；优势蜜粉源植物。

栽培要点 播种繁殖。荚果变成褐色即可采种，果实经阳光暴晒后种子自然脱出，晒干种子，翌春播种。喜光，不耐阴，耐干旱、贫瘠，不耐涝，适生于土层深厚、湿润的土壤。

仪花

苏木科 仪花属

Lysidice rhodostegia Hance

主要特征 / 灌木或小乔木；高达 8 m。小叶 3~5 对，厚纸质，长圆形，长 5~16 cm，顶端尾状渐尖，侧脉纤细近平行。圆锥花序长 20~40 cm；苞片、小苞片粉红色；萼裂片长圆形，暗紫红色；花瓣紫红色。荚果长圆形，长 12~20 cm，基部稍歪斜，2 缝线不等长，顶部具尖喙。

花果期 / 花期 6~8 月；果期 9~11 月。

生境及分布 / 在粤北的乐昌、连山、五华等地常见。生于山谷溪边、河岸边上。分布于广东、广西、云南等地。

产蜜及花粉性状 / 蜜粉源较少；辅助蜜源植物。

栽培要点 / 播种繁殖。种子先用 60℃ 热水浸泡后播种，2~3 年苗可定植。喜温暖、湿润和阳光充足的环境，栽培中注意对分枝进行修剪。

杭子梢

蝶形花科 杭子梢属

Campylotropis macrocarpa (Bunge) Rehd.

主要特征 灌木；高 1~3 m。羽状复叶具 3 小叶；小叶椭圆形或宽椭圆形，长 2~7 cm，顶端圆形、钝或微凹，具小凸尖，下面通常有柔毛。总状花序，长 4~10 cm 或更长；花萼钟形，稍浅裂或近中裂；花冠紫红色或近粉红色。荚果长圆形或椭圆形，长 10~14 mm，顶端具短喙尖。

花果期 花、果期 5~10 月。

生境及分布 在粤北的乐昌、乳源、梅州等地常见。生于山坡、灌丛、林缘、山谷沟边及林中。分布于河北、山西、陕西、甘肃、山东、江苏、安徽、浙江、江西、福建、河南、湖北、湖南、广东、广西、四川、贵州、云南、西藏等省区。

产蜜及花粉性状 蜜粉源较少；辅助蜜源植物。

栽培要点 扦插繁殖。6 月末至 7 月上旬剪取当年生嫩枝进行扦插，扦插前用 0.5% 的高锰酸钾水溶液喷洒床面进行消毒。适应性很强，对土壤要求不严，可起到固氮、改良土壤的作用。

翅荚香槐

蝶形花科 香槐属

Cladrastis platycarpa (Maxim.) Makino

主要特征 / 乔木，高达 16 m。奇数羽状复叶；小叶 3~4 对，长椭圆形或卵状长圆形，顶生的最大，通常长 4~10 cm。圆锥花序；花萼阔钟状，密被棕褐色绢毛，萼齿 5 枚，三角形；花冠白色，芳香。荚果扁平，长椭圆形或长圆形，长 4~8 cm，两侧具翅，有种子 1~2 颗。

花果期 / 花期 4~6 月；果期 7~10 月。

生境及分布 / 在粤北的乳源、乐昌、始兴、连州、连南、阳山等地常见。生于山谷疏林中和村庄附近的山坡林中。分布于江苏、浙江、湖南、广东、广西、贵州、云南。

产蜜及花粉性状 / 蜜粉源较少；辅助蜜源植物。

栽培要点 / 播种繁殖。荚果变黄褐色时即可采种，剥出种子，晒 1~2 天，然后于阴凉干燥处贮藏，翌年春播。喜光，适生于酸性、中性、石灰性土壤。

南岭黄檀

蝶形花科 黄檀属

Dalbergia balansae Prain

主要特征 / 乔木；高 6~15 m。羽状复叶；小叶 6~7 对，长圆形或长椭圆形，长 2~4 cm。圆锥花序腋生，疏散，长 5~10 cm；花萼钟状，萼齿 5 枚；花冠白色，旗瓣圆形，龙骨瓣近半月形。荚果舌状或长圆形，长 5~6 cm，两端渐狭，通常有种子 1 颗，稀 2~3 颗。

花果期 / 花期 5~6 月；果期 8~11 月。

生境及分布 / 在粤北的乳源、乐昌、连南、南雄、阳山、英德、翁源、新丰、清远、平远、梅州、罗定等地常见。生于山地阔叶林中或灌丛中。分布于四川、贵州、湖南、广西、广东、海南、福建、浙江。

产蜜及花粉性状 / 蜜粉源较少；辅助蜜源植物。

栽培要点 / 播种、扦插和分株繁殖。荚果成熟后应及时采集，取出种子晾干，干藏，翌年春播。扦插繁殖在 2 月中旬至 3 月是插条育苗的最适宜季节。分株繁殖在芽萌动前进行。喜温暖、潮湿气候，耐干旱，耐瘠薄，在酸性土、中性土及钙质土壤中均能生长。

两广黄檀

蝶形花科 黄檀属

Dalbergia benthamii Prain

主要特征 / 藤本，有时为灌木。羽状复叶；小叶 2~3 对，近革质，卵形或椭圆形，长 3.5~6 cm。圆锥花序腋生，长约 4 cm；花萼钟状，外面被锈色茸毛；花冠白色，旗瓣椭圆形，龙骨瓣近半月形，内侧具耳。荚果薄革质，舌状长圆形，长 5~7.5 cm，有种子 1~2 颗。

花果期 / 花期 2~3 月，果期 10~12 月。

生境及分布 / 在粤北的乐昌、连南、大埔等地常见。生于疏林或灌丛中，常攀援于树上。分布于广西、广东、海南。

产蜜及花粉性状 / 蜜粉源较少；辅助蜜源植物。

栽培要点 / 播种繁殖。荚果成熟后，及时采集种子；播种前用水浸 24 小时，捞出晾干后撒播。喜光，对土壤肥力的要求不严，一般肥力中等以上的红壤、赤红壤、砖红壤都能生长。

黄檀

蝶形花科 黄檀属

Dalbergia hupeana Hance

主要特征 乔木；高 10~20 m。羽状复叶；小叶 3~5 对，近革质，椭圆形至长圆状椭圆形，长 3.5~6 cm。圆锥花序顶生或生于最上部的叶腋间，花密集；花萼钟状，萼齿 5 枚，上方 2 枚近合生，侧方的卵形，最下一枚披针形，长为其余 4 倍；花冠白色或淡紫色，远长于花萼。荚果长圆形或阔舌状，长 4~7 cm，有 1~2 颗种子。

花果期 花期 5~7 月；果期 8~9 月。

生境及分布 在粤北的连州、连南、始兴、乐昌、乳源、阳山、新丰、罗定等地常见。生于山地林中或灌丛中、山沟溪旁及坡地。分布于山东、江苏、安徽、浙江、江西、福建、湖北、湖南、广东、广西、四川、贵州、云南。

产蜜及花粉性状 蜜粉源较少；辅助蜜源植物。

栽培要点 播种繁殖。荚果呈现黄褐色及时采集，采回予以曝晒，开裂脱粒，于阴凉处干藏，翌年春季播种。喜光，耐干旱瘠薄，对土壤要求不严，适生于深厚、湿润、排水良好的土壤，忌盐碱地。

深紫木蓝

蝶形花科 木蓝属

Indigofera atropurpurea Buch.-Ham. ex Hormem.

主要特征 / 灌木；高 1.5~3 m。嫩枝有棱，被白色或间生棕色平贴丁字毛。羽状复叶；小叶 3~9 对，对生，膜质，卵形或椭圆形，长 1.5~6.5 cm，两面疏生短丁字毛。总状花序长达 28 cm；花萼钟状，外面密被灰褐色丁字毛，萼齿短三角形；花冠深紫色，旗瓣长圆状椭圆形。荚果圆柱形，有种子 6~9 颗。

花果期 / 花期 5~9 月；果期 8~12 月。

生境及分布 / 在粤北的乐昌、乳源、始兴、阳山、韶关、翁源、清远、大埔、梅州等地常见。生于山坡路旁灌丛中、山谷疏林中及路旁草坡和溪沟边。分布于江西、福建、湖北、湖南、广东、广西、四川、贵州、云南及西藏等省区。

产蜜及花粉性状 / 蜜粉源较少；辅助蜜源植物。

栽培要点 / 播种繁殖。喜光，耐旱，耐寒，耐贫瘠，对土壤要求不严。

庭藤

蝶形花科 木蓝属

Indigofera decora Lindl.

主要特征 / 灌木；高 0.4~2 m。羽状复叶；小叶 3~7 对，通常卵状披针形、卵状长圆形或长圆状披针形，长 2~6.5 cm，下面被平贴白色丁字毛。总状花序长 13~21 cm；花萼杯状，萼齿三角形；花冠淡紫色或粉红色，稀白色，旗瓣椭圆形。荚果棕褐色，圆柱形，有种子 7~8 颗。

花果期 / 花期 4~6 月；果期 6~10 月。

生境及分布 / 在粤北的乳源、乐昌、连州、连山、连南、连平、始兴、仁化、英德、阳山、翁源、新丰、清远、和平等地常见。生于溪旁、林内、灌丛中和荒坡。分布于安徽、浙江、福建、广东。

产蜜及花粉性状 / 蜜粉源较少；辅助蜜源植物。

栽培要点 / 播种繁殖。喜光，耐暖湿环境，耐寒，耐贫瘠，对土壤要求不严。

马棘

蝶形花科 木蓝属

Indigofera pseudotinctoria Mats.

主要特征 / 小灌木，高 1~3 m。羽状复叶；小叶 3~5 对，对生，椭圆形至倒卵状椭圆形，长 1~2.5 cm，两面有丁字毛。总状花序，花密集；花萼钟状，外面有平贴丁字毛，萼齿不等长；花冠淡红色或紫红色，旗瓣倒阔卵形。荚果线状圆柱形，长 2.5~4 cm。

花果期 / 花期 5~8 月；果期 9~10 月。

生境及分布 / 在粤北的乐昌有分布。生于山坡林缘及灌木丛中。

分布于江苏、安徽、浙江、江西、福建、湖北、湖南、广东、广西、四川、贵州、云南。

产蜜及花粉性状 / 蜜粉源较少；辅助蜜源植物。

栽培要点 / 播种和扦插繁殖。种子采回后阴干，干藏；播种前种子先用热水浸种。扦插于 3 月中旬至 4 月中旬进行，选取一年生的枝条作扦插穗。适应能力强，对土壤要求不严，不耐涝。

花榈木

蝶形花科 红豆属

Ormosia henryi Prain

主要特征 / 常绿乔木；高 5~13 m。小枝、叶轴、花序密被茸毛。奇数羽状复叶；小叶 2~3 对，革质，椭圆形或长圆状椭圆形，长 5~13 cm，叶缘微反卷。圆锥花序顶生；花萼钟形，5 齿裂；花冠中央淡绿色，边缘绿色微带淡紫。荚果扁平，长椭圆形，长 5~12 cm，果瓣革质，内壁有横隔膜，有种子 4~8 颗。

花果期 / 花期 7~8 月；果期 10~11 月。

生境及分布 / 在粤北的始兴、乐昌、南雄、英德、五华等地常见。生于山坡、溪谷两旁阔叶林内。分布于安徽、浙江、江西、湖南、湖北、广东、四川、贵州、云南。

产蜜及花粉性状 / 蜜粉源较少；辅助蜜源植物。

栽培要点 / 播种繁殖。种子成熟采回后，通风晾干，干藏；春季播种前浸泡 24 小时。喜光，喜肥沃及湿润土壤，耐阴且萌芽力强。

软荚红豆

蝶形花科 红豆属

Ormosia semicastrata Hance

主要特征 常绿乔木；高达 12 m。奇数羽状复叶；小叶 1~2 对，革质，卵状长椭圆形或椭圆形，长 4~14 cm。圆锥花序顶生；总花梗、花梗均密被黄褐色柔毛；花萼钟状，萼齿三角形，外面密被锈褐色茸毛；花冠白色，比萼约长 2 倍。荚果近圆形，稍肿胀，革质，光亮，长 1.5~2 cm，顶端具短喙，有种子 1 颗。

花果期 花期 4~5 月；果期 5~12 月。

生境及分布 在粤北的乳源、乐昌、仁化、曲江、连山、英德、连平、梅州、丰顺、平远、蕉岭等地常见。生于山地、山谷阔叶林中。分布于江西、福建、广东、海南、广西。

产蜜及花粉性状 蜜粉源较少；辅助蜜源植物。

栽培要点 播种繁殖。种子成熟采回后，通风晾干，干藏；春季播种前浸泡 24 小时，能提高发芽率。喜光、喜温暖至高温、多湿气候，不耐寒，耐旱，耐瘠薄。

木荚红豆

蝶形花科 红豆属

Ormosia xylocarpa Chun ex Merr. & L. Chen

主要特征 常绿乔木；高 12~20 m。枝密被紧贴的褐黄色短柔毛。奇数羽状复叶；小叶 2~3 对，厚革质，长椭圆形或长椭圆状倒披针形，长 3~14 cm，边缘微向下反卷。圆锥花序顶生；花芳香；花萼 5 齿裂，萼齿长卵形；花冠白色或粉红色。荚果长椭圆形或菱形，长 5~7 cm，压扁，果瓣木质，内壁有横隔膜。

花果期 花期 6~7 月；果期 10~11 月。

生境及分布 在粤北的乐昌、乳源、始兴、南雄、曲江、连州、连南、英德、翁源、新丰、梅州、大埔、平远、丰顺、蕉岭等地常见。生于山坡、山谷、溪边疏林或密林内。分布于江西、福建、湖南、广东、海南、广西、贵州等省区。

产蜜及花粉性状 蜜粉源较少；辅助蜜源植物。

栽培要点 播种繁殖。荚果变紫黑色可采收，放置通风晾干，干藏；播种前先用 0.5% 高锰酸钾溶液浸种消毒 2 小时，再用 45℃温水浸泡 48 小时。喜光，也耐阴，不耐寒，耐旱，耐瘠薄。

槐

蝶形花科 槐属

Sophora japonica Linn.

主要特征 / 乔木。高达 25 m。羽状复叶具小叶 4~7 对，近对生，纸质，卵状披针形或卵状长圆形，长 2.5~6 cm。圆锥花序顶生，长达 30 cm；花萼浅钟状，萼齿 5 枚，圆形或钝三角形；花冠白色或淡黄色，旗瓣近圆形。荚果串珠状，长 2.5~5 cm 或稍长。

花果期 / 花期 7~8 月；果期 8~10 月。

生境及分布 / 粤北各县广泛栽培。生于山坡路旁或宅边。我国南北各省区广泛栽培。

产蜜及花粉性状 / 蜜粉源较少；辅助蜜源植物。

栽培要点 / 播种、埋根和扦插繁殖。荚果成熟后，采回通风阴干种子，干藏；播种前应采用 80℃热水浸泡 24 小时浸种法或在水中浸泡 24 小时后，用沙藏法加以处理。扦插可在早春出现芽孢时进行。喜光而稍耐阴，能适应较冷气候；耐干旱、瘠薄，对土壤要求不严。

蕈树

金缕梅科 蕈树属

Altingia chinensis (Champ.) Oliv. ex Hance

主要特征 常绿乔木；高达 20 m。叶革质或厚革质，揉碎有橄榄味，倒卵状椭圆形，长 7~13 cm；边缘有钝锯齿。雄花短穗状，花序长约 1 cm，常多个排成圆锥花序；雌花头状花序单生或数个排成圆锥花序，有花 15~26 朵。头状果序近于球形，直径 1.7~2.8 cm。

花果期 花期 3~4 月；果期秋、冬季。

生境及分布 在粤北的乳源、乐昌、仁化、曲江、连山、连南、连州、英德、阳山、翁源、连平、新丰、和平、龙川、五华、大埔、平远、紫金、郁南等地常见。生于山地常绿阔叶林中。分布于广东、海南、广西、贵州、云南、湖南、福建、江西、浙江。

产蜜及花粉性状 蜜粉源较少；辅助蜜源植物。

栽培要点 播种、压条和嫁接繁殖。蒴果未开裂可暴晒后，收集种子放置阴凉处干藏，苗期注意遮阴。压条和嫁接应采用生长健壮、无病虫害的半木质化枝条。喜光，适生于深厚、疏松、肥沃的土壤。

大果蜡瓣花

金缕梅科 蜡瓣花属

Corylopsis multiflora Hance

别名 / 瑞木

主要特征 / 落叶或半常绿灌木或小乔木。叶薄革质，倒卵形至卵圆形，长 7~15 cm，基部心形，近于等侧，下面带灰白色，有星状毛，边缘有锯齿，齿尖突出。总状花序长 2~4 cm，花序轴被毛；萼筒无毛，萼齿卵形；花瓣倒披针形。果序长 5~6 cm；蒴果硬木质，长 1.2~2 cm。

花果期 / 花期 2~4 月；果期 9~10 月。

生境及分布 / 在粤北的乐昌、仁化、南雄、郁南等地常见；生于山地阳坡的常绿阔叶林中。分布于福建、台湾、广东、广西、贵州、湖南、湖北、云南。

产蜜及花粉性状 / 蜜粉源较少；辅助蜜源植物。

栽培要点 / 播种、分株、扦插和压条法繁殖。种子收集后，阴干沙藏后春播。扦插穗应选一年生枝，在 3~4 月扦插。压条可在 5 月将枝条环割后埋入土中，生根后在翌春与母株割离分栽。喜光，耐半阴，耐寒，耐水湿，亦耐干旱贫瘠，喜深厚肥沃、略带湿润的土壤。

蜡瓣花

金缕梅科 蜡瓣花属

Corylopsis sinensis Hemsl.

主要特征 / 落叶灌木。叶薄革质，倒卵圆形或倒卵形，长 5~9 cm；基部不等侧心形，下面有灰褐色星状柔毛，边缘有锯齿，齿尖刺毛状。总状花序长 3~4 cm，花序轴有长茸毛；萼筒有星状茸毛，萼齿卵形；花瓣匙形。蒴果近圆球形，长 7~9 mm，被褐色柔毛。

花果期 / 花期 3~4 月；果期 9~10 月。

生境及分布 / 在粤北的乐昌、乳源、连州等地常见。生于山坡疏林或山顶灌丛中。分布于湖北、安徽、浙江、福建、江西、湖南、广东、广西及贵州。

产蜜及花粉性状 / 蜜粉源较少；辅助蜜源植物。

栽培要点 / 播种繁殖。种子成熟后，于通风处晾干，干藏，翌年春播。喜光，较耐阴，稍耐寒；喜温暖湿润环境和肥沃、疏松、排水良好、富含腐殖质的酸性或微酸性土壤。

枫香树

金缕梅科 枫香树属

Liquidambar formosana Hance

主要特征 落叶乔木；高达 30 m。叶薄革质，阔卵形，掌状 3 裂，中央裂片较长，顶端尾状渐尖；两侧裂片平展，下面有短柔毛，边缘有锯齿。雄性短穗状花序常多个排成总状；雌性头状花序有花 24~43 朵；萼齿 4~7，针形，长 4~8 mm。头状果序圆球形，直径 3~4 cm。

花果期 花期 4~6 月；果期 10 月。

生境及分布 在粤北的乐昌、乳源、始兴、连山、连南、仁化、阳山、英德、新丰、和平、河源、五华、蕉岭、梅州、大埔、丰顺、平远等地常见。生于次生林及常绿、落叶混交林中。分布于河南、山东、台湾、四川、云南、西藏、广东、海南。

产蜜及花粉性状 蜜粉源较少；辅助蜜源植物。

栽培要点 播种繁殖。果实变成黄褐色即可收集，采回晾晒，干藏，翌年春播。喜光，幼树稍耐阴；耐旱，耐瘠薄，不耐涝；适生于湿润肥沃而深厚的红壤、黄壤土。

檵木

金缕梅科 檵木属

Loropetalum chinense (R. Br.) Oliv.

主要特征 / 灌木或小乔木。叶革质，卵形，长 2~5 cm，基部钝，不等侧，上面略有粗毛，下面被星状毛。花 3~8 朵簇生，白色，先于叶或与嫩叶同时开放；萼筒杯状，被星状毛；花瓣4枚，带状，长 1~3 cm。蒴果卵圆形，顶端圆，被褐色星状茸毛，萼筒长为蒴果的 2/3。

花果期 / 花期 3~4 月；果期 5~7 月。

生境及分布 / 在粤北的乳源、乐昌、仁化、南雄、连州、连山、连南、英德、阳山、新丰、翁源、连平、清远、河源、和平、紫金、龙川、兴宁、五华、丰顺、梅州、蕉岭、大埔、平远、云浮、郁南等地常见；生于低山丘陵荒坡及灌丛或疏林中。分布于我国中部、南部及西南各省。

产蜜及花粉性状 / 蜜粉源较少；辅助蜜源植物。

栽培要点 / 播种或扦插繁殖。蒴果成熟后，采回晒干，干藏，翌年春播。扦插可于早春用一年生以上的枝条作插穗。喜光，喜温暖，稍耐阴，耐旱，耐寒，耐瘠薄，但在肥沃、湿润的微酸性土壤中生长更好。

红花荷

金缕梅科 红花荷属

Rhodoleia championii Hook. f.

主要特征 常绿乔木，高达 12 m。叶互生，厚革质，卵形、先端钝或略尖，基部宽楔形。头状花序，常下垂、长 3~4 cm；鳞片状苞片 5~6 片，卵圆形；花瓣匙形、红色；雄蕊与花瓣等长。头状果序具蒴果 5 个，蒴果卵圆形；种子扁平，黄褐色。

花果期 花期 3~4 月；果期 10~11 月。

生境及分布 在粤北的乐昌、罗定等地常见；分布于广东、香港。

产蜜及花粉性状 蜜粉源较少；辅助蜜源植物。

栽培要点 播种和扦插繁殖。采回后晾至果壳开裂，筛取种子，干藏。用一年生枝条作插穗，扦插前 1 天用 0.2% 的高锰酸钾溶液消毒。幼树耐阴，成年后较喜光，喜暖湿环境，适生于肥沃、疏松的红黄壤与红壤。

半枫荷

金缕梅科 半枫荷属

Semiliquidambar cathayensis H. T. Chang

主要特征 / 常绿乔木，高约 17 m。叶革质，簇生于枝顶，异型，不分裂、掌状 3 裂、两侧裂、单侧分裂均有，边缘有腺锯齿，叶柄长 3~4 cm，较粗壮，上部有槽。雄花的短穗状花序常数个排成总状，长 6 cm，花被全缺；雌花的头状花序单生，萼齿针形。头状果序直径 2.5 cm，有蒴果 22~28 个，宿存萼齿比花柱短。

花果期 / 花期 5~6 月；果期 7~9 月。

生境及分布 / 在粤北的乐昌、乳源、连南、新丰、和平、梅州等地常见。生于山坡、山顶或山谷常绿阔叶林中。分布于江西南部、广西北部、贵州南部、广东。

产蜜及花粉性状 / 蜜粉源较多；优势蜜粉源植物。

栽培要点 / 播种繁殖。蒴果成熟后，置于阳光下曝晒，蒴果开裂得种子，晒至种子含水量为 8% 后于阴凉处贮藏，翌年春播。喜暖湿气候环境，适生于土层深厚、疏松、肥沃、湿润、排水良好的酸性红壤、砖红壤或黄壤。

响叶杨

杨柳科 杨属

Populus adenopoda Maxim.

主要特征 落叶乔木；高 15~30 m。树皮深灰色，纵裂。叶卵状圆形或卵形，长 5~15 cm，顶端长渐尖，基部截形或心形，边缘有内曲圆锯齿，齿端有腺点；叶柄侧扁，长 2~8 cm，顶端有 2 个显著腺点。果序长 12~20 cm，蒴果椭圆形，2 瓣裂。

花果期 花期 3~4 月；果期 4~5 月。

生境及分布 在粤北的乐昌、连州等地常见。生于阳坡山谷林中。

分布于我国西北、西南、华中、华南及华东等省区。

产蜜及花粉性状 蜜粉源较少；辅助蜜源植物。

栽培要点 播种繁殖。种子成熟后，果穗晾晒，敲打使絮毛与种子脱离，晾干后干藏，翌年春播。喜光，耐旱，耐寒，对土壤要求不严格，黄壤、黄棕壤、沙壤土、冲积土、钙质土上均能生长。

粤柳

杨柳科 柳属

Salix mesnyi Hance

主要特征 小乔木。叶革质，长圆形，狭卵形或长圆状披针形，长 7~9 cm，顶端长渐尖或尾尖，基部圆形或近心形，幼叶两面有锈色短柔毛，叶缘有粗腺锯齿。雄花序长 4~5 cm；雌花序长 3~6.5 cm。蒴果卵形，无毛。

花果期 花期 3 月；果期 4 月。

生境及分布 在粤北的乐昌常见。生于低山地区的溪流旁。分布于广西、广东、江西、福建、浙江、江苏。

产蜜及花粉性状 蜜粉源较少；辅助蜜源植物。

栽培要点 扦插繁殖。扦插穗应选当年生枝，生长季的阴雨天都可扦插。喜光，喜湿润通风环境。

长梗柳

杨柳科 柳属

Salix dunnii Schneid.

别名 / 邓柳

主要特征 / 灌木或小乔木。叶椭圆形或椭圆状披针形，长 2.5~4 cm，下面灰白色，密生平伏长柔毛，幼叶两面毛很密，叶缘有稀疏的腺锯齿。雄花序长约 5 cm，疏花；雌花序稍短；花序梗上生有叶 3~5 片。果序长可达 6.5 cm。

花果期 / 花期 4 月；果期 5 月。

生境及分布 / 在粤北的连州、乐昌等地常见。生于溪流、河岸湿地。分布于湖南、江西、浙江、福建等省区。

产蜜及花粉性状 / 蜜粉源较少；辅助蜜源植物。

栽培要点 / 播种和扦插繁殖。种子成熟后，晾晒，脱粒，干藏，翌年春播。扦插穗应选当年生枝，生长季阴雨天进行扦插。喜光，喜湿润通风环境。

杨梅

杨梅科 杨梅属

Myrica rubra (Lour.) Sieb. et Zucc.

主要特征 常绿乔木。叶常密集于枝端，倒卵形或长椭圆状倒卵形，全缘或中部以上具少数锐锯齿，下面被稀疏的金黄色腺体。雌雄异株；雄花序穗状，单独或数条丛生于叶腋；雌花序常单生于叶腋，每一雌花序仅上端1枚雌花能发育成果实。核果球状，径1~3 cm，外果皮肉质，成熟时深红色、紫红色或白色。

花果期 花期4月；果期6~7月。

生境及分布 在粤北的乳源、始兴、乐昌、曲江、南雄、连山、连南、英德、阳山、河源、和平、五华、平远、蕉岭、大埔、郁南、罗定等地常见。生于山坡或山谷林中，喜酸性土壤。产于江苏、浙江、台湾、福建、江西、湖南、贵州、四川、云南、广西和广东。

产蜜及花粉性状 泌蜜较少，花粉较多；优势蜜粉源植物。

栽培要点 扦插、嫁接和播种繁殖。喜光，适生于土壤肥沃、质地疏松、土层深厚的沙壤土。应注意病虫害防治。

锥栗

壳斗科 栗属

Castanea henryi (Skan) Rehd. et Wils.

主要特征 / 乔木；高达 30 m。叶长圆形或披针形，长 10~23 cm，顶部长渐尖至尾状长尖，基部圆或宽楔形，一侧偏斜，边缘芒刺状锯尖。雄花序长 5~16 cm，花簇有花 1~3 朵；每壳斗有雌花 1 朵。成熟壳斗近圆球形，连刺直径 2.5~4.5 cm；坚果单生，卵形，长 12~15 mm。

花果期 / 花期 4~7 月；果期 6~10 月。

生境及分布 / 在粤北的乐昌、乳源等地常见。生于山地林中。广布于秦岭南坡以南、五岭以北各地。

产蜜及花粉性状 / 蜜粉源较多；优势蜜粉源植物。

栽培要点 / 嫁接和播种繁殖。嫁接一般用毛榛作砧木，在 2~3 月和 9~10 月嫁接。种子成熟后收集，0~4℃冷藏或者沙藏，沙藏应注意防虫。喜光，耐旱，适生于深厚、肥沃、排水良好的土壤。病虫害少，生长较快。

板栗

壳斗科 栗属

Castanea mollissima Blume

主要特征 乔木；高达 20 m。叶披针形或狭卵形，长 6~12 cm，嫩叶叶背有红褐色或棕黄色细片状蜡鳞层，成熟叶呈银灰色。雄花序穗状或圆锥状；雌花单生苞内；壳斗近圆球形或阔卵形，长 10~15 mm，外壁有疣状体，或甚短的钻尖状，排成连续或间断的 6~7 环，顶部为短刺；坚果阔圆锥形。

花果期 花期 4~6 月；果期 8~10 月。

生境及分布 在粤北的乐昌、乳源、始兴、连州、连南、连山、南雄、阳山、英德、河源、大埔等地常见。生于山地或丘陵常绿或落叶阔叶混交林中。除青海、宁夏、新疆、海南等少数省区外，广布于我国南北各地。

产蜜及花粉性状 蜜粉源丰富；主要蜜粉源植物。

栽培要点 播种和嫁接繁殖。栗苞开裂时种子成熟，采回后可冷藏或者沙藏，翌年春播。嫁接应该是在砧木芽萌动或开始萌动而没有展叶时进行；无纺布容器苗造林成活率高。喜光、喜气候湿润的地区，耐寒、耐旱，对土壤要求较高，喜沙壤土。

茅栗

壳斗科 栗属

Castanea seguinii Dode

主要特征 / 小乔木或灌木状；通常高 2~5 m。叶倒卵状椭圆形或长圆形，长 6~14 cm，基部楔尖至圆或耳垂状，叶背有黄或灰白色鳞腺。雄花序长 5~12 cm；雌花单生或生于混合花序的花序轴下部，每壳斗通常 1~3 朵发育结实。壳斗外壁密生锐刺，连刺径 3~5 cm；坚果 3~5 个，扁球形。

花果期 / 花期 5~7 月；果期 6~10 月。

生境及分布 / 在粤北的乐昌、阳山等地常见。生于丘陵山地，较常见于山坡灌木丛中，与阔叶常绿或落叶树混生。广布于大别山以南、五岭南坡以北各地。

产蜜及花粉性状 / 泌蜜较少，花粉较多；优势蜜粉源植物。

栽培要点 / 播种繁殖。栗蓬开裂时采收，也可地面捡拾，种子混湿沙堆藏，翌年春播，无纺布容器苗造林成活率高。喜光，不耐阴，喜空气干燥及土层疏松、深厚和肥沃的土壤环境。

米槠

壳斗科 锥属

Castanopsis carlesii (Hemsl.) Hayata

别名 / 小红栲

主要特征 / 乔木；高达 20 m。叶披针形或狭卵形，长 6~12 cm，嫩叶叶背有红褐色或棕黄色细片状蜡鳞层，成熟叶呈银灰色。雄花序穗状或圆锥状；雌花单生苞内；壳斗近圆球形或阔卵形，长 10~15 mm，外壁有疣状体，或甚短的钻尖状，排成连续或间断的 6~7 环，顶部为短刺；坚果阔圆锥形。

花果期 / 花期 3~6 月；果期 8~12 月。

生境及分布 / 在粤北的乐昌、乳源、连山、连南、南雄、英德、阳山、翁源、和平、河源、大埔、丰顺等地常见。生于山地或丘陵的常绿或落叶阔叶混交林中。分布于长江以南各省区。

产蜜及花粉性状 / 蜜粉源较多；优势蜜粉源植物。

栽培要点 / 播种繁殖。种子成熟后收回可冷藏或者湿润沙藏，翌年春播，无纺布容器苗造林成活率高。喜雨量充沛和温暖气候，能耐阴，喜深厚、温润之中性和酸性土，亦耐干旱和贫瘠。

甜槠

壳斗科 锥属

Castanopsis eyrei (Champ.) Tutch.

主要特征 乔木；高达 20 m。叶革质，卵形，披针形或长椭圆形，长 5~13 cm，顶部长渐尖，常向一侧弯斜，基部偏斜，全缘或顶部有少数浅裂齿，叶背常带银灰色。雄花序穗状或圆锥状；雌花单生总苞内。壳斗阔卵形，连刺径长 20~30 mm，苞片刺形，排成间断的 4~6 环；坚果阔圆锥形。

花果期 花期 4~6 月；果期 6~12 月。

生境及分布 在粤北的乐昌、乳源、始兴、连州、连南、连山、南雄、仁化、阳山、英德、新丰、翁源、和平、五华、兴宁、大埔、蕉岭、丰顺、平远等地常见。生于丘陵或山地林中。分布于浙江、安徽、江西、福建、湖南、湖北、四川、广东和广西，

产蜜及花粉性状 蜜粉源较多；优势蜜粉源植物。

栽培要点 播种繁殖。壳斗变黄褐色时连果序采回，在阴凉处摊成薄层，取种子，层积沙藏，翌年春播。喜光、耐旱，适生于排水良好、土层深厚疏松、土壤肥力中等以上的红壤土、沙壤土。

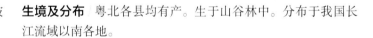

罗浮栲

壳斗科 锥属

Castanopsis fabri Hance

主要特征 乔木；高 8~20 m。叶革质，卵形，狭长椭圆形或披针形，长 8~18 cm，基部近于圆，常偏斜，顶部有 1~5 对锯齿，叶背带灰白色。雄花序单穗腋生；每壳斗有雌花 2 或 3 朵。壳斗近球形，连刺直径 20~30 mm，不规则瓣裂，刺基部合生，排成间断的 4~6 环；坚果 1~3 个，圆锥形。

花果期 花期 4~5 月；果期 6~12 月。

生境及分布 粤北各县均有产。生于山谷林中。分布于我国长江流域以南各地。

产蜜及花粉性状 蜜粉源较多；优势蜜粉源植物。

栽培要点 播种繁殖。壳斗开裂后，收集种子，可随采随播，也可冷藏或沙埋贮藏至翌年春播。罗浮栲中性偏阳，幼树稍耐阴，喜土层深厚、肥沃、疏松的山地土壤。

川鄂栲

壳斗科 锥属

Castanopsis fargesii Franch.

主要特征 / 乔木，高 8~20 m。枝、叶均无毛。叶柄长 1~2 cm；叶片长椭圆形或披针形，长 6~12 cm，顶部短尖或渐尖，基部近圆形，有时一侧稍偏斜，全缘或在顶部边缘具少数浅齿，叶背具粉末状蜡鳞层，嫩叶为红褐色，成长叶为黄棕色。雄花穗状或圆锥花序，雄蕊 10 枚；雌花序轴无蜡鳞，雌花单朵散生于长 10~30 cm 的花序轴上。壳斗通常圆球形或宽卵形，连刺直径 2.2~3 cm，不规则开裂，刺长 6~10 mm；每壳斗有 1 坚果；坚果无毛，果脐在坚果底部。

花果期 / 花期 4~8 月；果期翌年 8~10 月。

生境及分布 / 在粤北的乐昌、乳源、始兴、连州、连南、连山、南雄、仁化、曲江、英德、阳山、新丰、连平、河源、紫金、和平、兴宁、蕉岭、大埔、平远、梅州等地常见。生于缓坡及山地常绿阔叶林中。分布于我国长江以南各地。

产蜜及花粉性状 / 蜜粉源较多；优势蜜粉源植物。

栽培要点 / 播种繁殖。壳斗开裂后，收集种子，可冷藏或湿润沙藏至翌年春播。稍耐阴，喜温暖湿润气候，能耐干旱瘠薄，适生于土层深厚、肥沃、排水良好的酸性土壤。

黧蒴锥

壳斗科 锥属

Castanopsis fissa (Champ. ex Benth.) Rehd. et Wils.

别名 黧蒴、大叶锥

主要特征 乔木；高约 10 m。叶倒卵状披针形或长圆形，长 12~25 cm，边缘有锯齿或波状齿。雄花多为圆锥花序；雌花序每 1 总苞内有花 1 朵。成熟壳斗圆球形或椭圆形，通常全包坚果，不规则的 2~3 瓣裂，苞片三角形，基部连成 4~5 个同心环坚果圆锥状卵形，直径 11~16 mm。

花果期 花期 4~5 月；果期 7~12 月。

生境及分布 粤北各县均有栽培。生于山地疏林中，阳坡较常见。分布于福建、江西、贵州、四省、广东、海南、香港、广西、云南。

产蜜及花粉性状 蜜粉源较多；优势蜜粉源植物。

栽培要点 播种繁殖。种子成熟后收集，阴干，低温冷藏或沙藏，翌年春播。喜光、速生、萌芽力强、耐瘠薄。

南岭栲

壳斗科 锥属

Castanopsis fordii Hance

别名 / 毛栲、毛锥

主要特征 / 乔木。芽鳞、小枝、叶柄、叶背及花序轴均密被棕色或红褐色茸毛。叶革质，长椭圆形或长圆形，长 9~18 cm，基部心形或浅耳垂状，全缘。雄穗状花序常多穗排成圆锥花序，雌花单生于苞内。壳斗连刺直径 5~6 cm，密聚于果序轴上，外壁为密刺完全遮蔽；壳斗有坚果 1 个，果扁圆锥形。

花果期 / 花期 3~4 月；果期 8~12 月。

生境及分布 / 在粤北的乳源、乐昌、曲江、南雄、始兴、连南、阳山、英德、翁源、新丰、清远、和平、五华、蕉岭、平远、大埔等地常见。生于山地灌木或乔木林中。分布于浙江、江西、福建、湖南、广东、广西。

产蜜及花粉性状 / 蜜粉源较多；优势蜜粉源植物。

栽培要点 / 播种繁殖。种子成熟后收集，阴干，低温冷藏或沙藏，3 月下旬种子萌动时应及时播种。喜光，较耐阴、耐旱、耐贫瘠，适生于上层深厚、疏松、湿润的土壤。

红锥

壳斗科 锥属

Castanopsis hystrix Hook. f. & Thomson ex A. DC.

主要特征 / 乔木，高达 25 m。叶薄革质或纸质，披针形或倒卵状椭圆形；叶柄短。雄花序圆锥状或穗状；雌花序单穗位于雄花序之上部叶腋间，花柱 2 或 3 枚。果序长达 15 cm；壳斗有坚果 1 个，坚果宽圆锥形，高 1~1.5 cm，无毛。

花果期 / 花期 4~6 月；果期 8~11 月。

生境及分布 / 在粤北的乐昌、连州、连山、始兴、英德、清远、龙川、河源、和平、五华、大埔、梅州、云浮、罗定等地常见。分布于广东、海南、广西、湖南、福建、贵州、云南、西藏。

产蜜及花粉性状 / 蜜粉源较多；优势蜜粉源植物。

栽培要点 / 播种繁殖。种子成熟后收集，阴干，低温冷藏或沙藏，翌年春播，无纺布容器育苗有利于提高成活率。喜湿润、温暖、多雨的季风气候环境；适生于土层深厚、排水性良好的酸性壤土或轻黏土。营造纯林时，造林地应选择阴坡、半阴坡，以南坡、西南坡、东南坡为宜，营造混交林时则可不考虑坡向及遮阴措施。

东南栲

壳斗科 锥属

Castanopisi jucunda Hance

别名 / 秀丽锥

主要特征 / 乔木；高达 25 m。叶近革质，卵形或卵状椭圆形，长 10~18 cm，叶缘中部以上有锯齿。雄花序穗状或圆锥状；雌花序单穗腋生。壳斗近圆球形，连刺直径 25~30 mm，3~5 瓣裂，刺多条在基部合生成束，常横向连生成不连续刺环；坚果阔圆锥形，横径 10~13 mm。

花果期 / 花期 4~5 月；果期 7~12 月。

生境及分布 / 在粤北的乐昌、乳源、始兴、南雄、仁化、和平、平远等地常见。生于山坡树林中。分布于长江以南多数省区。

产蜜及花粉性状 / 蜜粉源较多；优势蜜粉源植物。

栽培要点 / 播种繁殖。种子成熟后收集，阴干，低温冷藏或沙藏，翌年春播，无纺布容器育苗有利于提高成活率。喜湿润、温暖、多雨的季风气候环境；适生于土层深厚、排水性良好的酸性壤土。

鹿角锥

壳斗科 锥属

Castanopsis lamontii Hance

别名 / 红勾栲、白橼、石椎树

主要特征 / 乔木；高达 25 m。叶近革质，椭圆形，卵形，长 12~30 cm，基部近于圆，略歪斜，全缘或顶部有少数裂齿。雌花序每壳斗有雌花 3 朵。壳斗近圆球形，连刺直径 40~60 mm，刺粗壮，不同程度的合生成刺束，呈鹿角状，或下部合生并连生成鸡冠状 4~6 个刺环；坚果通常 2~3 个，阔圆锥形。

花果期 / 花期 3~5 月；果期 6~12 月。

生境及分布 / 在粤北的乐昌、始兴、乳源、曲江、连山、连南、仁化、阳山、英德、翁源、新丰、清远、和平、蕉岭、平远、大埔、云浮、郁南等地常见。生于山地树林中。分布于福建、江西、湖南、贵州、广东、广西、云南。

产蜜及花粉性状 / 蜜粉源较少；辅助蜜源植物。

栽培要点 / 播种繁殖。种子成熟后收集，晾干，随采随播，或者沙藏至翌年春播，无纺布容器育苗。喜湿润、温暖、多雨的季风气候环境；适生于土层深厚、排水性良好的土壤。

苦槠

壳斗科 锥属

Castanopsis sclerophylla (Lindl.) Schott.

主要特征 乔木；高 5~15 m。叶革质，长椭圆形或卵状椭圆形，长 7~15 cm，顶部渐尖或骤狭急尖，短尾状，叶缘在中部以上有锯齿状锐齿。雌花序长达 15 cm。壳斗圆球形或半圆球形，全包或包着坚果的大部分，直径 12~15 mm，小苞片鳞片状，横向连生成 4~6 个圆环；坚果近圆球形，直径 10~14 mm。

花果期 花期 4~5 月；果期 6~12 月。

生境及分布 在粤北的乐昌、乳源、连州、阳山等地常见。生于丘陵或山坡树林中。分布于长江以南、五岭以北各地。

产蜜及花粉性状 蜜粉源较少；辅助蜜源植物。

栽培要点 播种繁殖。壳斗呈茶褐色时，可采收种子，种子可冷藏或者混沙贮藏，翌年春播，无纺布容器育苗。喜光，喜温暖、湿润气候，也能耐阴；耐干旱、瘠薄，适生于土层深厚、湿润的土壤。

钩栲

壳斗科 锥属

Castanopsis tibetana Hance

别名 / 钩栗、大叶锥栗

主要特征 / 乔木；高达 30 m。叶厚革质，卵状椭圆形、长椭圆形或长圆形，长 15~30 cm，叶缘至少在近顶部有锯齿状锐齿，侧脉直达齿端。雄穗状花序或成圆锥状；雌花序长 5~25 cm。壳斗圆球形，连刺直径 5~8 cm，整齐的 4 瓣开裂，刺通常在基部合生成刺束，将壳壁完全遮蔽；坚果扁圆锥形，直径 2~2.8 cm。

花果期 / 花期 4~5 月；果 7~12 月成熟。

生境及分布 / 在粤北的乐昌、乳源、始兴、连州、连山、连南、仁化、曲江、英德、阳山、翁源、新丰、和平、河源等地常见。生于山地林中、平地路旁或寺庙周围。分布于浙江、安徽、湖北、江西、福建、湖南、广东、广西、贵州、云南。

产蜜及花粉性状 / 蜜粉源较少；辅助蜜源植物。

栽培要点 / 播种繁殖。壳斗呈茶褐色时即可采收种子，种子可冷藏或者混沙贮藏，翌年春播，无纺布容器育苗。喜光，喜温暖、湿润气候，适生于土层深厚、疏松、湿润土壤。

福建青冈

壳斗科 青冈属

Quercus chungii F. P. Metcalf

主要特征 / 常绿乔木，高达 15 m。叶薄革质，椭圆形或倒卵状长椭圆形，长 6~12 cm，宽 1.5~4 cm，顶端突尖或短尾状，基部宽楔形或近圆形，叶缘顶端有疏浅锯齿。雌花序长 1.5~2 cm，具花 2~6 朵。果序长 1.5~3 cm；壳斗盘形，包围坚果基部；坚果扁球形，顶端平圆。

花果期 / 花期 4~5 月；果期 9~11 月。

生境及分布 / 在粤北的连州、仁化、龙川、梅州、蕉岭、平远、郁南等地常见。生于背阴山坡、山谷林中。分布于广东、广西、湖南、江西、福建等省区。

产蜜及花粉性状 / 蜜粉源较少；辅助蜜源植物。

栽培要点 / 播种繁殖。种皮转褐色时即可采集。去除空粒、坏粒或不成熟的种子后可低温冷藏或者湿润沙藏，翌年春播。先撒播，再用无纺布容器育苗有利于提高造林成活率。喜温暖、湿润气候环境，耐旱，耐贫瘠，适生于土层深厚、疏松、肥沃的酸性红壤、黄壤。

青冈

壳斗科 青冈属

Cyclobalanopsis glauca (Thunb.) Oerst.

主要特征 / 常绿乔木；高达 20 m。叶革质，倒卵状椭圆形或长椭圆形，长 6~13 cm，叶缘中部以上有疏锯齿，叶背常有白色鳞秕。壳斗碗形，包着坚果 1/3~1/2，直径 0.9~1.4 cm；小苞片合生成 5~6 条同心环带，环带全缘或细缺刻；坚果卵形、长卵形或椭圆形，直径 0.9~1.4 cm。

花果期 / 花期 4~5 月；果期 10 月。

生境及分布 / 在粤北的乐昌、乳源、南雄、曲江、始兴、连州、连山、连南、仁化、阳山、翁源、新丰、和平、兴宁、平远、大埔、云浮等地常见。生于山坡或沟谷。分布于陕西、甘肃、江苏、安徽、浙江、江西、福建、台湾、河南、湖北、湖南、广东、广西、四川、贵州、云南等省区。

产蜜及花粉性状 / 蜜粉源较多；优势蜜粉源植物。

栽培要点 / 播种繁殖。种皮转褐色时即可采集，去除不良种子后可低温冷藏或者湿润沙藏，翌年春播。先撒播，再用无纺布容器育苗有利于提高造林成活率。适应环境强，耐寒，耐旱，耐贫瘠，适生于土层深厚、疏松、肥沃的土壤环境。

饭甑青冈

壳斗科 青冈属

Cyclobalanopsis fleuryi (Hick & A. Camus) Chun ex Q. F. Zheng

主要特征 / 常绿乔木；高达 25 m。叶革质，长椭圆形或卵状长椭圆形，长 14~27 cm，叶背粉白色。壳斗杯状，包着坚果约 2/3，直径 2.5~4 cm，内外壁被黄棕色毡状长茸毛；小苞片合生成 10~13 条同心环带；坚果柱状长椭圆形，直径 2~3 cm，密被黄棕色茸毛。

花果期 / 花期 3~4 月；果期 6~12 月。

生境及分布 / 在粤北的乐昌、乳源、连山、连南、仁化、曲江、阳山、英德、新丰、翁源、五华等地常见．生于山地密林中。分布于江西、福建、广东、海南、广西、贵州、云南等省区。

产蜜及花粉性状 / 蜜粉源较少；辅助蜜源植物。

栽培要点 / 播种繁殖。种皮转褐色时即可采集，去除空粒、坏粒或不成熟的种子后可低温冷藏或者湿润沙藏，翌年春播。先撒播，再用无纺布容器育苗有利于提高造林成活率。喜温暖、湿润气候环境，耐旱，耐贫瘠，适生于土层深厚、疏松、肥沃的土壤环境。

Cyclobalanopsis fleuryi (Hick & A. Camus) Chun ex Q. F. Zheng

细叶青冈

壳斗科 青冈属

Cyclobalanopsis gracilis (Rehd. et Wils.) W. C. Cheng et T. Hong

主要特征 常绿乔木；高达 15 m。叶长卵形至卵状披针形，长 4.5~9 cm，顶端渐尖至尾尖，叶缘 1/3 以上有细尖锯齿，叶背灰白色。壳斗碗形，包着坚果 1/3~1/2，直径 1~1.3 cm；小苞片合生成 6~9 条同心环带，环带边缘通常有裂齿；坚果椭圆形，直径约 1 cm。

花果期 花期 3~4 月；果期 10~11 月。

生境及分布 在粤北的乐昌、连州、连平等地常见。生于山地阔叶林中。分布于河南、陕西、甘肃、江苏、安徽、浙江、江西、福建、湖北、湖南、广东、广西、四川、贵州等省区。

产蜜及花粉性状 蜜粉源较少；辅助蜜源植物。

栽培要点 播种繁殖。种皮转褐色时即可采集，去除不良种子后可低温冷藏或者湿润沙藏，翌年春播。先撒播，再用无纺布容器育苗有利于提高造林成活率。适应环境强、耐寒、耐旱、耐贫瘠，适生于土层深厚、疏松、肥沃的土壤环境。

雷公青冈

壳斗科 青冈属

Cyclobalanopsis hui (Chun) Chun ex Y. C. Hsu et H. W. Jen

主要特征 常绿乔木；高 5~15 m。叶薄革质，长椭圆形、倒披针形，长 7~13 cm，顶端圆钝，全缘或顶端有数对不明显浅锯齿。雄花序全体被黄棕色茸毛。壳斗浅碗形至深盘形，包着坚果基部，直径 1.5~3 cm，内外壁均密被黄褐色茸毛；小苞片合生成 4~6 条同心环带；坚果扁球形，直径 1.5~2.5 cm。

花果期 花期 4~5 月；果期 10~12 月。

生境及分布 在粤北的乐昌、乳源、南雄、始兴、连州、连山、仁化、英德、阳山、新丰、翁源等地常见。生于山地阔叶林或湿润密林中。分布于湖南、广东、广西等省区。

产蜜及花粉性状 蜜粉源较少；辅助蜜源植物。

栽培要点 播种繁殖。种皮转褐色时即可采集，剔除不良种子后可低温冷藏或者湿润沙藏，翌年春播。先撒播，再用无纺布容器育苗。适应暖湿环境，适生于土层深厚、疏松、肥沃的土壤环境。

褐叶青冈

壳斗科 青冈属

Cyclobalanopsis stewardiana (A. Camus) Y. C. Hsu et H. W. Jen

主要特征 / 常绿乔木；高 12 m。叶椭圆状披针形或长椭圆形，长 6~12 cm，顶端尾尖或渐尖，叶缘中部以上有疏浅锯齿，叶背灰白色，干后带褐色。花序轴密生棕色茸毛。壳斗杯形，包着坚果 1/2，直径 1~1.5 cm；小苞片合生成 5~9 条同心环带。坚果宽卵形，直径 0.8~1.5 cm。

花果期 / 花期 7 月；果期 10 月。

生境及分布 / 在粤北的乐昌、乳源、连州、连南、英德等地常见。生于山顶、山坡阔叶林中。分布于浙江、江西、湖北、湖南、广东、广西、四川、贵州等省区。

产蜜及花粉性状 / 蜜粉源较少；辅助蜜源植物。

栽培要点 / 播种繁殖。种皮转褐色时即可采集，剔除不良种子后可低温冷藏或者湿润沙藏，翌年春播。先撒播，再用无纺布容器育苗。喜温暖、湿润气候，耐寒，适生于土层深厚、疏松、肥沃的土壤环境。

Cyclobalanopsis stewardiana (A. Camus) Y. C. Hsu et H. W. Jen

长柄山毛榉

壳斗科 水青冈属

Fagus longipetiolata Seem.

主要特征 乔木，高达 25 m。冬芽长达 20 mm，小枝的皮孔狭长圆形或兼有近圆形。叶长 9~15 cm，宽 4~6 cm，稀较小，顶部短尖至短渐尖，基部宽楔形或近于圆，有时一侧较短且偏斜，叶缘波浪状，有短的尖齿，侧脉每边 9~15 条，直达齿端，开花期的叶沿叶背中、侧脉被长伏毛，其余被微柔毛，结果时因毛脱落变无毛或几无毛；叶柄长 1~3.5 cm。总梗长 1~10 cm；壳斗 4 (3) 瓣裂，裂瓣长 20~35 mm，稍增厚的木质；小苞片线状，向上弯钩，位于壳斗顶部的长达 7 mm，下部的较短，与壳壁相同均被灰棕色微柔毛，壳壁的毛较长且密，通常有坚果 2 个；坚果比壳斗裂瓣稍短或等长，脊棱顶部有狭而略伸延的薄翅。

花果期 花期 4~5 月；果期 9~10 月。

生境及分布 粤北各地均有分布。生于海拔 300~2400 m 的山地杂木林中，多见于向阳坡地，与常绿或落叶树混生，常为上层树种。分布于中国秦岭以南、五岭南坡以北各地。分布于湖南、湖北、四川、贵州、云南、江西、浙江、安徽、福建、广东和广西等省区。

产蜜及花粉性状 蜜粉源较少；辅助蜜源植物。

栽培要点 播种繁殖。壳斗变为黄褐色时便可采收，宜即采即播，或混润沙贮藏至翌年春播；注意防治象鼻虫。喜光，喜温凉、湿润气候；造林地宜选择土层深厚、湿润、肥沃的山坡或山谷，土壤以酸性的黄壤或红壤土为宜。

美叶柯

壳斗科 柯属

Lithocarpus calophyllus Chun

主要特征 / 乔木；高达 28 m。叶硬革质，宽椭圆形，卵形或卵状椭圆形，长 8~15 cm，基部近于圆或浅耳垂状，叶背有甚厚的棕黄色至红褐色、可抹落的甚短的毡毛状、粉末状鳞秕层。壳斗厚木质，杯状或近球形，宽 15~25 mm；鳞片宽三角形，覆瓦状排列，紧贴；坚果圆锥状。

花果期 / 花期 6~7 月；果 8~12 月成熟。

生境及分布 / 在粤北的乐昌、乳源、始兴、连州、连山、连南、南雄、仁化、曲江、英德、阳山、新丰、紫金、和平、蕉岭等地常见。生于山地常绿阔叶林中。分布于江西、福建、湖南、广东、广西、贵州。

产蜜及花粉性状 / 蜜粉源较少；辅助蜜源植物。

栽培要点 / 播种繁殖。果实采回后随即放阴凉干燥处晾干，收集的种子应采用层积法贮藏，翌年春播。喜温暖、湿润气候，适生于土层深厚、疏松、肥沃的土壤环境。

柯

壳斗科 柯属

Lithocarpus glaber (Thunb.) Nakai

主要特征 乔木；高 7~15 m。叶革质，倒卵状椭圆形或长椭圆形，长 6~14 cm，顶部突急尖，短尾状，上部叶缘有 2~4 个浅裂齿或全缘，叶背面有较厚的蜡鳞层。壳斗碟状或浅碗状，宽 10~15 mm，包围坚果基部；小苞片三角形，甚细小，紧贴，覆瓦状排列或连生成环；坚果椭圆形或长卵形，暗栗褐色。

花果期 花、果期 7~11 月。

生境及分布 在粤北的乐昌、乳源、始兴、连州、仁化、南雄、曲江、英德、阳山、翁源、连平、新丰、清远、龙川、和平、河源、五华、兴宁、平远、丰顺、大埔、梅州、蕉岭等地常见。生于坡地阔叶林中，阳坡较常见。分布于我国秦岭南坡以南各地。

产蜜及花粉性状 蜜粉源较多；优势蜜粉源植物。

栽培要点 播种繁殖。果实采回后放置通风处晾干，收集的种子应采用层积法贮藏或者冷藏，翌年春播。喜温暖、湿润气候，耐寒，适生于土层深厚、疏松、肥沃的土壤环境。

硬斗柯

壳斗科 柯属

Lithocarpus hancei (Benth.) Rehd.

主要特征 乔木；高约 15 m。叶革质，倒卵形至披针形，长 7~14 cm，基部通常沿叶柄下延，全缘。壳斗浅碗状至浅碟状，宽 10~20 mm，包着坚果不到 1/3，小苞片鳞片状三角形，紧贴，覆瓦状排列或连生成数个圆环，壳斗通常 3~5 个一簇；坚果扁圆形、近圆球形或圆锥形。

花果期 花期 4~6 月；果期 6~12 月。

生境及分布 在粤北的乐昌、乳源、南雄、曲江、始兴、连州、连山、连南、仁化、阳山、翁源、新丰、清远、和平、蕉岭、丰顺、平远等地常见。生于山地阔叶林中。分布于我国秦岭南坡以南各地。

产蜜及花粉性状 蜜粉源较少；辅助蜜源植物。

栽培要点 播种繁殖。成熟种子采收后，摊放在干燥通风处，宜即采即播，或者低温冷藏，翌年春播。喜光，耐旱瘠，适应性强，对土壤要求不严，适生于土层深厚，土质肥沃、疏松、林地湿润的环境。

木姜叶柯

壳斗科 柯属

Lithocarpus litseifolius (Hance) Chun

主要特征 / 乔木；高 11~15 m。叶近革质，倒卵状椭圆形至卵形，长 8~18 cm，全缘。果序长达 30 cm；壳斗浅碟状，宽 8~14 mm，包围坚果基部，小苞片三角形，紧贴，覆瓦状排列或近环状排列；坚果宽圆锥形或近圆球形，栗褐色或红褐色。

花果期 / 花期 5~9 月；果期 7~10 月。

生境及分布 / 粤北各县均有栽培。生于山谷树林中。分布于我国秦岭南坡以南各省区。

产蜜及花粉性状 / 蜜粉源较少；辅助蜜源植物。

栽培要点 / 分株、播种和扦插繁殖。分株繁殖：在 3~4 月从母株基部移植，要确保幼株有不少于 10 cm 长的支根和较完整的须根。种子繁殖：果实成熟至橙红色或红色时采收，取出种子埋于湿沙中，或低温贮藏，春播。扦插繁殖：可在春秋两季进行，一般选较嫩枝条为插穗。喜光、耐旱、耐贫瘠，适生于土层深厚、土质肥沃疏松、林地湿润的环境。

滑皮柯

壳斗科 柯属

Lithocarpus skanianus (Dunn) Rehd.

主要特征 乔木。叶椭圆形或倒披针状椭圆形，长 16~26 cm，顶部短尾状突尖或渐尖，全缘或在近顶部浅波状。壳斗扁圆至近圆球形，宽 15~25 mm，包着坚果绝大部分或全包坚果，小苞片钻尖状或短线状，扩展或顶部弯钩；坚果扁圆形或宽圆锥形。

花果期 花期 9~10 月；果翌年同期成熟。

生境及分布 在粤北的乐昌、乳源、连南、仁化、南雄、英德等地常见。生于山地常绿阔叶林中。分布于海南、福建、江西、湖南、广东、广西。

产蜜及花粉性状 蜜粉源较少；辅助蜜源植物。

栽培要点 播种繁殖。成熟种子采收后，摊放在干燥通风处，宜即采即播，或者低温冷藏，翌年春播。喜光，喜温暖、湿润气候环境，适生于土层深厚、肥沃、疏松的环境。

卵叶玉盘柯

壳斗科 柯属

Lithocarpus uvariifolius var. **ellipticus** (F. P. Metcalf) C. C. Huang & Y. T. Chang

主要特征 / 乔木，嫩枝密被棕褐色糙毛，叶卵形，长 4~10 cm，宽 2.0~4.5 cm，顶端渐尖，全缘，叶背被较短的柔毛及星状毛；叶柄较细长；叶中脉和侧脉在叶面凹陷，叶背被短柔毛和星状毛。壳斗深碗状，壳斗通常比紫玉盘柯小，宽很少超过 35 mm。包藏坚果的一半以上。

花果期 / 花期 5~6 月；果期 10~12 月。

生境及分布 / 在粤北的乐昌、始兴、乳源、连州、连山、仁化、阳山、英德、翁源、河源、五华、兴宁、平远、丰顺、梅州、蕉岭、大埔、云浮等地常见。生于山地常绿阔叶林中。分布于福建、广东。

产蜜及花粉性状 / 蜜粉源较少；辅助蜜源植物。

栽培要点 / 播种繁殖。成熟种子采收后，摊放在干燥通风处，宜即采即播，或者低温冷藏，翌年春播。喜光，喜温暖、湿润气候环境，适生于土层深厚、土质肥沃疏松的环境。

麻栎

壳斗科 栎属

Quercus acutissima Garruth.

主要特征 落叶乔木；高达 30 m。树皮深纵裂。叶通常为长椭圆状披针形，长 8~19 cm，顶端长渐尖，叶缘有刺芒状锯齿。壳斗碗形，包着坚果约 1/2，连小苞片直径 2~4 cm；小苞片钻形或扁条形，向外反曲，被灰白色茸毛。坚果卵形或椭圆形。

花果期 花期 3~4 月；果期 9~12 月。

生境及分布 在粤北的乐昌、乳源、南雄、曲江、英德、阳山、清远等地常见。生于林缘或山坡树林中。分布于辽宁、河北、山西、山东、江苏、安徽、浙江、江西、福建、河南、湖北、湖南、广东、海南、广西、四川、贵州、云南等省区。

产蜜及花粉性状 蜜粉源较多；优势蜜粉源植物。

栽培要点 播种繁殖。成熟的麻栎种子收回后，用 0.5% 高锰酸钾溶液消毒处理 2 小时，然后用清水冲洗干净后阴干，再用沙藏或者低温贮藏，翌年春播。喜光、湿润环境，耐寒，耐旱，耐贫瘠，不耐涝，不耐盐碱，适生于肥沃、深厚、排水良好的中性至微酸性沙壤土。

槲栎

壳斗科 栎属

Quercus aliena Blume

主要特征 落叶乔木；高达 30 m。树皮暗灰色，深纵裂。叶片长椭圆状倒卵形至倒卵形，长 10~30 cm，叶缘具波状钝齿，叶背被灰棕色细茸毛。壳斗杯形，包着坚果约 1/2，直径 1.2~2 cm；小苞片卵状披针形，排列紧密，被灰白色短柔毛。坚果椭圆形至卵形。

花果期 花期 3~5 月；果期 9~10 月。

生境及分布 在粤北的乳源、乐昌等地常见。生于低海拔山谷树林中。分布于陕西、山东、江苏、安徽、浙江、江西、河南、湖北、湖南、广东、广西、四川、贵州、云南。

产蜜及花粉性状 蜜粉源较少；辅助蜜源植物。

栽培要点 播种繁殖。成熟的槲栎种子收回后，浸入 55℃ 温水 10 分钟杀虫，然后晾干，再用沙藏或者低温贮藏，翌年春播。喜光，在半阳坡及阳坡上生长良好，较耐寒。对土壤适应性强，耐旱，耐贫瘠，萌芽力强。

乌冈栎

壳斗科 栎属

Quercus phillyraeoides A. Gray

主要特征 / 常绿灌木或小乔木；高达 10 m。叶革质，倒卵形或窄椭圆形，长 2~6 cm，叶缘中部以上具疏锯齿。壳斗杯形，包着坚果 1/2~2/3，直径 1~1.2 cm；小苞片三角形，覆瓦状排列紧密，除顶端外均被/灰白色柔毛；果长椭圆形。

花果期 / 花期 3~4 月；果期 9~10 月。

生境及分布 / 在粤北的乐昌、仁化、连州、大埔、蕉岭等地常见。生于山坡、山顶和山谷密林中，常生于岩石上。分布于陕西、江苏、安徽、浙江、江西、福建、河南、湖北、湖南、广东、广西、四川、贵州、云南等省区。

产蜜及花粉性状 / 蜜粉源较少；辅助蜜源植物。

栽培要点 / 播种繁殖。种子成熟后及时采收，沙藏或低温贮藏，翌年春播。喜光，对环境适应性极强，根系发达，对土壤要求不严。

栓皮栎

壳斗科 栎属

Quercus variabilis Blume

主要特征 / 落叶乔木，高达 30 m。树皮黑褐色，深纵裂，木栓层发达。叶片卵状披针形或长椭圆形，长 8~15 cm，顶端渐尖，基部圆形或宽楔形，叶缘具刺芒状锯齿，叶背密被灰白色星状茸毛。壳斗杯形，包着坚果 2/3，连小苞片直径 2.5~4 cm；小苞片钻形，反曲，被短毛。坚果近球形或宽卵形，顶端圆，果脐突起。

花果期 / 花期 3~4 月；果期翌年 9~10 月。

生境及分布 / 在粤北的乳源、乐昌、连州、阳山、南雄等地常见。生于丘陵、山地阔叶林中。分布于辽宁、河北、山西、陕西、甘肃、山东、江苏、安徽、浙江、江西、福建、台湾、河南、湖北、湖南、广东、广西、四川、贵州、云南等省区。

产蜜及花粉性状 / 蜜粉源较少；辅助蜜源植物。

栽培要点 / 播种繁殖。种子采后应放在通风处摊开阴干，可用二硫化碳或敌敌畏密闭熏蒸 24 小时杀虫处理，然后室内沙藏或低温贮藏，翌年春播。喜光，幼苗耐阴，耐低温，耐干旱瘠薄。对土壤要求不严，适生于土层深厚、疏松、肥沃的土壤环境。

金毛柯

壳斗科 柯属

Lithocarpus chrysocomus Chun et Tsiang

主要特征 乔木；高 10~20 m。叶硬革质，卵形或长椭圆形，长 8~15 cm，全缘，背面密被黄色至褐红色松散、易抹落的细片状鳞秕。壳斗近圆球形，径 20~25 mm，包着坚果绝大部分，小苞片三角形，钻尖部分略斜展，覆瓦状排列；坚果近圆球形，密被黄灰色细伏毛。

花果期 花期 6~8 月；果期 8~10 月。

生境及分布 在粤北的乳源、乐昌、连山、阳山等地常见。生于山顶、山坡阔叶林中。分布于湖南、广东、广西。

产蜜及花粉性状 蜜粉源较少；辅助蜜源植物。

栽培要点 播种繁殖。果实采回后于通风处晾干，收集的种子应采用层积法贮藏，翌年春播。喜温暖、湿润气候，适生于土层深厚、疏松、肥沃的土壤环境。

白栎

壳斗科 栎属

Quercus fabri Hance

主要特征 落叶乔木或灌木状；高达 20 m。叶片倒卵形、椭圆状倒卵形，长 7~15 cm，叶缘具波状锯齿或粗钝锯齿。壳斗杯形，包着坚果约 1/3，直径 0.8~1.1 cm；小苞片卵状披针形，排列紧密，在口缘处稍伸出。坚果长椭圆形或卵状长椭圆形。

花果期 花期 4 月；果期 10 月。

生境及分布 在粤北的乐昌、乳源、连州、阳山等地常见；生于丘陵、山地阔叶林中。分布于陕西、江苏、安徽、浙江、江西、福建、河南、湖北、湖南、广东、广西、四川、贵州、云南等省区。

产蜜及花粉性状 蜜粉源较少；辅助蜜源植物。

栽培要点 播种繁殖。果熟后即播，或藏于地窖，或润沙贮藏，翌年春播。喜光，较耐寒。对土壤适应性强，耐旱，耐贫瘠，在土层比较深厚、肥沃的阳坡山地上生长更为良好。

糙叶树

榆科 糙叶树属

Aphananthe aspera (Thunb.) Planch.

主要特征 / 落叶乔木。高达 10 m。叶卵形，卵状长圆形或椭圆状披针形，顶端渐尖或长渐尖，基部阔楔形或圆形，常稍偏斜，边缘有锐尖细锯齿；上面粗糙，疏生细伏毛，下面密生细伏毛；基生脉 3 条，侧脉 6~7 对，直达叶缘齿尖。雄花序为伞房花序；雌花单生，有梗。核果球形或卵球形，长 8~10 mm，成熟时紫黑色，密生白色细伏毛，顶端有残留的花柱，果梗有短柔毛。

花果期 / 花期 3~5 月；果期 8~10 月。

生境及分布 / 在粤北的乐昌常见。生于较向阳的林缘或山坡路旁。分布于我国中部至南部。

产蜜及花粉性状 / 蜜粉源较少；辅助蜜源植物。

栽培要点 / 播种繁殖。采种后需堆放后熟，洗去外果皮阴干，秋播或沙藏至翌年春播。喜光，略耐阴，喜温暖湿润气候，喜欢潮湿、肥沃而深厚的酸性土壤。

朴树

榆科 朴树属

Celtis sinensis Pers.

主要特征 落叶乔木；高达 20 m。叶卵形或阔卵形，基部歪斜，边缘上半部有浅锯齿，叶脉 3 出，侧脉在 6 对以下。花 1~3 朵生于当年生枝叶腋。核果近球形，直径 4~5 mm，熟时橙红色，核果表面有凹点及棱背，单生或两个并生。

花果期 花期 4 月；果期 10 月。

生境及分布 在粤北各地均常见。生于山坡、林缘、村庄、路旁。分布于广西、广东、四川、湖南、湖北、江西、浙江、安徽、江苏、山东、河南、陕西、甘肃、台湾。

产蜜及花粉性状 蜜粉源较少；辅助蜜源植物。

栽培要点 播种繁殖。种子成熟采收后将种子洗净，阴干沙藏或者低温贮藏，翌年春播。喜光，稍耐阴，耐寒。适温暖、湿润气候，适应力较强，对土壤要求不严，耐轻度盐碱，有一定耐干旱能力，亦耐涝耐贫瘠，适生于肥沃、疏松的土壤。

樟叶朴

榆科 朴树属

Celtis timorensis Span.

别名 / 假玉桂

主要特征 / 常绿乔木；高达 20 m。叶革质，卵状椭圆形或卵状长圆形，长 5~13 cm，基部宽楔形至近圆形，稍不对称，基部 1 对侧脉延伸达叶 3/4 以上，因而似具 3 条主脉。小聚伞圆锥花序具 10 朵花左右，小枝下部的花序全为雄花，上部为杂性。果宽卵状，长 8~9 mm，成熟时黄色、橙红色至红色。

花果期 / 花期 4 月，果期 9~10 月。

生境及分布 / 在粤北的乐昌、连山、英德、仁化、紫金、云浮等地常见。多生于路旁、灌丛、山坡林中。分布于福建、广东、广西、贵州、云南、西藏。

产蜜及花粉性状 / 蜜粉源较少；辅助蜜源植物。

栽培要点 / 播种繁殖。种子成熟采收后阴干沙藏或低温贮藏，翌年春播。喜光，适温暖、湿润气候，适应力较强，对土壤要求不严，适生于肥沃、疏松土壤。

光叶山黄麻

榆科 山黄麻属

Trema cannabina Lour.

主要特征 灌木或小乔木。叶近膜质，卵形或卵状长圆形，长 4~9 cm，顶端尾状渐尖或渐尖，基部圆或浅心形，边缘具圆齿状锯齿，基部有明显的 3 出脉。花单性、雌雄同株，雌花序常生于花枝的上部叶腋，或雌雄同序。核果近球形或阔卵圆形，微压扁，直径 2~3 mm，熟时桔红色。

花果期 花期 7~9 月；果期 9~10 月。

生境及分布 在粤北各地均常见。生于低海拔河边、旷野或山坡疏林、灌丛较向阳的湿润土地。分布于浙江、江西、福建、台湾、湖南、贵州、广东、海南、广西和四川。

产蜜及花粉性状 蜜粉源较少；辅助蜜源植物。

栽培要点 播种繁殖。果实成熟后采回，于通风处阴干、干藏，翌年春播。喜光，喜温暖、湿润气候，于土壤深厚、潮湿地带生长较好。

山黄麻

榆科 山黄麻属

Trema orientalis (Linn.) Blume

主要特征 灌木或乔木，高达 3~15 m。小枝灰褐色，混生有单细胞和多细胞毛，嫩梢上的较密。叶革质，卵状长圆形或卵形，长 10~18 cm，基部心形，多少偏斜，边缘有细锯齿，叶背灰白色或淡绿灰色，密被茸毛，基出脉 3。核果卵状球形或近球形，稍压扁，直径 2.5~3.5 mm，成熟时稍皱、黑色。

花果期 花期 3~5 月；果期 6~11 月。

生境及分布 在粤北各地均常见。生于山谷、溪边、山坡灌丛中。分布于福建、台湾、广东、海南、广西、四川、贵州、云南和西藏。

产蜜及花粉性状 蜜粉源较少；辅助蜜源植物。

栽培要点 播种繁殖。果实呈紫黑色即可采摘，采回于通风处阴干，干藏。播种前，用 40~50℃ 的温水浸泡 3~4 小时，搓去干果肉和蜡质。喜温暖、干热气候，是南方山区典型的耐旱树种，在土壤深厚、潮湿地带生长较好，在土壤极为干燥、瘠薄的陡坡地也能生存。

构树

桑科 构属

Broussonetia papyrifera (Linn.) L'Herit. ex Vent.

主要特征 / 落叶乔木；高达 16 m。全株含白色乳汁。叶卵圆至阔卵形，长 8~20 cm，基部圆形或近心形，边缘有粗齿，不分裂或 2~5 深裂，两面有毛。雄花序穗状，长 6~8 cm。聚花果球形，直径 1.5~3 cm，熟时橙红色或鲜红色。

花果期 / 花期 4~5 月；果期 7~9 月。

生境及分布 / 粤北各地均有分布。生于低海拔的山谷、丘陵、旷野和村旁。分布于我国山西以南各省区。

产蜜及花粉性状 / 泌蜜较少，花粉较多；优势蜜粉源植物。

栽培要点 / 扦插和播种繁殖。果实成熟后，捣烂，漂洗，种子稍晾干即可干藏。播种前必须用湿细沙进行催芽。扦插穗应选前一年生枝条，在春节进行扦插。喜光，适应性强，耐旱耐贫瘠，也可生长于水边，对土壤要求不严，可在碱性、酸性土及中性土壤中生长。

桑

桑科 桑属

Morus alba Linn.

主要特征 小乔木或灌木；高 1~7 m。叶卵形或广卵形，长 5~15 cm，基部圆形至浅心形，边缘锯齿粗钝。花腋生或生于芽鳞腋内，与叶同时生出；雄花序下垂，长 2~3.5 cm；雌花序长 1~2 cm。聚花果卵状椭圆形，长 1~2.5 cm，成熟时红色或暗紫色。

花果期 花期 4~5 月；果期 5~8 月。

生境及分布 粤北各地均有分布。多生于村边旷地。我国东北至西南各省区，西北直至新疆均有栽培。

产蜜及花粉性状 蜜粉源较多；优势蜜粉源植物。

栽培要点 播种繁殖和扦插繁殖。采收紫色成熟桑椹，搓去果肉，洗净种子，随即播种或湿沙贮藏。播前用 50℃ 温水浸种 12 小时，放湿沙中贮藏催芽。扦插穗选当年生的枝条。喜光，幼苗较耐阴，喜温暖、湿润气候，耐干旱、瘠薄，不耐涝，在微酸性至微碱性土壤上均能生长。

华桑

桑科 桑属

Morus cathayana Hemsl.

主要特征 / 乔木或灌木状；高可达 10 m。叶厚纸质，广卵形或近圆形，长 5~20 cm，基部心形或截形，略偏斜，边缘具疏浅锯齿或钝锯齿，有时分裂，表面粗糙，背面密被白色柔毛。花雌雄同株异序，雄花序长 3~5 cm；雌花序长 1~3 cm。聚花果圆筒形，长 2~3 cm，成熟时白色、红色或紫黑色。

花果期 / 花期 4~5 月；果期 5~6 月。

生境及分布 / 在粤北的乐昌、连山等地常见。常生于向阳山坡或沟谷。分布于辽宁、河北、陕西、甘肃、山东、安徽、浙江、江西、福建、台湾、河南、湖北、湖南、广东、广西、四川、贵州、云南、西藏等省区。

产蜜及花粉性状 / 蜜粉源较少；辅助蜜源植物。

栽培要点 / 播种、扦插和压条繁殖。华桑根系发达，适应性强，喜光、喜温暖湿润的环境，耐旱、耐瘠薄、耐寒，适生于土层深厚、疏松、肥沃的土壤。

长穗桑

桑科 桑属

Morus wittiorum Hand. -Mazz.

主要特征 / 落叶乔木或灌木；高 4~15 m。树皮灰白色，幼枝皮孔明显。叶纸质，卵形至宽椭圆形，长 5~15 cm，边缘上部具粗浅牙齿或近全缘，顶端尖尾状，基部圆形或宽楔形，基生叶脉 3 出。花雌雄异株，穗状花序具柄；雌花序长 9~15 cm，总花梗长 2~3 cm。聚花果狭圆筒形，长 10~16 cm。

花果期 / 花期 4~5 月；果期 5~6 月。

生境及分布 / 在粤北的乐昌、乳源、连山、仁化等地常见。生于山坡疏林中或山谷沟边。分布于湖北、湖南、广西、广东、贵州。

产蜜及花粉性状 蜜粉源较少；辅助蜜源植物。

栽培要点 播种繁殖和扦插繁殖。采收紫色成熟桑椹，搓去果肉，洗净种子，随即播种或湿沙贮藏。扦插穗选当年生的枝条。喜光，喜温暖、湿润气候，耐干旱、瘠薄，适生于土层深厚、疏松、肥沃的土壤环境。

满树星

冬青科 冬青属

Ilex aculeolata Nakai

主要特征 / 落叶灌木；高 1~3 m。叶在长枝上互生，在短枝上簇生顶端。叶薄纸质，狭倒卵形，长 2~5 cm，边缘具锯齿。花序单生于长枝的叶腋内或短枝顶部的鳞片腋内；花白色，芳香，4 或 5 基数；雄花序具 1~3 花；雌花单生。果球形，直径约 7 mm，成熟时黑色。

花果期 / 花期 4~5 月；果期 6~9 月。

生境及分布 / 在粤北的乐昌、乳源、南雄、始兴、连州、连山、连南、仁化、英德、阳山、连平、和平、清远等地常见。生于荒野、疏林或灌丛中。分布于浙江、江西、福建，湖北、湖南、广东、广西、海南和贵州等省区。

产蜜及花粉性状 / 蜜粉源较少；辅助蜜源植物。

栽培要点 / 播种繁殖。7 月果实呈黑色时采种，去掉果皮、果肉，种子晾干。应随采随播，播种前，将种子拌入细沙擦伤种皮。适应性强，喜温暖、湿润的气候环境，适生于土壤疏松、肥沃的立地。

梅叶冬青

冬青科 冬青属

Ilex asprella (Hook. et Arn.) Champ. ex Benth.

别名 / 秤星树

主要特征 落叶灌木；高达 3 m。叶膜质，在长枝上互生，在短枝上簇生枝顶，卵形或卵状椭圆形，长 3~7 cm，边缘具锯齿。雄花序 2 或 3 朵花呈束状单生于叶腋或鳞片腋内，花冠白色；雌花单生于叶腋或鳞片腋内，花梗长 1~2 cm。果球形，直径 5~7 mm，熟时变黑色。

花果期 / 花期 3 月；果期 4~10 月。

生境及分布 / 粤北各地均常见。生于山地疏林或灌丛中。分布于浙江、江西、福建、台湾、湖南、广东、广西、香港等地。

产蜜及花粉性状 / 蜜粉源较少；辅助蜜源植物。

栽培要点 / 播种繁殖。秋季采收成熟果实，晾干后干藏，翌年春播，喜温暖湿润的气候。对土壤要求不严，在肥沃或瘠瘦的地方均可生长，但需要荫蔽，适宜在疏松、排水良好的沙壤土生长。

冬青

冬青科 冬青属

Ilex chinensis Sims

主要特征 / 常绿乔木；高达 13 m。叶片薄革质至革质，椭圆形或披针形，长 5~11 cm，边缘具圆齿。雄花序具 3~4 回分枝，每分枝具花 7~24 朵；花淡紫色或紫红色；雌花序具 1~2 分枝，具花 3~7 朵。果长球形，成熟时红色，直径 6~8 mm。

花果期 / 花期 4~6 月；果期 7~12 月。

生境及分布 / 在粤北的乐昌、乳源、阳山等地常见。生于山坡常绿阔叶林中和林缘。分布于江苏、安徽、浙江、江西、福建、台湾、河南、湖北、湖南、广东、广西和云南等省区。

产蜜及花粉性状 / 蜜粉源较少；辅助蜜源植物。

栽培要点 / 扦插和播种繁殖。秋季果熟后采收，搓去果皮，将种子用湿沙低温层积处理进行催芽，翌年春播。扦插多在 5~6 月进行，选择树冠中上生长旺盛的侧枝，然后用生根粉处理，遮阴。喜温暖气候，有一定耐寒力。适生于肥沃湿润、排水良好的酸性壤土，较耐阴湿。

密花冬青

冬青科 冬青属

Ilex confertiflora Merr.

主要特征 / 常绿灌木或小乔木；高 3~8 m。叶厚革质，长圆形或倒卵状长圆形，长 6~9 cm，边缘反卷，具疏离的小圆齿，主脉、侧脉在叶面凹下，网状脉两面可见。花淡黄色，4 基数；雄花聚伞花序具 3 朵花；雌花单花簇生于叶腋内。果球形，直径约 5 mm。

花果期 / 花期 4 月；果期 6~9 月。

生境及分布 / 在粤北的乐昌、罗定等地常见。生于山坡林中或林缘。分布于广东、广西和海南。

产蜜及花粉性状 / 蜜粉源较少；辅助蜜源植物。

栽培要点 / 播种繁殖。果熟后采收，搓去果皮，将种子用湿沙低温层积处理进行催芽，翌年春播。喜温暖、湿润气候，适生于肥沃湿润、排水良好的酸性壤土，较耐阴。

厚叶冬青

冬青科 冬青属

Ilex elmerrilliana S. Y. Hu

主要特征 / 常绿灌木或小乔木；高 2~7 m。叶厚革质，椭圆形或长圆状椭圆形，长 5~9 cm，叶面深绿色，具光泽，背面淡绿色，主脉在叶面凹陷。花序簇生于二年生枝的叶腋内或当年生枝的鳞片腋内。果球形，成熟后红色，宿存花柱明显。

花果期 / 花期 4~5 月；果期 7~11 月。

生境及分布 / 在粤北的乐昌、乳源、连山、连州、阳山、连平、和平、平远等地常见。生于中海拔山地常绿阔叶林中、灌丛中和林缘。分布于安徽、福建、江西、贵州、广西、广东等省区。

产蜜及花粉性状 / 蜜粉源较少；辅助蜜源植物。

栽培要点 / 播种繁殖。果熟后采收，搓去果皮，种子低温层积处理进行催芽，翌年春播。适生在湿润半阴之地，喜肥沃土壤，在一般土壤中也能生长良好，对环境要求不严格。

榕叶冬青

冬青科 冬青属

Ilex ficoidea Hemsl.

主要特征 / 常绿乔木；高 8~12 m。叶革质，长圆状椭圆形或卵状椭圆形，长 4.5~10 cm，顶端骤然尾状渐尖，边缘具不规则的细圆齿状锯齿。聚伞花序或单花簇生于当年生枝的叶腋内，花白色或淡黄绿色，芳香。果球形或近球形，直径 5~7 mm，成熟后红色。

花果期 / 花期 3~4 月；果期 8~11 月。

生境及分布 / 在粤北的乐昌、乳源、曲江、连州、连山、连南、韶关、仁化、阳山、连平、新丰、和平、紫金、平远、蕉岭、梅州等地常见。生于山地常绿阔叶林、疏林内或林缘。分布于安徽、浙江、江西、福建、台湾、湖北、湖南、广东、广西、海南、香港、四川、重庆、贵州和云南。

产蜜及花粉性状 / 蜜粉源较少；辅助蜜源植物。

栽培要点 / 播种繁殖。果皮转红时，即可采收。采回后先放置清水中浸泡数日，然后搓去外果皮，晾干，即可播种。中性树种，适生于土层疏松、较肥沃而潮湿的土壤。

光枝刺叶冬青

冬青科 冬青属

Ilex hylonoma Hu & Tang var. **glabra** S. Y. Hu

主要特征 / 常绿小乔木；高达 5 m。叶革质，椭圆形或长圆状椭圆形，长 6~10 cm，叶缘有粗而尖的锯齿，齿端常有刺。花序簇生，每分枝具 3 朵花。果椭圆形至球形，直径 8~10 mm。

花果期 / 花期 3~4 月；果期 10~11 月。

生境及分布 / 在粤北的乐昌、乳源等地常见。生于丘陵、山地阔叶林中或石山中。分布于浙江、湖南、广东和广西。

产蜜及花粉性状 / 蜜粉源较少；辅助蜜源植物。

栽培要点 / 分株繁殖。最好在早春进行分株，从母株分离时注意保留根系。宜在温暖湿润、阳光充足的环境中生长，耐半阴，有一定的耐寒性，对土壤要求不严。

大叶冬青

冬青科 冬青属

Ilex latifolia Thunb.

主要特征 / 常绿乔木；高达 20 m。叶革质，长圆形或卵状长圆形，长 8~19 cm，边缘具疏锯齿，齿尖黑色，叶柄粗壮，近圆柱形。由聚伞花序组成的假圆锥花序生于二年生枝的叶腋内；花淡黄绿色。果球形，直径约 7 mm，成熟时红色。

花果期 / 花期 4 月；果期 9~10 月。

生境及分布 / 在粤北的乐昌、阳山、英德、清远、大埔等地常见。生于山坡常绿阔叶林中、灌丛中或竹林中。分布于江苏、安徽、浙江、江西、福建、河南、湖北、广东、广西及云南等省区。

产蜜及花粉性状 蜜粉源较少；辅助蜜源植物。

栽培要点 播种繁殖。种子需用湿沙储存 1~1.5 年，要变温处理。先用 40℃的温水浸泡 12 小时，置于 5℃低温下处理 24 小时，再用 40℃的温水浸泡 10 小时，用 0.3% 的高锰酸钾溶液浸种 20~30 分钟，取出用清水泡 8~10 小时，置于砂床内催芽。生长缓慢，耐阴湿，喜温暖、肥沃的沙壤土。

广东冬青

冬青科 冬青属

Ilex kwangtungensis Merr.

主要特征 / 常绿灌木或小乔木；高 6~10 m。叶近革质，卵状椭圆形或椭圆状披针形，长 7~16 cm，边缘具细小锯齿或近全缘，稍反卷，叶脉在叶面凹陷，背面隆起。复合聚伞花序单生于当年生枝的叶腋内；花紫色或粉红色。果椭圆形，成熟时红色。

花果期 / 花期 6 月；果期 8~11 月。

生境及分布 / 在粤北的乐昌、始兴、乳源、南雄、曲江、连州、连山、连南、英德、阳山、翁源、新丰、和平、五华、梅州、蕉岭、大埔、郁南等地常见。生于山坡常绿阔叶林和灌木丛中。分布于浙江、江西、福建、湖南、广东、广西、海南、贵州和云南等省区。

产蜜及花粉性状 / 蜜粉源较少；辅助蜜源植物。

栽培要点 / 播种繁殖。果皮转红色时，即可采收。采回后先放置于清水中浸泡数日，然后搓去外果皮，晾干，即可播种。中性树种，适生于疏松、较肥沃而潮湿的土壤。

矮冬青

冬青科 冬青属

Ilex lohfauensis Merr.

主要特征 常绿灌木；高达 2 m。叶薄革质，长圆形或椭圆形，长 1~2.5 cm，顶端微凹，全缘，稍反卷，主脉两面隆起。花序簇生于二年生枝的叶腋内；雄花序由具 1~3 朵花的聚伞花序簇生；雌花 2~3 朵花簇生叶腋内，单个分枝具 1 朵花。果球形，成熟后红色。

花果期 花期 6~7 月；果期 8~12 月。

生境及分布 在粤北的乐昌、始兴、乳源、曲江、南雄、始兴、连州、连山、连南、英德、阳山、翁源、连平、和平、新丰、河源、大埔等地常见。生于山坡常绿阔叶林中、疏林中或灌木丛中。分布于安徽、浙江、江西、福建、湖南、广东、香港、广西和贵州等省区。

产蜜及花粉性状 蜜粉源较少；辅助蜜源植物。

栽培要点 播种繁殖。果实成熟后，采回搓去种皮，低温沙藏，翌年春播。耐阴湿，喜温暖、肥沃的沙壤土。

大果冬青

冬青科 冬青属

Ilex macrocarpa Oliv.

主要特征 落叶乔木；高 5~10 m。叶在长枝上互生，在短枝上为 1~4 片簇生，叶纸质，卵形或卵状椭圆形，长 4~16 cm，边缘具细锯齿，网状脉两面明显。雄花序单花或 2~5 朵花成聚伞花序；雌花单生于叶腋或鳞片腋内；花白色，5~6 基数。果球形，直径 10~14 mm，成熟时黑色。

花果期 花期 4~5 月；果期 10~11 月。

生境及分布 分布于乐昌、连州、阳山等地。生于山地林中。分布于陕西、江苏、安徽、浙江、福建、河南、湖北、湖南、广东、广西、四川、贵州和云南等省区。

产蜜及花粉性状 蜜粉源较少；辅助蜜源植物。

栽培要点 播种、扦插或分株繁殖。喜温暖、湿润气候，适生于土层深厚、肥沃的土壤。

毛冬青

冬青科 冬青属

Ilex pubescens Hook. et Arn.

主要特征 / 常绿灌木，高 1~3 m。小枝纤细，近四棱形，密被长硬毛，具纵棱脊。叶纸质，椭圆形或长卵形，长 2~6 cm，边缘具疏而尖的细锯齿或近全缘，两面疏被短毛。花序簇生于叶腋内，密被长硬毛，花粉红色。果球形，成熟后红色。

花果期 / 花期 4~5 月；果期 8~11 月。

生境及分布 / 在粤北的乐昌、乳源、南雄、始兴、曲江、连州、连山、连南、仁化、阳山、翁源、新丰、和平、连平、五华、大埔、丰顺、蕉岭、云浮等地常见。生于山地疏林。分布于安徽、浙江、江西、福建、台湾、湖南、广东、海南、香港、广西和贵州。

产蜜及花粉性状 / 蜜粉源较少；辅助蜜源植物。

栽培要点 / 播种和扦插繁殖。果实呈红色时，采回后搓去果皮、果肉，后与河沙混合播种，随采随播。扦插宜在春、秋季进行，应选择当年生半木质化枝条、萌蘖枝或萌芽条作穗条。喜温暖湿润气候，适生于肥沃湿润、排水良好的酸性壤土中。

铁冬青

冬青科 冬青属

Ilex rotunda Thunb.

别名 救必应

主要特征 常绿乔木；高可达 20 m。叶薄革质，卵形、倒卵形或椭圆形，长 4~9 cm，全缘，稍反卷。聚伞花序具 4~13 朵花，单生于当年生枝的叶腋内；花白色，4 基数。果近球形，直径 4~6 mm，成熟时红色，宿存柱头厚盘状，5~6 浅裂。

花果期 花期 4 月；果期 8~12 月。

生境及分布 粤北各县均有分布。生于低海拔山谷、溪边。分布于江苏、安徽、浙江、江西、福建、台湾、湖北、湖南、广东、香港、广西、海南、贵州和云南等省区。

产蜜及花粉性状 蜜粉源较多；优势蜜粉源植物。

栽培要点 播种和扦插繁殖。核果变红色时，采收后先将核果浸泡 2~3 天，搓去果皮和果肉，于干燥阴凉处晾干，播种前将种子浸泡在 40 ℃左右的温水中 1 小时打破休眠。属于耐阴树种，喜温暖湿润气候和疏松肥沃、排水良好的酸性土壤，适应性较强、耐瘠薄、耐旱、耐霜冻。

四川冬青

冬青科 冬青属

Ilex szechwanensis Loes.

主要特征 / 灌木或小乔木。叶革质，卵状椭圆形、卵状长圆形或椭圆形，长 3~8 cm，边缘具锯齿，叶背具不透明的黄褐色腺点。雄花 1~7 朵排成聚伞花序；雌花单生于当年生枝的叶腋内。果球形或扁球形，直径 7~8 mm，成熟后黑色；宿存柱头厚盘状，明显 4 裂。

花果期 / 花期 5~6 月；果期 8~10 月。

生境及分布 / 在粤北的乐昌、乳源、连州、连山、连南、阳山、五华等地常见。生于山地常绿阔叶林中。分布于江西、湖北、湖南、广东、广西、四川、重庆、贵州、云南及西藏等省区。

产蜜及花粉性状 / 蜜粉源较少；辅助蜜源植物。

栽培要点 / 播种繁殖。果实成熟后，采回搓去果皮、果肉，后与河沙混合播种，随采随播。喜温暖湿润气候，适生于肥沃湿润、排水良好的酸性壤土中。

三花冬青

冬青科 冬青属

Ilex triflora Bl.

主要特征 常绿灌木或小乔木；高 2~10 m。叶近革质，椭圆形或卵状椭圆形，长 2.5~10 cm，边缘具近波状线齿，叶背面具腺点。雄花 1~3 朵排成聚伞花序，1~5 个聚伞花序簇生于叶腋内；雌花 1~5 朵簇生于叶腋内；花白色或淡红色。果球形，直径 6~7 mm，成熟后黑色。

花果期 花期 5~7 月；果期 8~11 月。

生境及分布 在粤北的乐昌、始兴、乳源、连州、连山、阳山、英德、新丰、翁源、和平、大埔、平远、蕉岭、罗定、云浮等地常见。生于山地林中。分布于安徽、江西、福建、湖北、湖南、广东、广西、海南、四川、贵州、云南等省区。

产蜜及花粉性状 蜜粉源较少；辅助蜜源植物。

栽培要点 播种繁殖。果实呈紫色时，采回后搓去果皮、果肉，晾干，翌年春播。适应性较强，喜湿润肥沃、排水良好的酸性土壤。

华南青皮木

青皮木科 青皮木属

Schoepfia chinensis Gardn. et Champ.

主要特征 / 落叶小乔木；高 2~6 m。叶纸质或坚纸质，长椭圆形、椭圆形或卵状披针形，长 5~9 cm；叶脉及叶柄红色。花 2~3 朵排成短穗状或近似头状花序式的聚伞花序；花冠管状，黄白色或淡红色，具 4~5 枚小裂齿。果椭圆状或长圆形，长约 1 cm，成熟时紫红色转蓝黑色。

花果期 / 花期 2~4 月；果期 4~6 月。

生境及分布 / 在粤北的乐昌、乳源、始兴、南雄、曲江、连山、连南、阳山、英德、新丰、连平、清远、河源、和平、大埔、云浮等地常见。生于低海拔山谷、溪边的密林或疏林中。分布于江苏、江西、福建、湖北、湖南、海南、广东、广西、贵州、云南等省区。

产蜜及花粉性状 / 蜜粉源较少；辅助蜜源植物。

栽培要点 / 播种繁殖。果实成熟后，采回搓去果皮、果肉，后与河沙混合播种，随采随播。喜温暖湿润气候，适生于肥沃湿润、排水良好的酸性壤土。

枳椇

鼠李科 枳椇属

Hovenia acerba Lindl.

主要特征 落叶乔木；高 10~25 m。嫩枝、叶柄、花序被棕褐色短柔毛。叶纸质，宽卵形、椭圆状卵形，长 8~17 cm，边缘具锯齿。二歧式聚伞圆锥花序；萼片具网状脉或纵条纹；花瓣椭圆状匙形，具短爪。浆果状核果近球形；果序轴果熟时明显肥厚、肉质、熟时棕色。

花果期 花期 5~6 月；果期 9~12 月。

生境及分布 在粤北的乐昌、乳源、仁化、连州、连山、连南、阳山、英德、清远、清新、连平、新丰、翁源、紫金、罗定等地常见。生于村边、山坡疏林中，也可栽培。分布于甘肃、陕西、河南、安徽、江苏、浙江、江西、福建、广东、广西、湖南、湖北、四川、云南、贵州。

产蜜及花粉性状 蜜粉源较多；优势蜜粉源植物。

栽培要点 播种繁殖。果实成熟后，采回晾晒，将种子混沙（相对湿度 40%~50%）进行贮藏催芽，播种前用 20% 食用碱溶液和细沙与种子进行摩擦以破除大部分的种子外表角质层。喜光，也耐阴，适生于肥沃湿润、排水良好的酸性壤土。

北枳椇

鼠李科 枳椇属

Hovenia dulcis Thunb.

主要特征 落叶乔木；高达 15 m。叶纸质，卵圆形、椭圆状卵形，长 7~17 cm，边缘有锯齿或粗锯齿。花黄绿色，排成不对称的顶生，稀兼腋生的聚伞圆锥花序；萼片卵状三角形，具纵条纹或网状脉；花瓣倒卵状匙形。浆果状核果近球形，成熟时黑色；果序轴果熟时明显肥厚、肉质、熟时棕色。

花果期 花期 5~7 月；果期 8~12 月。

生境及分布 在粤北的乐昌、南雄、仁化、连州、翁源、清远、蕉岭、新兴、云浮等地常见；生于村边坡地、平地和山坡疏林内。分布于河北、山东、山西、河南、陕西、甘肃、四川、湖北、安徽、江苏、江西、广东。

产蜜及花粉性状 蜜粉源较少；辅助蜜源植物。

栽培要点 播种繁殖。果实成熟后，采回晾晒，去果梗和碾碎果皮，播前要进行沙藏。喜光，深根性，略抗寒，对土壤要求不严，适生于土层深厚、肥沃、湿润、排水良好的微酸性、中性土壤。

铜钱树

鼠李科 马甲子属

Paliurus hemsleyanus Rehd.

主要特征 / 乔木；高达 13 m。叶纸质，宽椭圆形、卵状椭圆形或近圆形，长 4~12 cm，基部偏斜，边缘具钝细锯齿，基生 3 出脉；叶柄基部有 2 个斜向直立的针刺。聚伞花序或聚伞圆锥花序；萼片三角形，5 裂；花瓣匙形。核果草帽状，周围具革质宽翅，棕红色，径约 3 cm。

花果期 / 花期 4~6 月；果期 7~9 月。

生境及分布 / 在粤北的乐昌、乳源、连州、连山、阳山、英德等地常见。生于山地林中，庭园中常有栽培。分布于我国长江流域及其以南各省区。

产蜜及花粉性状 / 蜜粉源较少；辅助蜜源植物。

栽培要点 / 播种繁殖。种子成熟后，采回搓去果翅，低温贮藏，播种前需要沙藏处理催芽。喜光，适生于肥沃湿润、疏松、排水良好的土壤环境。

马甲子

鼠李科 马甲子属

Paliurus ramosissimus (Lour.) Poir.

别名 / 白棘、棘盘子

主要特征 / 灌木；高达 6 m。叶宽卵状椭圆形或近圆形，长 3~6 cm，基部稍偏斜，边缘具细锯齿，基生 3 出脉；叶柄基部有 2 个紫红色斜向直立的针刺。腋生聚伞花序；花瓣匙形，短于萼片。核果杯状，周围具木栓质 3 浅裂的窄翅，直径 1~1.7 cm。

花果期 / 花期 5~8 月；果期 9~10 月。

生境及分布 / 在粤北的乳源、乐昌、始兴、南雄、连州、阳山、翁源、连平、清远、河源、和平、五华、大埔、蕉岭、平远等地常见。生于山地路旁疏林下，常栽培。分布于我国长江流域及其以南各省区。

产蜜及花粉性状 / 蜜粉源较少；辅助蜜源植物。

栽培要点 / 播种繁殖。果实成熟后，采收晾干，干藏；播种前置于流水中浸泡 3~4 天，待果内充分吸水后撒播，发芽后容器育苗。喜光，喜温暖、湿润的环境，耐干旱，耐湿，微耐碱，对气候、土壤要求不严。

长叶冻绿

鼠李科 鼠李属

Frangula crenata (Siebold & Zucc.) Miq.

别名 / 黄药

主要特征 / 落叶灌木；高达 1.5 m。叶纸质，倒卵状椭圆形、长椭圆形或倒卵形，长 4~14 cm，边缘具疏细锯齿，下面被柔毛或沿脉多少被柔毛。花密集成腋生聚伞花序；萼片三角形与萼管等长，外面有疏微毛；花瓣近圆形，顶端 2 裂。核果球形或倒卵状球形，成熟时黑色。

花果期 / 花期 5~8 月；果期 7~11 月。

生境及分布 / 在粤北的乳源、乐昌、始兴、南雄、连州、阳山、翁源、连平、清远、河源、和平、五华、大埔、蕉岭、平远等地常见。常生于山坡、山顶等阳处灌丛中或疏林下。分布于湖北、四川、广东、云南和贵州。

产蜜及花粉性状 / 蜜粉源较少；辅助蜜源植物。

栽培要点 / 播种繁殖。采收后，搓洗去掉果皮、果肉和果浆，晾干，用干河沙进行层积冷藏，待到来年春季育苗。喜温暖的气候环境，适生于肥沃湿润、疏松、排水良好的土壤环境。

薄叶鼠李

鼠李科 鼠李属

Rhamnus leptophylla Schneid.

主要特征 灌木；高 1~3 m。叶薄纸质，对生或近对生，或在短枝上簇生，倒卵形至倒卵状椭圆形，长 3~8 cm，顶端尾状渐尖，边缘具圆齿或钝锯齿。花单性，雌雄异株，4 基数。核果球形，成熟时黑色。

花果期 花期 3~5 月；果期 5~10 月。

生境及分布 在粤北的乐昌、乳源、南雄、连州、阳山等地常见。生于山坡、山谷、路旁灌丛中或林缘。广布于陕西、河南、山东、安徽、浙江、江西、福建、广东、广西、湖南、湖北、四川、云南、贵州等省区。

产蜜及花粉性状 蜜粉源较少；辅助蜜源植物。

栽培要点 播种繁殖。种子成熟后，采回晾干，低温贮藏，翌年春播。喜光，耐阴，喜湿润肥沃的土壤，亦耐干燥、贫瘠。

尼泊尔鼠李

鼠李科 鼠李属

Rhamnus napalensis (Wall.) Lawson

主要特征 / 木质藤状或灌木。无短枝和刺。叶革质，大小异形，交替互生，小叶近圆形，长 2~5 cm，早落；大叶长圆形，长 5~20 cm，边缘具圆齿或钝锯齿。聚伞总状花序；花单性，雌雄异株，5 基数。核果倒卵状球形，长约 6 mm，熟时红色，基部有宿存的萼筒。

花果期 / 花期 5~9 月；果期 8~11 月。

生境及分布 / 在粤北的乐昌、乳源、始兴、南雄、仁化、曲江、连州、连山、连南、英德、阳山、连平、和平、梅州、大埔、蕉岭、平远、郁南等地常见。生于山谷和水旁林中。分布于浙江、江西、福建、广东、广西、湖南、湖北、贵州、云南及西藏。

产蜜及花粉性状 / 蜜粉源较少；辅助蜜源植物。

栽培要点 / 播种繁殖。种子成熟后，采回晾干，低温贮藏，翌年春播。喜光，耐阴，喜湿润肥沃的土壤。

皱叶鼠李

鼠李科 鼠李属

Rhamnus rugulosa Hemsl.

主要特征 / 灌木；高达 3 m。枝端有针刺。叶厚纸质，互生或在短枝端簇生，倒卵状椭圆形、倒卵形或卵状椭圆形，长 3~10 cm，边缘有钝细锯齿，下面灰绿色或灰白色，有白色密短柔毛，侧脉上面下陷。花单性，雌雄异株，4 基数。核果倒卵状球形，长 6~8 mm，成熟时黑色。

花果期 / 花期 4~5 月；果期 6~9 月。

生境及分布 / 在粤北的乳源、乐昌、连州、阳山等地常见。生于山坡、路旁或沟边灌丛中。分布于山西、陕西、江苏、安徽、江西、河南、湖北、湖南、广东、四川。

产蜜及花粉性状 / 蜜粉源较少；辅助蜜源植物。

栽培要点 / 播种繁殖。种子成熟后，采回晾干，低温贮藏，翌年春播。喜光，耐阴，喜湿润肥沃的土壤。

冻绿

鼠李科 鼠李属

Rhamnus utilis Decne.

主要特征 / 灌木或小乔木；高约 4 m。枝端常具针刺。叶纸质，对生或近对生，或在短枝上簇生，椭圆形或长圆形，长4~15 cm，边缘具细锯齿或圆齿，下面沿脉或脉腋有金黄色柔毛。花单性，雌雄异株，4 基数。核果圆球形，成熟时黑色。

花果期 / 花期 4~6 月；果期 11~12 月。

生境及分布 / 在粤北的连州、乳源、乐昌、南雄、和平、梅州等地常见；常生于山地、丘陵的山坡草丛、灌丛或疏林下。分布于甘肃、陕西、河南、河北、山西、安徽、江苏、浙江、江西、福建、广东、广西、湖北、湖南、四川、贵州。

产蜜及花粉性状 / 泌蜜较多，花粉较少；优势蜜粉源植物。

栽培要点 / 播种、扦插和分株繁殖。适应性强，喜光，耐阴，耐贫瘠，耐寒，适生于肥沃、排水良好的土壤。

枣

鼠李科 枣属

Ziziphus jujuba Mill.

主要特征 落叶小乔木；高达 10 m。枝具 2 个托叶刺。叶纸质，卵形至卵状披针形；长 3~7 cm，边缘具圆齿。花黄绿色，5 基数，单生或 2~8 个密集成腋生聚伞花序。核果长圆形或长卵圆形，长 2~3.5 cm，成熟时红色或红紫色，中果皮肉质，厚，味甜。

花果期 花期 5~7 月；果期 8~9 月。

生境及分布 粤北各县均有栽培或野生。生于山地或丘陵。分布于吉林、辽宁、河北、山东、山西、陕西、河南、甘肃、新疆、安徽、江苏、浙江、江西、福建、广东、广西、湖南、湖北、四川、云南、贵州。

产蜜及花粉性状 蜜源丰富，花粉较少；主要蜜源植物。

栽培要点 播种繁殖。果实成熟后，采收后去果皮、果肉，可即采即播，或者干藏至翌年春播。喜光，对土壤适应性强，耐贫瘠、耐盐碱。

柚

芸香科 柑橘属

Citrus grandis (Linn.) Osbeck.

主要特征 / 乔木；高 5~10 m。嫩枝扁且有棱，有或无硬长刺。叶阔卵形或椭圆形，连翼叶长 9~18 cm，顶端钝或圆，基部圆；翼叶倒卵形，长 2~4 cm。总状花序，有时兼有腋生单花；花瓣白色，近匙形。果圆球形、扁圆形、梨形或阔圆锥状，横径通常 10 cm 以上。

花果期 / 花期 4~5 月；果期 9~12 月。

生境及分布 / 粤北各县均有栽培。分布于浙江、江西、广东、广西、台湾、福建、湖南、湖北、四川、贵州、云南等省区。

产蜜及花粉性状 / 泌蜜较多，花粉较少；优势蜜粉源植物。

栽培要点 / 播种、扦插繁殖。果实成熟后，剥去果皮和果肉，得种子阴干，干藏，翌年春播。喜温暖、湿润气候；不耐旱，不耐涝；属深根性，要求土层深，对土壤要求不严。

柠檬

芸香科 柑橘属

Citrus × limon (L.) Osbeck

主要特征 小乔木；高 3~5 m。枝干多刺。叶卵形或椭圆形，质厚，长 8~14 cm，顶部通常短尖，边缘有明显钝裂齿。单花腋生或少花簇生；花萼杯状，淡黄绿色微带浅紫色。果实长卵圆形，两端尖，有乳状凸体。

花果期 花期 4~5 月；果期 9~11 月。

生境及分布 粤北各县有少量栽培。原产于印度，我国长江以南地区有栽培。

产蜜及花粉性状 泌蜜较多，花粉较少；优势蜜粉源植物。

栽培要点 播种、扦插繁殖。果实成熟后，剥去果皮和果肉，得种子阴干，干藏，翌年春播。喜温暖，不耐寒，对土壤要求不严，适生于土层深厚、疏松、含有机质丰富、保湿保肥力强、排水良好、地下水位低的微酸性土壤。

橘

芸香科 柑橘属

Citrus madurensis Lour.

主要特征 灌木或小乔木。分枝多有刺。单身复叶，翼叶通常狭长，宽可达 2 mm，叶片阔披针形或长圆形，边缘具圆齿。花单生或 2~3 朵簇生；花瓣白色，通常长 9~12 cm。果通常扁圆形，直径 2~5 cm，果皮薄而光滑，黄绿色至深红色，易剥离。

花果期 花期 3~5 月；果期 10~12 月。

生境及分布 粤北各县均有栽种。秦岭以南各地有栽培。

产蜜及花粉性状 蜜粉源较少；辅助蜜源植物。

栽培要点 播种、扦插繁殖。果实成熟后，剥去果皮和果肉，得种子阴干，干藏，翌年春播。喜温暖，不耐寒，对土壤要求不严，适生于土层深厚、疏松、含有机质丰富、保湿保肥力强、排水良好、地下水位低的微酸性土壤。

柑橘

芸香科 柑橘属

Citrus reticulata Blanco

主要特征 / 小乔木。刺较少。单身复叶，翼叶通常狭长，宽可达 3 mm，叶片披针形，椭圆形或卵形，顶端常有凹口。花单生或 2~3 朵簇生，花瓣白色。果通常扁圆形至近圆球形，直径 5~10 cm，果皮粗糙，淡黄色至深红色，易剥离。

花果期 / 花期 4~5 月；果期 10~12 月。

生境及分布 / 粤北各县均有栽种。分布于浙江、福建、湖南、四川、广西、湖北、广东、江西、重庆、台湾、上海、贵州、云南、江苏、陕西、河南、海南、安徽和甘肃等省区。

产蜜及花粉性状 / 蜜源丰富，花粉较少；主要蜜源植物。

栽培要点 / 播种、扦插繁殖。果实成熟后，去除果皮和果肉，得种子阴干，干藏，翌年春播。喜温暖，不耐寒，对土壤要求不严，适生于土层深厚、疏松、含有机质丰富、保湿保肥力强、排水良好、地下水位低的微酸性土壤。

黄皮

芸香科 黄皮属

Clausena lansium (Lour.) Skeels

主要特征 小乔木；高达 12 m。小枝、叶轴、花序轴、小叶背脉上散生明显凸起的细油点且密被短直毛。叶有小叶 5~11 片，小叶卵形或卵状椭圆形，常一侧偏斜，长 6~14 cm，边缘波浪状或具浅的圆裂齿。圆锥花序顶生。果圆形、椭圆形或阔卵形，淡黄至暗黄色，被细毛。

花果期 花期 4~5 月；果期 7~8 月。

生境及分布 粤北各县均有栽种。分布于台湾、福建、广东、海南、广西、贵州、云南及四川。

产蜜及花粉性状 泌蜜较多，花粉较少；优势蜜粉源植物。

栽培要点 播种和嫁接繁殖。果实成熟后，先置阴凉处堆沤数天至腐烂，脱去皮肉，再用清水冲洗干净，晾干，即可播种。采用单芽或双芽切接法，嫁接时宜选在生长季的晴天。喜温暖、湿润、阳光充足的环境；对土壤要求不严，适生于土层疏松、肥沃的壤土环境。

华南吴茱萸

芸香科 吴茱萸属

Evodia austro-sinensis Hand.-Mazz.

主要特征 / 乔木；高 6~20 m。嫩枝及芽密被灰色或红褐色短茸毛。叶有小叶 5~13 片，小叶卵状椭圆形或长椭圆形，长 7~15 cm，叶两面有柔毛。花序顶生，多花；萼片及花瓣均 5 枚；花瓣淡黄白色。分果瓣淡紫红至深红色，油点微凸起。

花果期 / 花期 6~7 月；果期 9~11 月。

生境及分布 / 在粤北的始兴、乐昌、连州、连山、连南、英德、翁源、大埔等地常见。生于山谷林中。分布于广东、广西、云南。

产蜜及花粉性状 / 蜜粉源较少；辅助蜜源植物。

栽培要点 / 播种繁殖。果实成熟后，置阴凉处晾干，即可播种。喜温暖、湿润、阳光充足的环境，适生于土质疏松、肥沃的壤土环境。

臭辣吴茱萸

芸香科 吴茱萸属

Evodia fargesii Dode

主要特征 乔木；高达 17 m。叶有小叶 5~9 片，小叶斜卵形至斜披针形，长 8~16 cm，小叶基部通常一侧圆，另一侧楔尖，叶背灰绿色，沿中脉两侧有灰白色卷曲长毛，叶缘波纹状或有细钝齿。聚伞圆锥花序顶生，花甚多；5 基数。果紫红色，每分果瓣有 1 颗种子。

花果期 花期 6~8 月；果期 8~10 月。

生境及分布 在粤北的乳源、乐昌等地常见。生于山谷较湿润地方。分布于我国秦岭以南至五岭地区以北。

产蜜及花粉性状 蜜粉源较少；辅助蜜源植物。

栽培要点 播种繁殖。果实成熟后，置阴凉处晾干，即可播种。喜温暖、湿润、阳光充足的环境，适生于土质疏松、肥沃的壤土环境。

楝叶吴萸

芸香科 吴茱萸属

Tetradium glabrifolium (Champ. ex Benth.) T. G. Hartley

主要特征 / 树高达 20 m。叶有小叶 7~11 片，小叶斜卵状披针形，长 6~10 cm，两侧明显不对称，叶缘有细钝齿或全缘，无毛。花序顶生，花甚多；萼片及花瓣均 5 枚；花瓣白色。分果瓣淡紫红色，油点疏少但较明显，有成熟种子 1 粒。

花果期 / 花期 7~9 月，果期 10~12 月。

生境及分布 / 在粤北的乳源、乐昌、清远、五华、兴宁、平远、云浮等地常见。生于溪涧两岸树林中，路旁湿润处也常见。分布于台湾、福建、广东、海南、贵州、江西、广西及云南。

产蜜及花粉性状 / 蜜粉源较少；辅助蜜源植物。

栽培要点 / 播种繁殖。果实成熟后，置阴凉处晾干，即可播种。喜温暖、湿润、阳光充足的环境，适生于土层深厚、疏松、排水良好、湿度适中的沙壤或红壤。

三桠苦

芸香科 吴茱萸属

Evodia lepta (Spreng.) Merr.

主要特征 灌木或小乔木。嫩枝的节部常呈压扁状，小枝的髓部大。3小叶，有时偶有2小叶或单小叶同时存在，小叶长椭圆形，长6~20 cm，全缘，油点多。聚伞花序排成伞房花序式，腋生，花甚多；萼片及花瓣均4枚。分果瓣淡黄或茶褐色，散生肉眼可见的透明油点。

花果期 花期4~6月；果期7~10月。

生境及分布 在粤北各地均常见。生于低海拔至中海拔的山谷、丘陵或平地，常见于灌木或次生林中。分布于台湾、福建、江西、广东、海南、广西、贵州及云南。

产蜜及花粉性状 蜜粉源较少；辅助蜜源植物。

栽培要点 播种繁殖。种子成熟后，采回晾干，干藏，翌年春播。喜阴冷潮湿，不耐旱，适生于排水良好、土层深厚、疏松肥沃的沙壤土。

九里香

芸香科 九里香属

Murraya paniculata (Linn.) Jack.

别名 七里香

主要特征 灌木或小乔木；高可达8 m。叶有小叶3~7片，小叶倒卵形或菱状倒卵形，两侧常不对称，长1~6 cm。花序顶生或兼腋生，多朵花聚成圆锥状聚伞花序；花白色，芳香。果橙黄至朱红色，阔卵形或椭圆形，宽6~10 mm，果肉有粘胶质液。

花果期 花期4~9月；果期9~12月。

生境及分布 粤北各县广泛栽培。生于山谷疏林或干燥坡地。分布于云南、贵州、湖南、广东、广西、福建、海南、台湾等地。

产蜜及花粉性状 蜜粉源较少；辅助蜜源植物。

栽培要点 播种和扦插繁殖。成熟鲜果采回后在清水中揉搓，去掉果皮等，晾干备用，翌年春播。喜光，喜暖湿气候环境，不耐寒，适生于排水良好、土层深厚、疏松肥沃的土壤。

枳壳

芸香科 枳属

Poncirus trifoliata (Linn.) Raf.

主要特征 / 落叶小乔木，高可达 5 m。嫩枝扁，有纵棱，刺长达 4 cm。叶柄有狭长的翼叶，通常指状 3 出叶，小叶卵形或椭圆形，长 2~5 cm，叶缘有细钝裂齿或全缘。花单朵或成对腋生，先于叶开放。果近圆球形或梨形，通常宽 3~5 cm。

花果期 / 花期 3~4 月；果期 8 月。

生境及分布 / 在粤北的乐昌、韶关等地常见。生于山谷林中。

分布于中国长江流域及以南各省区。

产蜜及花粉性状 / 蜜粉源较少；辅助蜜源植物。

栽培要点 / 播种或压条繁殖。种子用湿沙层积催芽处理；压条以春季为宜。生长快，对管理要求不高，萌芽力强，耐修剪。宜生长在气候温暖、阳光充足、雨量充沛、排水良好的沙质或砾质壤土中。可栽于林旁路边、房前屋后或山坡。

椿叶花椒

芸香科 花椒属

Zanthoxylum ailanthoides Sieb. et Zucc.

主要特征 / 落叶乔木；高可达 15 m。茎干有鼓钉状锐刺，花序轴及小枝顶部常散生短直刺。叶有小叶 11~27 片或稍多；小叶整齐对生，狭长披针形或近卵形，长 7~18 cm，叶缘有明显裂齿，油点多，肉眼可见。伞房状圆锥花序顶生，多花；花瓣淡黄白色。分果瓣淡红褐色。

花果期 / 花期 6~8 月；果期 7~11 月。

生境及分布 / 在粤北的乐昌、连州、连山、英德、阳山等地常见。

生于山谷林中。分布于浙江、福建、江西、湖南、广东、广西、四川、贵州、台湾、香港、云南。

产蜜及花粉性状 / 蜜粉源较少；辅助蜜源植物。

栽培要点 / 播种繁殖。成熟种子采种后可以直接播种，亦可晾干，放置室外湿沙层积半年催芽后播种。喜光，稍耐阴，喜温暖湿润气候，耐一定低温，适生于密林中或湿润立地，在肥沃、排水好的酸性、中性、钙质土中均生长良好。

竹叶花椒

芸香科 花椒属

Zanthoxylum armatum DC.

主要特征 / 落叶灌木；高 1~3 m。茎枝多锐刺，刺基部宽而扁，小叶背面中脉上常有小刺。叶有小叶 3~9 片，翼叶明显；小叶对生，披针形或椭圆状披针形，长 3~12 cm，顶端中央一片最大。花序有花约 30 朵。蓇果紫红色，有凸起少数油点。

花果期 / 花期 3~6 月；果期 4~10 月。

生境及分布 / 在粤北的乳源、乐昌、始兴、南雄、仁化、连南、连山、阳山、英德、连平、新丰、翁源、龙川、和平、兴宁、平远、大埔、云浮等地常见。生于山谷、丘陵的林中或灌丛。分布于我国山东以南，南至海南，东南至台湾，西南至西藏东南部。

产蜜及花粉性状 / 蜜粉源较少；辅助蜜源植物。

栽培要点 / 播种、扦插和分株繁殖。喜光，喜较温暖的气候，有一定的耐寒性、耐旱性，对土壤适应性强，喜深厚、肥沃的沙壤土。

岭南花椒

芸香科 花椒属

Zanthoxylum austrosinense Huang

主要特征 / 灌木；高达 3 m。当年生枝紫红色。小叶 9~11 片，小叶披针形，生于叶轴基部的常为卵形，长 5~10 cm，叶缘有细钝齿。花序顶生。果及果梗均暗紫红色，果皮有小油点；种子褐黑色，光亮。

花果期 / 花期 3~4 月；果期 6~7 月。

生境及分布 / 在粤北的乳源、乐昌等地常见。生于山地林中。分布于江西、湖南、福建、广东、广西。

产蜜及花粉性状 / 蜜粉源较少；辅助蜜源植物。

栽培要点 / 播种繁殖。种子成熟后，采回于通风处晾干，干藏，翌年春播。喜光，耐旱，耐瘠薄，适生于土层深厚、肥沃的土壤环境。

异叶花椒

芸香科 花椒属

Zanthoxylum dimorphophyllum Hemsl.

主要特征 / 落叶乔木；高达 10 m。枝疏生皮刺。叶具指状 3 小叶、2~5 小叶或 7~11 小叶；小叶卵形、椭圆形，有时倒卵形，通常长 4~9 cm，叶缘有明显的钝裂齿，或有针状小刺。圆锥状聚伞花序顶生；花被片 6~8 片，大小不相等。分果瓣紫红色，顶侧有短芒尖。

花果期 / 花期 4~6 月；果期 7~11 月。

生境及分布 / 粤北各县均有分布。生于山谷林中。分布于秦岭南坡以南。

产蜜及花粉性状 / 蜜粉源较少；辅助蜜源植物。

栽培要点 / 播种繁殖。种子成熟后，采回于通风处晾干，干藏，翌年春播。喜湿润的地方及以石灰岩山地，对土壤要求不严。

花椒簕

芸香科 花椒属

Zanthoxylum scandens Bl.

主要特征 / 攀援灌木。枝干有短沟刺，叶轴上的刺较多。叶有小叶 5~25 片；小叶卵形、卵状椭圆形，长 4~10 cm，全缘或叶缘的上半段有细裂齿。花序腋生或兼有顶生。分果瓣紫红色，直径 4.5~5.5 mm，顶端有短芒尖。

花果期 / 花期 3~5 月；果期 4~12 月。

生境及分布 / 粤北各县均有分布。生于山坡灌木丛或疏林下。分布于长江流域以南。

产蜜及花粉性状 / 蜜粉源较多；优势蜜粉源植物。

栽培要点 / 播种繁殖。种子成熟后，采回于通风处晾干，干藏，翌年春播。喜光，喜暖湿环境，耐旱，耐瘠薄，对土壤要求不严。

野花椒

芸香科 花椒属

Zanthoxlum simulans Hance

主要特征 / 灌木，高 1~2 m。枝通常有皮刺及白色皮孔。单数羽状复叶，互生；叶轴边缘有狭翅和长短不一的皮刺；小叶通常 5~15 片，对生，厚纸质，长 2.5~6 cm，两面均有透明腺点，上面密生短刺刚毛。聚伞状圆锥花序，顶生，花单性。分果 1~2 个，红色或紫红色，基部有伸长的子房柄，外面有粗大的腺点。

花果期 / 花期 3~5 月；果期 7~9 月。

生境及分布 / 在粤北的乳源、连州、乐昌等地常见。生于灌丛中或林缘。分布于我国长江以南及河南、河北。

产蜜及花粉性状 / 蜜粉源较少；辅助蜜源植物。

栽培要点 / 播种繁殖。采回种子后先用清水选去秕籽，然后用温水配制成的 1% 碱水或 1% 的洗衣粉溶液浸泡 2 天，反复搓洗种皮上的油脂，种子拌入草木灰即可播种。喜光，喜温暖湿润的气候环境，耐寒，耐旱，适生于土层深厚肥沃的壤土、沙壤土，萌蘖性强。

苦楝

楝科 楝属

Melia azedarach Linn.

别名 楝树

主要特征 落叶乔木；高达 10 m 以上。叶为二至三回奇数羽状复叶；小叶对生，卵形、椭圆形至披针形，长 3~7 cm，边缘有钝锯齿。圆锥花序约与叶等长；花芳香；花瓣淡紫色，倒卵状匙形。核果球形至椭圆形，长 1~2 cm，内果皮木质。

花果期 花期 4~5 月；果期 10~12 月。

生境及分布 粤北各县常有栽培或野生。生于低海拔旷野、路旁或疏林中。分布于我国黄河以南各省区。

产蜜及花粉性状 蜜粉源较少；辅助蜜源植物。

栽培要点 播种繁殖。种子成熟后，采回放置在干燥通风处晾干，干藏；播种前用 0.5% 高锰酸钾溶液浸泡 2~3 分钟，用清水冲洗干净即可播种。适应性较强，喜温暖湿润气候，耐寒、耐碱、耐瘠薄。适生于土层深厚、疏松肥沃、排水良好、富含腐殖质的沙壤土。

红椿

楝科 香椿属

Toona ciliata M. Roem.

别名 / 红楝子

主要特征 / 大乔木；高可达 20 m。通常有小叶 7~8 对；小叶对生或近对生，纸质，长圆状卵形或披针形，长 8~15 cm，基部不等边，边全缘，两面无毛或仅于背面脉腋内有毛。圆锥花序顶生；花瓣 5 枚，长圆形。蒴果长椭圆形，木质，干后紫褐色，长 2~3.5 cm。

花果期 / 花期 4~6 月；果期 10~11 月。

生境及分布 / 粤北各县均有分布。多生于低海拔沟谷林中或山坡疏林中。分布于福建、湖南、广东、广西、四川和云南等省区。

产蜜及花粉性状 / 蜜粉源较少；辅助蜜源植物。

栽培要点 / 播种繁殖。采回后晾晒数日，蒴果开裂后抖出种子，放置于冷库进行冷藏。喜光，喜暖热气候，耐热，耐短期霜冻。对土壤条件要求较高，喜深厚、肥沃、湿润、排水良好的酸性土或钙质土。

香椿

楝科 香椿属

Toona sinensis (A. Juss.) Roem.

主要特征 / 乔木；树皮粗糙，片状脱落。羽状复叶长 30~50 cm 或更长；小叶 8~10 对，卵状披针形或卵状长椭圆形，长 9~15 cm，顶端尾尖，基部不对称，边全缘或有疏离的小锯齿。圆锥花序与叶等长或更长。蒴果狭椭圆形，长 2~3.5 cm；种子上端有膜质的长翅。

花果期 / 花期 6~8 月；果期 10~12 月。

生境及分布 / 在粤北的乐昌、乳源、连州、英德、阳山、清远等地常见。我国东部、中部、南部、西南部至华北各省区有栽培。

产蜜及花粉性状 / 蜜粉源较少；辅助蜜源植物。

栽培要点 / 播种和扦插繁殖。种子成熟后，采回晾干、干藏，播种前将种子在 30~35℃温水中浸泡 24 小时提高发芽率。扦插宜在早春进行，应选前一年有顶芽的枝条为插穗。喜光、喜温、较耐湿，适宜生长在土层深厚、疏松、肥沃的土壤中。

龙眼

无患子科 龙眼属

Dimocarpus longan Lour.

别名 / 桂圆

主要特征 / 常绿乔木；高达 10 m。小叶 4~5 对，长圆状椭圆形至长圆状披针形，两侧常不对称，长 6~15 cm。花序大型，密被星状毛。果近球形，直径 1.2~2.5 cm，黄褐色，外面稍粗糙，或有微凸的小瘤体；种子茶褐色，光亮，全部被肉质的假种皮包裹。

花果期 / 花期春、夏间；果期夏季。

生境及分布 / 在粤北的乐昌有少量栽培。分布于福建、台湾、海南、广东、广西、云南、贵州、四川等省区。

产蜜及花粉性状 / 蜜源丰富，粉源较多；主要蜜源植物。

栽培要点 / 播种和嫁接繁殖。果实成熟后，搓去果皮和果肉，晾干，干藏至翌年春播。嫁接繁殖可采用芽片贴接、舌接、芽苗砧接方法，成活率高。喜温暖湿润气候，能忍受短期霜冻，适宜生长在土层深厚、疏松、肥沃的土壤中。

伞花木

无患子科 伞花木属

Eurycorymbus cavaleriei (Lévl.) Rehd. et Hand.-Mazz.

主要特征 落叶乔木；高可达 20 m。小叶 4~10 对，近对生，薄纸质，长圆状披针形或长圆状卵形，长 7~11 cm。花序半球状，稠密而极多花，芳香。蒴果的发育果爿长约 8 mm，被茸毛。

花果期 花期 5~6 月；果期 10 月。

生境及分布 在粤北的乳源、乐昌、始兴、连州、连山、英德、阳山、翁源、和平、大埔、平远等地有分布。生于山谷、溪边阔叶林中。分布于贵州、广东、福建、台湾。

产蜜及花粉性状 蜜粉源较少；辅助蜜源植物。

栽培要点 播种繁殖。净种后阴干，用湿沙层积或容器干藏。偏阳性树种，萌蘖力强；喜湿润的环境，对土壤要求不严。

复羽叶栾树

无患子科 栾树属

Koelreuteria bipinnata Franch.

主要特征 / 落叶乔木。二回羽状复叶；小叶 9~17 片，互生，纸质，斜卵形，长 3.5~7 cm，基部阔楔形或圆形，略偏斜，边缘有内弯的小锯齿。圆锥花序大型，长 35~70 cm。蒴果椭圆形或近球形，具 3 条棱，淡紫红色，老熟时褐色，长 4~7 cm。

花果期 / 花期 7~9 月；果期 8~10 月。

生境及分布 / 在粤北的韶关、乐昌有少量栽培。分布于云南、贵州、四川、湖北、湖南、广西、广东等省区。

产蜜及花粉性状 / 蜜粉源较多；优势蜜粉源植物。

栽培要点 / 播种或扦插繁殖。种子采摘后湿沙层积贮藏或容器干藏；扦插以春季或秋季为宜。偏阳性树种，喜温暖至高温气候，耐旱，抗风，生长快，萌蘖力强，栽培以排水良好的沙壤土为佳。

无患子科 栾树属

Koelreuteria bipinnata Franch.

无患子

无患子科 无患子属

Sapindus saponaria Linn.

别名 / 洗手果、木患子

主要特征 / 落叶大乔木；高可达 20 m。小叶 5~8 对，通常近对生，叶片薄革质，长椭圆状披针形或稍呈镰形，长 7~15 cm，基部稍不对称。花序顶生，圆锥形；花小，辐射对称。果的发育分果爿近球形，直径 2~2.5 cm，橙黄色，干时变黑。

花果期 / 花期春季；果期夏、秋季。

生境及分布 / 粤北各县均常见。分布于我国东部、南部至西南部地区。

产蜜及花粉性状 / 蜜粉源较多；优势蜜粉源植物。

栽培要点 / 播种繁殖，种子可用湿沙层积保存。喜温暖、湿润环境，耐寒不耐旱。对土壤要求不严，抗风。

伯乐树

伯乐树科 伯乐树属

Bretschneidera sinensis Hemsl.

别名 / 钟萼木

主要特征 / 落叶乔木；高 10~20 m。小叶 7~15 片，狭椭圆形，长圆状披针形或卵状披针形，多少偏斜，长 6~26 cm。总状花序长 20~36 cm；花淡红色，直径约 4 cm；花萼钟状，顶端具短的 5 齿；花瓣阔匙形，内面有红色纵条纹。果椭圆球形，或阔卵形，直径 2~3.5 cm；种子成熟时红色。

花果期 / 花期 3~9 月；果期 5 月至翌年 4 月。

生境及分布 / 在粤北的乐昌、乳源、始兴、曲江、连州、连山、阳山、连平、和平、新兴等地常见。生于低海拔至中海拔的山地林中。中国特有，分布于四川、云南、贵州、广西、广东、湖南、湖北、江西、浙江、福建等省区。

产蜜及花粉性状 / 蜜粉源较少；辅助蜜源植物。

栽培要点 / 播种繁殖为主，种子用湿沙层积保存，种子失水后极易丧失发芽力，自然更新困难。冬播或早春播种，夏季高温期要进行遮阴。成年树喜光线充足、温暖、潮湿环境，不耐高温，要求土壤深厚、湿润。

樟叶槭

槭树科 槭树属

Acer cinnamomifolium Hayata

主要特征 常绿乔木；高 10~20 m。叶革质，长椭圆形或长圆状披针形，长 8~12 cm，全缘，下面被白粉和淡褐色茸毛。伞房花序。翅果淡黄色，翅连同小坚果长 2.8~3.2 cm，张开成锐角或近于直角。

花果期 花期 4~5 月；果期 7~9 月。

生境及分布 在粤北的乐昌、始兴、乳源、连州、英德等地常见。生于潮湿阔叶林中。分布于四川、湖北、贵州、广东及广西。

产蜜及花粉性状 蜜粉源较少；辅助蜜源植物。

栽培要点 播种繁殖，种子用湿沙层积保存或容器干藏。喜温暖湿润的亚热带气候，稍耐干旱，喜光，在钙质土和其他土壤上均能生长。

紫果槭

槭树科 槭树属

Acer cordatum Pax

主要特征 / 常绿乔木；高达 7 m。叶近革质，卵状长圆形，稀卵形，长 6~9 cm，顶端具稀疏的细锯齿；叶柄紫色或淡紫色。花 3~5 朵组成伞房花序；花瓣 5 枚，阔倒卵形，淡黄白色。翅果嫩时紫色，成熟时黄褐色，连同小坚果长 2 cm，张开成钝角或近于水平。

花果期 / 花期 4 月下旬；果期 9 月。

生境及分布 / 在粤北的乐昌、仁化、连平、和平、大埔、平远等地常见。生于山谷疏林中。分布于湖北、四川、贵州、湖南、江西、安徽、浙江、福建、广东和广西。

产蜜及花粉性状 / 蜜粉源较少；辅助蜜源植物。

栽培要点 / 播种繁殖，种子用湿沙层积保存或容器干藏。喜光，喜温暖湿润环境，稍耐寒、耐旱。

青榨槭

槭树科 槭树属

Acer davidii Franch.

主要特征 落叶乔木；高 10~20 m。叶纸质，长圆状卵形，长 6~14 cm，边缘具不整齐的钝圆齿，或常有规则的深裂或浅裂。雄花与两性花同株，成顶生下垂的总状花序，花、叶同时开展。翅果嫩时淡绿色，成熟后黄褐色，展开成钝角或几乎水平。

花果期 花期 4 月；果期 9 月。

生境及分布 在粤北的乐昌、乳源、始兴、仁化、连山、连南、英德、阳山、翁源、河源、平远等地常见。生于山地疏林中。分布于华北、华东、中南、西南各省区。

产蜜及花粉性状 蜜粉源较少；辅助蜜源植物。

栽培要点 播种繁殖，种子用湿沙层积保存或容器干藏。喜光，耐半阴，夏季须适当遮阴；耐潮湿、抗风，适生于中性壤土。

罗浮槭

槭树科 槭树属

Acer fabri Hance

主要特征 / 常绿乔木；高约 10 m。叶革质，披针形，长圆状披针形或长圆状倒披针形，长 7~11 cm，全缘。花杂性，雄花与两性花同株，常成伞房花序。翅果嫩时紫色，成熟时黄褐色或淡褐色，翅连同小坚果长 3~3.4 cm，张开成钝角。

花果期 / 花期 3~4 月；果期 9 月。

生境及分布 / 在粤北的乐昌、乳源、始兴、曲江、连州、连南、连山、阳山、英德、翁源、连平、河源、和平、五华、梅州、蕉岭、平远、罗定等地常见。生于疏林中或山谷、溪边。分布于广东、广西、江西、湖北、湖南、四川。

产蜜及花粉性状 / 蜜粉源较少；辅助蜜源植物。

栽培要点 / 播种繁殖，种子用湿沙层积保存或容器干藏。幼苗及幼树期耐荫性较强，喜温暖湿润及半阴环境；适应性较强，喜深厚疏松肥沃土壤，在酸性或微碱性土壤中皆可生长，耐干旱瘠薄。

广东毛脉槭

槭树科 槭树属

Acer pubinerve Rehd. var. **kwangtungense** (Chun) Fang

主要特征 / 落叶乔木；高达 12 m。叶纸质，长 10~12 cm，5 裂；裂片狭卵形，边缘有较粗锯齿；下面沿脉有淡黄色柔毛。圆锥花序紫色，花杂性同株。翅果淡黄色，翅连同小坚果长 3~3.5 cm，张开近于水平。

花果期 / 花期 5 月；果期 10 月。

生境及分布 / 在粤北的乳源、乐昌等地常见。生于低海拔的疏林中。分布于广东、贵州和广西。

产蜜及花粉性状 / 蜜粉源较少；辅助蜜源植物。

栽培要点 / 播种繁殖，种子用湿沙层积保存或容器干藏。造林地宜选择土层深厚、肥沃、排水良好的阳坡或半阳坡缓坡林地。

岭南槭

槭树科 槭树属

Acer tutcheri Duthie

主要特征 / 落叶乔木。高 5~10 m。叶纸质，阔卵形，长 6~7 cm，常 3 裂，稀 5 裂；裂片三角状卵形，边缘具稀疏而紧贴的锐尖锯齿；叶柄长约 2~3 cm。花杂性，雄花与两性花同株，常生成顶生的短圆锥花序。翅果嫩时淡红色，成熟时淡黄色；果翅张开成钝角。

花果期 / 花期 4 月；果期 9 月。

生境及分布 / 在粤北的乐昌、乳源、曲江、连州、连山、连南、英德、阳山、连平、和平、郁南、云浮等地常见。分布于浙江、江西、湖南、福建、广东和广西。

产蜜及花粉性状 / 蜜粉源较少；辅助蜜源植物。

栽培要点 / 播种繁殖，种子用湿沙层积保存或容器干藏。弱阴性树种，稍耐阴，喜温凉湿润气候，不适合种植在过于干冷及高温处。

垂枝泡花树

清风藤科 泡花树属

Meliosma flexuosa Pamp.

主要特征 / 小乔木；高可达 5 m。芽、嫩枝、嫩叶中脉、花序轴均被淡褐色长柔毛。单叶，纸质，倒卵形或倒卵状椭圆形，长 6~12 cm，中部以下渐狭而下延，边缘具侧脉伸出成的粗锯齿；叶柄基部稍膨大包裹腋芽。圆锥花序顶生，向下弯垂，花白色。核果近卵形，长约 5 mm。

花果期 / 花期 5~6 月；果期 7~9 月。

生境及分布 / 在粤北的乐昌、乳源等地常见。生于山地林间。分布于陕西、四川、湖北、安徽、江苏、浙江、江西、湖南、广东。

产蜜及花粉性状 / 蜜粉源较少；辅助蜜源植物。

栽培要点 / 以播种繁殖为主，也可压条繁殖；种子宜湿沙贮藏。喜半阴环境、耐寒，适生于肥沃湿润而排水良好的沙壤土中。

香皮树

清风藤科 泡花树属

Meliosma fordii Hemsl.

主要特征 / 常绿乔木；高可达 10 m。小枝、叶柄、叶背及花序被褐色平伏柔毛。单叶，近革质，倒披针形或披针形，长 9~25 cm，全缘或近顶部有数个锯齿。圆锥花序，多回分枝。核果近球形或扁球形，直径 3~5 mm。

花果期 / 花期 5~7 月；果期 8~10 月。

生境及分布 / 粤北各县均有分布。生于山地林间。分布于江西、福建、湖南、广东、海南、广西、贵州、云南等地。

产蜜及花粉性状 / 蜜粉源较少；辅助蜜源植物。

栽培要点 / 以播种繁殖为主，也可压条繁殖；种子宜湿沙贮藏。喜半阴环境、耐寒，适生于土质肥沃、疏松的壤土或沙壤土中。

腺毛泡花树

清风藤科 泡花树属

Meliosma glandulosa Cofod.

主要特征 / 常绿乔木；高达 15 m。羽状复叶；小叶近革质，5~9 片，卵形或卵状披针形，长 5~12 cm，基部偏斜，上部有稀疏小锯齿，叶背粉绿色，散生有棒状腺毛，沿脉被平伏短柔毛，脉腋有髯毛。圆锥花序顶生，长 15~24 cm，萼片卵形，边缘有腺毛。核果球形。

花果期 / 花期夏季；果期 8~10 月。

生境及分布 / 在粤北的乐昌、乳源、始兴、连州、新丰、和平、兴宁等地常见；生于山地常绿阔叶林中。分布于广西、广东和贵州。

产蜜及花粉性状 / 蜜粉源较少；辅助蜜源植物。

栽培要点 / 以播种繁殖为主，也可压条繁殖；种子宜湿沙贮藏。喜半阴环境、耐寒，适生于土质肥沃、疏松的壤土或沙壤土中。

毡毛泡花树

清风藤科 泡花树属

Meliosma rigida Sieb. et Zucc. var. **pannosa** (Hand.-Mazz.) Law

主要特征 / 小乔木；高达 7 m。枝、叶背、叶柄及花序密被长柔毛或交织长茸毛。单叶，革质，倒披针形或狭倒卵形，长 8~25 cm，中部以上有锯齿。圆锥花序顶生，主轴具 3 条棱，具 3 次分枝。核果球形，直径 5~8 mm。

花果期 / 花期 5~6 月；果期 8~9 月。

生境及分布 / 在粤北的乐昌、乳源、南雄、连山、阳山等地常见；生于山地林间。分布于福建、江西、湖南、广东、广西、贵州。

产蜜及花粉性状 / 蜜粉源较少；辅助蜜源植物。

栽培要点 / 以播种繁殖为主，也可压条繁殖；种子宜湿沙贮藏。喜半阴环境、耐寒，适生于土壤肥沃、疏松的壤土或沙壤土中。

红柴枝

清风藤科 泡花树属

Meliosma oldhamii Maxim.

别名 / 山漆

主要特征 / 落叶乔木；高可达 20 m。叶总轴、小叶柄及叶两面均被褐色柔毛。羽状复叶；有小叶 7~15 片，小叶薄纸质，长圆状卵形或狭卵形，长 5.5~10 cm，边缘具疏离的锐尖锯齿。圆锥花序顶生，具 3 次分枝，被褐色短柔毛；花白色。核果球形，直径 4~5 mm。

花果期 / 花期 5~6 月；果期 8~9 月。

生境及分布 / 在粤北的乐昌、乳源、曲江、阳山等地常见。生于湿润山坡、山谷林间。分布于贵州、广西、广东、江西、浙江、江苏、安徽、湖北、河南、陕西。

产蜜及花粉性状 / 蜜粉源较少；辅助蜜源植物。

栽培要点 / 以播种繁殖为主，也可压条繁殖；种子宜湿沙贮藏。喜半阴环境、耐寒，适生于土质肥沃、疏松的壤土或沙壤土中。

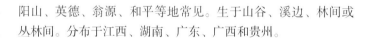

狭序泡花树

清风藤科 泡花树属

Meliosma paupera Hand.-Mazz.

主要特征 / 常绿小乔木；高可达 9 m。单叶，薄革质，倒披针形或狭椭圆形，长 5.5~14 cm，基部渐狭，下延，全缘或中部以上每边有 1~4 个疏而具刺的锯齿，叶背具平伏细毛。圆锥花序顶生，呈疏散扫帚状，向下弯垂。核果球形，直径 4~5 mm。

花果期 / 花期夏季；果期 8~10 月。

生境及分布 / 在粤北的乐昌、南雄、仁化、连州、连山、连南、阳山、英德、翁源、和平等地常见。生于山谷、溪边、林间或丛林间。分布于江西、湖南、广东、广西和贵州。

产蜜及花粉性状 / 蜜粉源较少；辅助蜜源植物。

栽培要点 / 以播种繁殖为主，也可压条繁殖；种子宜湿沙贮藏。喜湿润环境，耐半阴、耐寒，要求排水良好的沙壤土。

山樣叶泡花树

清风藤科 泡花树属

Meliosma thorelii Lecomte

主要特征 / 乔木；高 6~14 m。单叶，近革质，倒披针状椭圆形或倒披针形，长 12~25 cm，基部下延至柄，全缘或中上部有锐尖的小锯齿，脉腋有髯毛。圆锥花序顶生或生于上部叶腋，长 15~18 cm；花芳香，白色。核果球形，顶基稍扁而稍偏斜。

花果期 / 花期夏季；果期 10~11 月。

生境及分布 / 在粤北的乐昌、英德等地常见。生于山地林间。分布于福建、广东、广西、贵州、云南。

产蜜及花粉性状 / 蜜粉源较少；辅助蜜源植物。

栽培要点 / 以播种繁殖为主，也可压条繁殖；种子宜湿沙贮藏。喜半阴环境、耐寒。

野鸦椿

省沽油科 野鸦椿属

Euscaphis japonica (Thunb. ex Roem. & Schult.) Kanitz

主要特征 落叶小乔木或灌木；高 2~8 m。小枝及芽红紫色，枝叶揉碎后有恶臭味。叶对生，小叶 5~9 片，对生，厚纸质，长卵形或椭圆形，长 4~7 cm，边缘具疏短锯齿，齿尖有腺体。圆锥花序顶生，分枝常对生。蓇葖果长 1~2 cm，紫红色，有纵脉纹；种子近圆形，黑色，有光泽。

花果期 花期 4~5 月；果期 8~9 月。

生境及分布 在粤北的乐昌、乳源、始兴、南雄、曲江、仁化、连州、连山、连南、阳山、新丰、翁源、和平、紫金、五华、大埔、梅州、蕉岭、平远、罗定等地常见。生于山地疏林中。我国除西北各省外，全国均产。

产蜜及花粉性状 蜜粉源较少；辅助蜜源植物。

栽培要点 播种繁殖，种子宜湿沙贮藏。喜光，耐阴怕晒；耐寒性较强。耐瘠薄、干燥，但栽植地以选择排水良好且湿润、肥沃、土层深厚的微酸性土壤为佳。

银鹊树

省沽油科 银鹊树属

Tapiscia sinensis Oliv.

别名 / 瘿椒树

主要特征 / 落叶乔木；高 8~15 m。奇数羽状复叶，长达 30 cm；小叶 5~9 片，狭卵形或卵形，长 6~14 cm，基部近心形，边缘具锯齿，背面带灰白色，密被近乳头状白粉点。圆锥花序腋生，雄花与两性花异株，两性花的花序长约 10 cm，花黄色，有香气。核果近球形或椭圆形，长达 7 mm。

花果期 / 花期 4~5 月；果期 8~9 月。

生境及分布 / 在粤北的乐昌常见；生于山地疏林中。分布于浙江、安徽、湖北、湖南、广东、广西、四川、云南、贵州。

产蜜及花粉性状 / 蜜粉源较少；辅助蜜源植物。

栽培要点 / 播种繁殖，除去果肉、洗净阴干后用湿沙贮藏。苗期耐阴不耐旱，炎热酷暑要遮阴和浇水。成年树较耐寒，适应性强，在中性乃至偏碱性土壤均能生长。

锐尖山香圆

省沽油科 山香圆属

Turpinia arguta (Lindl.) Seem.

别名 黄树、尖树

主要特征 落叶灌木；高 1~3 m。单叶、对生、近革质、长椭圆形或椭圆形状披针形，长 7~22 cm，顶端渐尖，边缘具疏锯齿，齿尖具硬腺体。顶生圆锥花序较叶短，密集或较疏松，花白色，花梗中部具 2 枚苞片。果近球形，幼时绿色，熟时红色，直径 7~10 mm。

花果期 花期 3~4 月；果期 9~10 月。

生境及分布 在粤北各地均常见。生于山谷、疏林下。分布于福建、江西、湖南、广东、广西、贵州、四川。

产蜜及花粉性状 蜜粉源较少；辅助蜜源植物。

栽培要点 以播种繁殖为主，种子宜湿沙贮藏。阳性树种，喜温暖、湿润的环境。

南酸枣

漆树科 南酸枣属

Choerospondias axillaris (Roxb.) Burtt. et Hill.

别名 / 山枣、五眼果、醋酸果

主要特征 / 落叶乔木；高达 25 m。奇数羽状复叶，有小叶 3~6 对；小叶卵形至卵状披针形，长 4~12 cm，全缘或幼株叶边缘具粗锯齿。雄花序为圆锥状；雌花单生于上部叶腋。核果椭圆形，成熟时黄色，直径约 2 cm，果核顶端具 5 个小孔。

花果期 / 花期春季；果期秋季。

生境及分布 / 在粤北各地均常见。生于山坡、丘陵或沟谷林中。分布于湖北、湖南、广东、广西、贵州、江苏、云南、福建、江西、浙江、安徽、重庆、西藏、陕西、甘肃、海南、四川等省区。

产蜜及花粉性状 / 蜜粉源较多；优势蜜粉源植物。

栽培要点 / 播种繁殖，种子宜湿沙贮藏。阳性树种，稍耐半阴，畏寒；忌水湿，不择土壤；深根性，萌发力强。

黄连木

漆树科 黄连木属

Pistacia chinensis Bunge

别名 黄连树、黄连茶

主要特征 落叶乔木；高达 20 m。树干扭曲，树皮呈鳞片状剥落。奇数羽状复叶互生，有小叶 5~6 对；小叶纸质，披针形或卵状披针形，长 5~10 cm，基部偏斜，全缘。花单性异株，先花后叶，圆锥花序腋生，雄花序排列紧密，雌花序排列疏松。核果倒卵状球形，略压扁，成熟时紫红色。

花果期 花期 4 月；果期 10~11 月。

生境及分布 在粤北各地均常见。生于石山林中。在我国分布广泛，在温带、亚热带和热带地区均能正常生长。

产蜜及花粉性状 蜜粉源较少；辅助蜜源植物。

栽培要点 播种、扦插或分蘖繁殖，以播种为主；种子宜湿沙贮藏。喜光，不耐阴；耐寒、较耐瘠薄，对土壤要求不严；萌芽力强，生长较缓慢。

盐麸木

漆树科 盐麸木属

Rhus chinensis Mill.

别名 / 五倍子、盐霜柏

主要特征 / 落叶小乔木或灌木。奇数羽状复叶，有小叶 3~6 对，叶轴具宽翅，小叶自下而上逐渐增大，卵形或椭圆状卵形或长圆形，长 6~12 cm，边缘具粗锯齿或圆齿，叶背粉绿色，被白粉。圆锥花序宽大，多分枝，密被锈色柔毛；花白色。核果球形，略压扁，成熟时红色。

花果期 / 花期 8~9 月；果期 10 月。

生境及分布 / 在粤北各地均常见。生于向阳山坡、沟谷、溪边的疏林或灌丛中。除东北、内蒙古和新疆外，其余省区均有分布。

产蜜及花粉性状 / 蜜粉源丰富，主要蜜粉源植物。

栽培要点 / 播种繁殖，种子宜湿沙贮藏。生性强健，对环境适应性强；喜温暖气候，管理粗放。

滨盐麸木

漆树科 盐麸木属

Rhus chinensis Mill. var. **roxburghii** (DC.) Rehd.

别名 / 盐霜白

主要特征 / 落叶小乔木或灌木。奇数羽状复叶，有小叶 3~6 对，叶轴无翅，小叶自下而上逐渐增大，卵形或椭圆状卵形或长圆形，长 6~12 cm，边缘具粗锯齿或圆齿，叶背粉绿色，被白粉。圆锥花序宽大，多分枝，密被锈色柔毛；花白色。核果球形，略压扁，成熟时红色。

花果期 / 花期 8~9 月；果期 10 月。

生境及分布 / 在粤北的乐昌、乳源、连南、翁源、新兴、郁南、罗定等地常见。生于山坡、沟谷的疏林或灌丛中。分布于云南、四川、贵州、广西、广东、台湾、江西、湖南。

产蜜及花粉性状 / 泌蜜较多，花粉较少；优势蜜粉源植物。

栽培要点 / 播种繁殖，种子宜湿沙贮藏。生性强健，对环境适应性强；喜温暖气候，管理粗放。

木蜡树

漆树科 漆属

Toxicodendron sylvestre (Sieb. et Zucc.) O. Kuntze

别名 / 山漆树、野毛漆

主要特征 / 落叶乔木或小乔木；高达 10 m。奇数羽状复叶互生，有小叶 3~6 对，叶轴和叶柄密被黄褐色茸毛；小叶纸质，卵形或卵状椭圆形或长圆形，长 4~10 cm，全缘，叶两面被柔毛。圆锥花序，密被锈色茸毛；花黄色。核果极偏斜，压扁。

花果期 / 花期 5~6 月；果期 10 月。

生境及分布 / 在粤北各地均常见。生于疏林中。分布于西南、华南、华东及河北、河南等地。

产蜜及花粉性状 / 蜜源丰富，粉源较多；主要蜜源植物。

栽培要点 / 播种繁殖，种子宜湿沙贮藏。生性强健，对环境适应性强；喜温暖气候，管理粗放。

野漆树

漆树科 漆属

Toxicodendron succedaneum (Linn.) O. Kuntze

别名 痒漆树、漆木

主要特征 落叶乔木或小乔木；高达 10 m。奇数羽状复叶互生，常集生于小枝顶端，无毛，有小叶 4~7 对；小叶坚纸质至薄革质，长圆状椭圆形、阔披针形或卵状披针形，长 5~16 cm，基部多少偏斜，全缘，两面无毛，叶背常具白粉。圆锥花序，花黄绿色。核果偏斜，直径 7~10 mm，压扁。

花果期 花期 5~6 月；果期 10 月。

生境及分布 在粤北的乐昌、乳源、始兴、连州、连南、连山、仁化、南雄、英德、阳山、新丰、翁源、连平、和平、河源、五华、梅州、大埔、平远、蕉岭、丰顺、新兴、云浮等地常见。生于次生林中。分布于华北、华东、中南、西南及台湾等地。

产蜜及花粉性状 蜜粉源较多；优势蜜粉源植物。

栽培要点 播种繁殖，种子宜湿沙贮藏。生性强健，对环境适应性强；喜温暖气候，管理粗放。

白皮黄杞

胡桃科 黄杞属

Engelhardtia fenzelii Merr.

别名 少叶黄杞

主要特征 乔木；高 3~18 m。小叶 1~2 对，对生或近对生，叶片椭圆形至长椭圆形，长 5~13 cm，全缘，基部歪斜。雌雄花序常生于枝顶而成圆锥状或伞形状花序束，顶端 1 条为雌花序，下方数条为雄花序，均为葇荑状。果序俯垂；果实球形，苞片托于果实，膜质，3 裂。

花果期 花期 7 月；果期 9~10 月。

生境及分布 在粤北的乐昌、乳源、始兴、连南、连山、英德、阳山、翁源、新丰、五华、大埔、蕉岭、紫金、郁南、云浮等地常见。生于疏林中或山谷。分布于广东、福建、浙江、江西、湖南和广西。

产蜜及花粉性状 蜜粉源较少；辅助蜜源植物。

栽培要点 播种繁殖。种子采集后，晾干，去除膜质苞片后用布袋冷藏于冰柜中或湿沙贮藏。为中性喜光树种，不耐阴，适生于温暖湿润的气候，对土壤要求不严，耐干旱瘠薄，但在深厚肥沃的酸性土壤上生长较好。

黄杞

胡桃科 黄杞属

Engelhardtia roxburghiana Wall.

主要特征 / 半常绿乔木；高达 10 m。小叶 3~5 对，小叶近于对生，革质，长 6~14 cm，长椭圆状披针形至长椭圆形，基部歪斜。雌花序 1 条及雄花序数条，常形成一顶生的圆锥状花序束，顶端为雌花序。果序长达 15~25 cm；果实球形，3 裂的苞片托于果实基部。

花果期 / 花期 5~6 月；果期 8~9 月。

生境及分布 / 在粤北各地均常见。生于疏林中。分布于台湾、广东、海南、广西、湖南、贵州、四川和云南。

产蜜及花粉性状 / 蜜粉源较少；辅助蜜源植物。

栽培要点 / 播种繁殖。种子采集后，晾干，去除膜质苞片后用布袋冷藏于冰柜中或湿沙贮藏。稍能耐阴，适应性广，生长快。

圆果化香树

胡桃科 化香树属

Platycarya longipes Wu

主要特征 / 落叶小乔木；高 5~10 m。小叶 3~5 片，长椭圆状披针形，稍成镰状弯曲，长 3~8 cm，基部歪斜，边缘有细锯齿。花序束生于枝条顶端，位于顶端中央的为两性花序，下方的为雄花序。果序球果状，球形，直径 1.2~2 cm；果小坚果状，两侧具狭翅。

花果期 / 花期 5 月；果期 7 月。

生境及分布 / 在粤北的乐昌、乳源、连州、英德、阳山、云浮等地常见。生于山顶或疏林中。分布于广东、广西和贵州。

产蜜及花粉性状 / 蜜粉源较少；辅助蜜源植物。

栽培要点 / 播种繁殖。当坚果转褐色时采种，将种子摊开暴晒使种子脱落，揉去种翅，藏于通风干燥处或用湿沙贮藏，待翌年春播种。喜湿润、半阴环境。

化香树

胡桃科 化香树属

Platycarya strobilacea Sieb. et Zucc.

主要特征 / 落叶小乔木；高 2~6 m。小叶 7~23 片；小叶纸质，卵状披针形至长椭圆状披针形，长 4~11 cm，不等边，基部歪斜，边缘有锯齿。两性花序和雄花序在小枝顶端排列成伞房状花序束，直立。果序球果状，卵状椭圆形至长椭圆状圆柱形，长 2.5~5 cm；小坚果背腹压扁，两侧具狭翅。

花果期 / 花期 5~6 月；果期 7~8 月。

生境及分布 / 在粤北的乐昌、乳源、连州、连山、阳山、云浮等地常见。生于向阳山坡及阔叶林中。分布于甘肃、陕西、河南、山东、安徽、江苏、浙江、江西、福建、台湾、广东、广西、湖南、湖北、四川、贵州和云南。

产蜜及花粉性状 / 蜜粉源较少；辅助蜜源植物。

栽培要点 / 播种繁殖。当坚果转褐色时采种，将种子摊开暴晒使种子脱落，揉去种翅，藏于通风干燥处或用湿沙贮藏，待翌年春播种。喜湿润、半阴环境。

枫杨

胡桃科 枫杨属

Pterocarya stenoptera C. DC.

主要特征 大乔木；高达 30 m。羽状复叶长 20~40 cm，叶轴具翅；小叶 10~16 片，对生，长椭圆形，长 8~12 cm，基部歪斜，边缘有向内弯的细锯齿。雄性葇荑花序单独生于二年生枝条上叶痕腋内；雌性葇荑花序顶生。果序长 20~45 cm；果长椭圆形，翅狭，条形或阔条形。

花果期 花期 4~5 月；果期 8~9 月。

生境及分布 在粤北的乐昌、乳源、始兴、连南、曲江、英德、阳山、翁源、和平、平远、蕉岭等地常见。生于沿溪涧河滩、阴湿山坡地的林中。华北、华中、华东、华南和西南各地均有分布。

产蜜及花粉性状 蜜粉源较少；辅助蜜源植物。

栽培要点 播种繁殖。种子采回后除去翅晒干后袋藏或拌沙贮藏，至翌年春季播种。阳性树种，喜光；耐水湿，亦耐干旱，对土壤要求不严，较喜疏松、肥沃沙壤土。

灯台树

山茱萸科 灯台树属

Cornus controversa Hemsl.

主要特征 / 落叶乔木；高 6~15 m。叶互生，纸质，阔卵形或椭圆状卵形，长 6~13 cm，全缘，下面灰绿色，密被淡白色平贴短柔毛，中脉、叶柄微带紫红色。伞房状聚伞花序顶生，宽 7~13 cm；花小，白色。核果球形，直径 6~7 mm，成熟时紫红色至蓝黑色。

花果期 / 花期 5~6 月；果期 7~8 月。

生境及分布 / 在粤北的乳源、乐昌等地常见。生于山地林中及沟谷、溪边。分布于辽宁、河北、陕西、甘肃、山东、安徽、台湾、河南、广东、广西以及长江以南各省区。

产蜜及花粉性状 / 蜜粉源较少；辅助蜜源植物。

栽培要点 / 扦插或播种繁殖。扦插以春季或秋季为宜；当果皮由绿色转为绿褐色时采种，将种子放入清水中浸泡几小时，搓去外果皮及果肉，洗净阴干，湿沙层积保存。喜光，稍耐阴；喜肥沃、湿润及排水良好的酸性至中性土壤。

尖叶四照花

山茱萸科 四照花属

Dendrobenthamia angustata (Chun) Fang

别名 / 狭叶四照花

主要特征 / 常绿乔木或灌木；高 4~12 m。叶对生，薄革质，长圆状椭圆形至卵状披针形，长 7~9 cm，顶端尾状渐尖，下面灰绿色，密被白色贴生短柔毛。头状花序球形；总苞片 4 枚，长卵形至倒卵形，长 2.5~5 cm，初为淡黄色，后变为白色。果序球形，直径 2.5 cm，成熟时红色。

花果期 / 花期 6~7 月；果期 10~11 月。

生境及分布 / 在粤北的乳源、乐昌、始兴、南雄、连山、阳山、连平、和平、平远、大埔等地常见；生于密林内或混交林中。分布于云南、陕西、甘肃、浙江、安徽、江西、福建、湖北、湖南、广东、广西、四川、贵州、云南等省区。

产蜜及花粉性状 / 蜜粉源较少；辅助蜜源植物。

栽培要点 / 播种或扦插繁殖。采种后将果实集中堆沤发酵，置于水中搓擦淘洗，所得果核用湿沙层积保存。扦插以春、秋季为宜。喜光，也稍耐阴；喜肥沃、湿润及排水良好的微酸性或中性土壤。

香港四照花

山茱萸科 四照花属

Dendrobenthamia hongkongensis (Hemsl.) Hutch.

别名 / 山荔枝

主要特征 / 常绿乔木或灌木；高 5~15 m。叶对生，薄革质至厚革质，椭圆形至长椭圆形，长 6~13 cm，顶端短渐尖，上面深绿色，有光泽。头状花序球形；总苞片 4 枚，白色，宽椭圆形至倒卵状宽椭圆形，长 2.8~4 cm，顶端钝圆有突尖头。果序球形，直径 2.5 cm，成熟时黄色或红色。

花果期 / 花期 5~6 月；果期 11~12 月。

生境及分布 / 在粤北的乐昌、乳源、始兴、仁化、连州、连山、连南、阳山、英德、新丰、翁源、郁南、罗定等地常见。生于山谷密林或溪边。分布于浙江、江西、福建、湖南、广东、广西、四川、贵州、云南等省区。

产蜜及花粉性状 / 蜜粉源较少；辅助蜜源植物。

栽培要点 / 播种或扦插繁殖。采种后将果实集中堆沤发酵，置于水中搓擦淘洗，所得果核用湿沙层积保存。扦插以春季或秋季为宜。喜光，也稍耐阴；喜肥沃、湿润及排水良好的微酸性或中性土壤。

光皮梾木

山茱萸科 梾木属

Swida wilsoniana (Wanger.) Sojak

别名 光皮树

主要特征 落叶乔木；高 5~18 m。树皮光滑，块状剥落，常显得没有树皮。叶对生，纸质，椭圆形或卵状椭圆形，长 6~12 cm，边缘波状，下面灰绿色，密被白色乳头状突起及平贴短柔毛。顶生圆锥状聚伞花序；花小，白色。核果球形，直径 6~7 mm，成熟时紫黑色至黑色。

花果期 花期 5 月；果期 10~11 月。

生境及分布 在粤北的乐昌、乳源、连州、阳山、英德等地常见。生于林中、村边。分布于陕西、甘肃、浙江、江西、福建、河南、湖北、湖南、广东、广西、四川、贵州等省区。

产蜜及花粉性状 蜜粉源较多；优势蜜粉源植物。

栽培要点 播种繁殖。采种后将果实集中堆沤发酵，置于水中搓擦淘洗，所得果核用湿沙层积保存。喜光、耐寒，喜深厚、肥沃而湿润的土壤，在酸性土及石灰岩土上生长良好；萌芽力强，须及时修剪。

八角枫

八角枫科 八角枫属

Alangium chinense (Lour.) Harms

主要特征 / 落叶小乔木或灌木，高 3~15 m。小枝略呈之字形，幼枝紫绿色。叶纸质，近圆形或椭圆形、卵形，基部两侧不对称，长 13~26 cm，不分裂或 3~9 裂。聚伞花序腋生；花瓣 6~8 枚，线形，长 1~1.5 cm，开花后上部反卷，初为白色，后变黄色。核果卵圆形，幼时绿色，成熟后黑色。

花果期 / 花期 5~7 月；果期 7~11 月。

生境及分布 / 在粤北各地均常见。生于山地疏林中、村边。分布于河南、陕西、甘肃、江苏、浙江、安徽、福建、台湾、江西、湖北、湖南、四川、贵州、云南、广东、广西和西藏。

产蜜及花粉性状 / 蜜粉源较少，辅助蜜源植物，属于有毒蜜粉源植物。

栽培要点 / 播种繁殖。采种后将果实集中堆沤发酵，置于水中搓擦淘洗，所得果核用湿沙层积保存。阳性树种，稍耐阴，对土壤要求不严，喜肥沃、疏松、湿润的土壤，具一定耐寒性，萌芽力强，耐修剪，根系发达，适应性强。

小花八角枫

八角枫科 八角枫属

Alangium faberi Oliv.

主要特征 落叶灌木；高 1~4 m。叶薄纸质，不裂或 2~3 裂，不裂者长圆形或披针形，基部倾斜，近圆形或心形，长 7~19 cm。聚伞花序短而纤细，有 5~10 朵花；花瓣 5~6 枚，线形，长 5~6 mm，开花时向外反卷。核果近卵圆形或卵状椭圆形，直径 4 mm，幼时绿色，成熟时淡紫色。

花果期 花期 6 月；果期 9 月。

生境及分布 在粤北的乐昌、乳源、始兴、连山、连南、南雄、阳山、英德、翁源等地常见。生于疏林中。分布于湖北、湖南、广东、海南、广西、四川、贵州等地。

产蜜及花粉性状 蜜粉源较少；辅助蜜源植物。

栽培要点 播种繁殖。采种后将果实集中堆沤发酵，置于水中搓擦淘洗，所得果核用湿沙层积保存。阳性树种，稍耐阴，对土壤要求不严，耐寒，萌芽力强，适应性强。

毛八角枫

八角枫科 八角枫属

Alangium kurzii Craib.

主要特征 / 落叶小乔木或灌木；高 5~10 m。叶纸质，近圆形或阔卵形，基部心形或近心形，两侧不对称，全缘，长 12~14 cm，下面有黄褐色丝状茸毛。聚伞花序有 5~7 朵花；花瓣 6~8 枚，线形，长 2~2.5 cm，上部开花时反卷，初白色，后变淡黄色。核果长圆状椭圆形，直径 8 mm，成熟后黑色。

花果期 / 花期 5~6 月；果期 9 月。

生境及分布 / 在粤北各地均常见。生于山地疏林中。分布于江苏、安徽、浙江、江西、湖南、广东、海南、广西、贵州等地。

产蜜及花粉性状 / 蜜粉源较少；辅助蜜源植物。

栽培要点 / 播种繁殖。果核采用湿沙层积保存。阳性树种，稍耐阴，喜肥沃、疏松且排水良好的土壤。

云山八角枫

八角枫科 八角枫属

Alangium kurzii var. **handelii** (Schnarf) W. P. Fang

主要特征 落叶小乔木或灌木；高 5~10 m。叶纸质，长圆状卵形，稀椭圆形或卵形，边缘除近顶端有不明显的粗锯齿外，其余部分近全缘或略呈浅波状，长 11~19 cm，幼时两面无毛，其后无毛，叶柄长 2~2.5 cm。聚伞花序有 2.5~4 cm；花丝长约 4 cm，有粗壮毛。核果椭圆形，长 8~10 mm，成熟后黑色。

花果期 花期 5 月；果期 8~9 月。

生境及分布 在粤北各地均常见。生于山地疏林中。分布于江苏、安徽、浙江、江西、湖南、广东、海南、广西、贵州等地。

产蜜及花粉性状 蜜粉源较少；辅助蜜源植物。

栽培要点 播种繁殖。果核采用湿沙层积保存。阳性树种，稍耐阴，喜肥沃、疏松且排水良好的土壤。

喜树

珙桐科 喜树属

Camptotheca acuminata Decne.

别名 / 旱莲木

主要特征 / 落叶乔木；高达 20 m。叶纸质，长圆状卵形，长12~28 cm，边全缘或呈微波状。头状花序近球形，常由 2~9 个头状花序组成圆锥花序，通常上部为雌花序，下部为雄花序。瘦果翅果状，狭长圆形，长 2~2.5 cm，着生成近球形的头状果序。

花果期 / 花期 5~7 月；果期 9 月。

生境及分布 / 在粤北的乐昌、乳源、连州、连南、连山、南雄、曲江、和平、紫金、丰顺等地常见。分布于江苏、浙江、福建、江西、湖北、湖南、四川、贵州、广东、广西、云南等省区。

产蜜及花粉性状 / 蜜粉源较少；辅助蜜源植物。属于有毒蜜源植物。

栽培要点 / 播种繁殖。搓去鲜果果皮，洗净晾干，用湿沙层积贮藏。阳性树种，喜光，温暖湿润环境，不耐寒，不耐干旱瘠薄，宜栽植于土层深厚、肥沃、湿润环境。

紫树

珙桐科 紫树属

Nyssa sinensis Oliv.

别名 / 蓝果树

主要特征 / 落叶乔木；高达 20 m。叶纸质，椭圆形或长卵形，长 12~15 cm，边缘略呈浅波状，干燥后深紫色。花序伞形或短总状，花雌雄异株；雄花着生于叶已脱落的老枝上；雌花生于具叶的幼枝上。核果长圆状椭圆形或长倒卵圆形，长 1~1.2 cm，成熟时深蓝色，后变深褐色。

花果期 / 花期 4~5 月；果期 6~8 月。

生境及分布 / 在粤北的乐昌、乳源、连山、连南、曲江、英德、新丰、连平、和平、五华、梅州、平远、大埔、蕉岭等地常见。生于山地林中。分布于江苏、浙江、安徽、江西、湖北、四川、湖南、贵州、福建、广东、广西、云南等省区。

产蜜及花粉性状 / 蜜粉源较少；辅助蜜源植物。

栽培要点 / 播种繁殖。搓去鲜果果皮，洗净晾干，用湿沙层积贮藏。阳性树种，喜光，喜温暖湿润环境，不耐寒，不耐干旱瘠薄，宜栽植于土层深厚、肥沃的土壤。

头序楤木

五加科 楤木属

Aralia dasyphylla Miq.

主要特征 / 灌木或小乔木；高 2~10 m。小枝刺短而直，基部粗壮。叶为二回羽状复叶；叶轴和羽轴密生黄棕色茸毛，有刺或无刺；羽片有小叶 7~9 片；小叶卵形至长圆状卵形，基部歪斜，上面粗糙，下面密生棕色茸毛，边缘有细锯齿。头状花序组成大型圆锥花序。果球形，紫黑色，有 5 条棱。

花果期 / 花期 8~10 月；果期 10~12 月。

生境及分布 / 在粤北的乐昌、连州、连南、英德、翁源、新丰、和平、梅州、新兴、罗定等地常见。生于林中、林缘和向阳山坡。广布于我国南部。

产蜜及花粉性状 / 蜜粉源较少；辅助蜜源植物。

栽培要点 / 播种繁殖。采种后取出种子，清净晾干后用湿沙贮藏或干藏。喜半阴、喜温暖湿润环境；栽培以疏松、肥沃且排水良好的沙壤土为佳。

棘茎楤木

五加科 楤木属

Aralia echinocaulis Hand.-Mazz.

主要特征 / 小乔木；高达 7 m。小枝密生细长直刺。叶为二回羽状复叶；羽片有小叶 5~9 片；小叶长圆状卵形至披针形，长 4~11.5 cm，基部圆形至阔楔形，歪斜，两面均无毛，边缘疏生细锯齿。伞形花序组成圆锥花序，长 30~50 cm。果球形，直径 2~3 mm，有 5 条棱。

花果期 / 花期 6~8 月；果期 9~11 月。

生境及分布 / 在粤北的乐昌、始兴、连山、云浮、和平等地常见。生于林中和林缘。分布于四川、云南、贵州、广西、广东、福建、江西、湖北、湖南、安徽和浙江。

产蜜及花粉性状 / 蜜粉源较少；辅助蜜源植物。

栽培要点 / 播种繁殖。采种后取出种子，清净晾干后用湿沙贮藏或干藏。喜半阴、喜温暖湿润环境；栽培以疏松、肥沃且排水良好的沙壤土为佳。

秀丽楤木

五加科 楤木属

Aralia edulis Sieb. Zucc.

主要特征 / 灌木。小枝疏生细长直刺。叶为二回羽状复叶，长 30~40 cm；羽片有小叶 5~11 片；小叶薄纸质，卵形或卵状披针形，长 3~6 cm，基部圆形或阔楔形，略歪斜，边缘疏生锯齿。伞形花序组成圆锥花序，分枝紫棕色。果倒圆锥形，长约 2 mm。

花果期 / 花期 7 月；果期 9~11 月。

生境及分布 / 在粤北的乐昌、乳源、清远等地常见。生于山谷中。分布于广东和广西。

产蜜及花粉性状 / 蜜粉源较少；辅助蜜源植物。

栽培要点 / 播种繁殖。采种后取出种子，清净晾干后用湿沙贮藏或干藏。喜半阴、喜温暖湿润环境；栽培以疏松、肥沃且排水良好的沙壤土为佳。

黄毛楤木

五加科 楤木属

Aralia decaisneana Hance

主要特征 / 灌木，高 1~5 m。枝密生黄棕色茸毛，刺短而直，基部稍膨大。叶为二回羽状复叶，长达 1.2 m；叶柄、叶轴和羽轴密生黄棕色茸毛；羽片有小叶 7~13 片，小叶卵形至长圆状卵形，两面密生黄棕色茸毛，边缘有细尖锯齿。伞形花序组成圆锥花序，长达 60 cm。果球形，黑色，有 5 条棱。

花果期 / 花期 10 月至翌年 1 月；果期 12 月至翌年 2 月。

生境及分布 / 在粤北各地均常见。生于阳坡或疏林中。分布于我国南部各省区。

产蜜及花粉性状 / 蜜粉源较少；辅助蜜源植物。

栽培要点 / 播种繁殖。采种后取出种子，清净晾干后用湿沙贮藏或干藏。喜半阴、喜温暖湿润环境；栽培以疏松、肥沃且排水良好的沙壤土为佳。

树参

五加科 树参属

Dendropanax dentigerus (Harms) Merr.

别名 / 半枫荷

主要特征 / 小乔木或灌木；高 2~8 m。叶革质，密生粗大半透明红棕色腺点，叶形变异很大，不分裂叶片通常为椭圆形或椭圆状披针形；分裂叶片倒三角形，掌状 2~3 深裂或浅裂。伞形花序顶生，单生或 2~5 个聚生成复伞形花序。果长圆状球形，有 5 条棱，每条棱又各有纵脊 3 条。

花果期 / 花期 8~10 月；果期 10~12 月。

生境及分布 / 在粤北各地均常见。生于常绿阔叶林或灌丛中。广布于浙江、安徽、湖南、湖北、四川、贵州、云南、广西、广东、江西、福建和台湾。

产蜜及花粉性状 / 蜜粉源较多；优势蜜粉源植物。

栽培要点 / 播种繁殖。采种后取出种子，清净晾干后用湿沙贮藏或干藏。喜湿润环境，苗期注意遮阴及保持土壤湿润；适生于肥沃土壤。

变叶树参

五加科 树参属

Dendropanax proteus (Champ. ex Benth.) Benth.

主要特征 / 直立灌木；高 1~3 m。叶形大小、形状变异很大，不分裂或 2~3 裂，从线状披针形至椭圆形，叶边全缘或有细齿。伞形花序单生或 2~3 个聚生，有花十数朵至数十朵或更多。果球形，平滑，直径 5~6 mm。

花果期 / 花期 8~9 月；果期 9~10 月。

生境及分布 / 在粤北各地均常见。生于山谷溪边、阳坡和路旁。分布于福建、江西、湖南、广东、广西及云南。

产蜜及花粉性状 / 蜜粉源较多；优势蜜粉源植物。

栽培要点 / 播种繁殖。采种后取出种子，清净晾干后用湿沙贮藏或干藏。喜湿润环境，苗期注意遮阴及保持土壤湿润；适生于肥沃土壤。

白簕花

五加科 五加属

Eleutherococcus trifoliatus (Linn.) S. Y. Hu

别名 三加皮

主要特征 灌木，高达 7 m。幼枝有刺。三出复叶，互生；小叶具有短小叶柄，菱形或椭圆形，叶基楔形，叶尖锐形，叶缘锯齿状，叶表面平滑。伞形花序腋生；花萼较短，边缘具 5 齿裂；花白色，花瓣 5 枚，三角状卵形，先端反卷；雄蕊 5 枚。浆果，扁球形，先端略二歧分叉，宿存花柱。

花果期 花期 8~11 月；果期 9~12 月。

生境及分布 在粤北各地均常见。生于低海拔疏林中或林缘。分布于我国东南部和中部地区。

产蜜及花粉性状 蜜粉源较少；辅助蜜源植物。

栽培要点 播种或根插繁殖，种子用湿沙贮藏或干藏。喜温暖湿润环境，适生于肥沃的沙壤土。

短梗幌伞枫

五加科 幌伞枫属

Heteropanax brevipedicellatus Li

主要特征 / 常绿灌木或小乔木；高 3~9 m。新枝、叶轴、花序主轴和分枝密生暗锈色茸毛。叶四至五回羽状复叶，长达 90 cm；小叶纸质，椭圆形至狭椭圆形，全缘，稀在中部以上疏生不规则细锯齿。伞形花序头状，组成圆锥花序顶生。果扁球形，黑色，宽 7~8 mm。

花果期 / 花期 11~12 月；果期翌年 1~2 月。

生境及分布 / 在粤北的乐昌、英德、新丰、翁源、清远、和平等地常见。生于低山、丘陵林中、林缘、路旁。分布于广西、广东、江西和福建。

产蜜及花粉性状 / 蜜粉源较少；辅助蜜源植物。

栽培要点 / 播种或扦插繁殖，种子用湿沙贮藏。喜光，也耐阴，较耐干旱及贫瘠；适宜在深厚、肥沃、排水良好的酸性土壤上生长。

刺楸

五加科 刺楸属

Kalopanax septemlobus (Thunb.) Koidz.

主要特征 / 落叶乔木；高达 30 m。树干着生鼓钉状锐刺，小枝散生粗刺。叶纸质，在长枝上互生，短枝上簇生，近圆形，直径 9~35 cm，掌状 5~7 深裂。伞形花序组成圆锥花序，长 15~30 cm；花白色或淡绿黄色。果球形，直径约 5 mm，蓝黑色。

花果期 / 花期 7~10 月；果期 9~12 月。

生境及分布 / 在粤北的乐昌、乳源、连南等地常见。生于阳坡林中、灌丛和林缘，特别喜生于石灰岩山地。北自东北起，南至广东、广西、云南，西自四川西部，东至海滨的广大区域内均有分布。

产蜜及花粉性状 / 蜜粉源较少；辅助蜜源植物。

栽培要点 / 以播种为主，也可扦插繁殖；种子用湿沙贮藏。适应性很强，喜阳光充足和湿润的环境，稍耐阴、耐寒，适宜在含腐殖质丰富、土层深厚疏松且排水良好的中性或微酸性土壤中生长。

穗序鹅掌柴

五加科 鹅掌柴属

Schefflera delavayi (Franch.) Harms ex Diels

主要特征 / 乔木或灌木；高 3~8 m。幼时植株各部密生黄棕色星状茸毛。掌状复叶有小叶 4~7 片，叶柄最长可达 70 cm；小叶长椭圆形、卵状披针形或长圆状披针形，边缘全缘或疏生不规则的齿或缺裂。花密集成穗状花序，再组成大型圆锥花序。果球形，紫黑色，直径约 4 mm。

花果期 / 花期 10~11 月；果期翌年 1 月。

生境及分布 / 在粤北的乐昌、乳源、始兴、连州、连南、连山、仁化、阳山、连平、翁源、新丰、和平等地常见。生于山谷、溪边、林缘、林中。广布于云南、贵州、四川、湖北、湖南、广西、广东、江西以及福建。

产蜜及花粉性状 / 蜜粉源较少；辅助蜜源植物。

栽培要点 / 播种繁殖；种子用湿沙贮藏。喜光，也耐半阴；喜温暖、湿润环境，不耐寒；喜肥沃的酸性土壤。

Schefflera delavayi (Franch.) Harms ex Diels

鹅掌柴

五加科 鹅掌柴属

Heptapleurum heptaphyllum (L.) Y. F. Deng

别名 / 鸭脚木

主要特征 / 乔木或灌木。幼时植株各部密生星状短柔毛。叶有小叶 6~11 片，叶柄长 15~30 cm；小叶纸质至革质，长椭圆形、长圆状椭圆形或倒卵状椭圆形。圆锥花序顶生，长 20~30 cm，有总状排列的伞形花序几个至十几个。果球形，黑色，直径约 5 mm，有不明显的棱。

花果期 / 花期 11~12 月；果期 12 月至翌年 1 月。

生境及分布 / 在粤北各地均常见。生于山地林中、溪边或林缘。广泛分布于西藏、云南、广西、广东、浙江、福建和台湾。

产蜜及花粉性状 / 蜜源丰富，粉源较多；主要蜜源植物。

栽培要点 / 播种繁殖；种子用湿沙贮藏。喜光，也耐半阴；喜温暖、湿润环境，不耐寒；喜肥沃的酸性土壤。

粉背鹅掌柴

五加科 鹅掌柴属

Schefflera insignis C. N. Ho

主要特征 / 灌木。有小叶 6~12 片；叶柄长 20~30 cm；小叶长圆状椭圆形或椭圆形，长 13~15 cm，基部钝或近圆形，两面无毛；小叶柄长 4~6 cm。圆锥花序顶生，长约 30 cm。果球形，有 5 条棱，成熟时紫黑色。

花果期 / 花期 10~11 月；果期 12 月。

生境及分布 / 在粤北的新丰、乐昌等地常见。生于山地密林或疏林中。分布于广东。

产蜜及花粉性状 / 蜜粉源较多；优势蜜粉源植物。

栽培要点 / 播种繁殖；种子用湿沙贮藏。喜光，也耐半阴；喜温暖、湿润环境，不耐寒；喜肥沃的酸性土壤。

星毛鹅掌柴

五加科 鹅掌柴属

Schefflera minutistellata Merr. ex Li

别名 星毛鸭脚木

主要特征 灌木或小乔木。幼时植株各部密生黄棕色星状茸毛。有小叶 7~15 片；叶柄最长达 66 cm；小叶卵状披针形至长圆状披针形，长 10~16 cm，有时近顶端有细齿；小叶柄极不等长。圆锥花序顶生，由伞形花序疏散组成。果球形，有 5 条棱，直径 4 mm。

花果期 花期 9 月；果期 10 月。

生境及分布 在粤北的乐昌、乳源、始兴、仁化、英德、阳山、新丰、罗定等地常见。生于山地密林或疏林中。分布于云南、贵州、湖南、广西、广东和福建等省区。

产蜜及花粉性状 蜜粉源较多；优势蜜粉源植物。

栽培要点 播种繁殖；种子用湿沙贮藏。喜光，也耐半阴；喜温暖、湿润环境，不耐寒；喜肥沃的酸性土壤。

贵定桤叶树

山柳科 桤叶树属

Clethra cavaleriei Lévl.

别名 / 江南山柳

主要特征 / 落叶灌木或小乔木，高 1~5 m。叶纸质，卵状椭圆形或长圆状椭圆形，长 6~11 cm，侧脉的腋内有白色髯毛，干后呈粉白色，边缘具锐尖腺头锯齿，中肋鲜时红色。总状花序单一，长 9~20 cm；花瓣 5 枚，白色或粉红色。蒴果近球形。

花果期 / 花期 7~8 月；果期 9~10 月。

生境及分布 / 在粤北的乐昌、乳源、曲江、连山、连南、连州、英德、阳山、清远、紫金、五华、梅州、大埔等地常见。生于山顶、山坡疏林或密林中。分布于浙江、福建、江西、湖南、广东、广西、贵州、四川等省区。

产蜜及花粉性状 / 蜜粉源较少；辅助蜜源植物。

栽培要点 / 播种繁殖；种子用湿沙贮藏。喜温暖、湿润环境，耐阴，也耐寒。以肥沃、排水良好的沙壤土为最佳。

贵州桤叶树

山柳科 桤叶树属

Clethra kaipoensis Lévl.

别名 / 大叶山柳、毛叶山柳

主要特征 落叶灌木或乔木；高 1~6 m。叶纸质、长圆状椭圆形或卵状长圆形，长 8~19 cm，下面被毛稀疏，边缘具锐尖锯齿。总状花序 4~8 枝成伞形花序；花序轴、花梗和苞片均密被金锈色星状及成簇长硬毛。蒴果近球形，疏被长硬毛。

花果期 花期 7~8 月；果期 9~10 月。

生境及分布 在粤北的乐昌、连州、阳山、仁化、连平等地常见。生于山地路旁、溪边或山谷密林、疏林及灌丛中。分布于江西、福建、湖南、广东、广西。

产蜜及花粉性状 蜜粉源较少；辅助蜜源植物。

栽培要点 播种繁殖；种子用湿沙贮藏。喜温暖、湿润环境，耐阴，也耐寒。以肥沃、排水良好的沙壤土为最佳。

灯笼树

杜鹃花科 吊钟花属

Enkianthus chinensis Franch.

主要特征 / 落叶灌木或小乔木，高 3~6 m，稀达 10 m。叶常聚生枝顶，纸质，长圆形至长圆状椭圆形，长 3~4（5）cm，宽 2~2.5 cm，边缘具钝齿，两面无毛，先端钝尖。花多数组成伞形花序状总状花序；花梗纤细，长 2.5~4 cm，无毛；花下垂；花萼 5 裂，裂片三角形；花冠阔钟形。蒴果卵圆形，下垂，直径 6~7（8）mm，室背开裂为 5 果瓣。种子长约 6 mm，具皱纹，有翅，每室有种子多数。

花果期 / 花期 5 月；果期 6~10 月。

生境及分布 / 在粤北的乐昌、乳源等地常见。生于高海拔山地疏林及灌丛中。分布于长江流域及其以南多数省区。

产蜜及花粉性状 / 蜜粉源较少；辅助蜜源植物。

栽培要点 / 播种繁殖；种子用湿沙贮藏催芽。阳性树木，喜光，耐半阴，耐寒，耐干旱瘠薄；对土壤的要求不高，较喜欢在石灰岩土壤中生长。

齿叶吊钟花

杜鹃花科 吊钟花属

Enkianthus serrulatus (Wils.) Schneid.

主要特征 落叶灌木；高 2~6 m。叶密集枝顶，厚纸质，长圆形或长卵形，长 6~8 cm，边缘具细锯齿，背面中脉被白色柔毛。伞形花序顶生。有花 2~6 朵，花下垂；花梗长，结果时直立，变粗壮；花冠钟形，白绿色，口部 5 浅裂，裂片反卷。蒴果具棱，顶端有宿存花柱。

花果期 花期 4 月；果期 5~7 月。

生境及分布 在粤北的乐昌、乳源、连州、连南、连山、阳山等地常见；生于山顶、山坡灌丛中。分布于浙江、江西、福建、湖北、湖南、广东、广西、四川、贵州、云南。

产蜜及花粉性状 蜜粉源较少；辅助蜜源植物。

栽培要点 播种繁殖；种子用湿沙贮藏催芽。喜光，耐半阴，土壤以肥沃、疏松、排水良好的沙壤土为佳，在黏重板结的土壤中生长不良。

滇白珠树

杜鹃花科 白珠树属

Gaultheria yunnanensis (Franch.) Rehd.

别名 / 九木香、鸡骨香

主要特征 / 常绿灌木；高 1~3 m。枝条细长，左右曲折。叶革质，卵状长圆形，长 7~9 cm，顶端尾状渐尖，基部钝圆或心形，边缘具锯齿，背面密被褐色斑点。总状花序腋生，花 10~15 朵，疏生；花冠白绿色，钟形，口部 5 裂。浆果状蒴果球形，直径约 5 mm，5 裂。

花果期 / 花期 5~6 月；果期 7~11 月。

生境及分布 / 在粤北的乐昌、乳源、连山、连南、曲江、英德、阳山、翁源、连平、和平、平远等地常见。生于山坡灌丛或疏林中。分布于我国长江流域及其以南各省区。

产蜜及花粉性状 / 蜜粉源丰富，主要蜜粉源植物。

栽培要点 / 播种繁殖；种子用湿沙贮藏催芽。喜温暖、湿润环境，栽植以沙壤土为佳。

南烛

杜鹃花科 南烛属

Lyonia ovalifolia (Wall.) Drude

别名 / 珍珠花

主要特征 / 落叶灌木或小乔木，高 2~4 m。叶近革质，卵形或椭圆形，长 6~10 cm。总状花序腋生，近基部有 2~3 枚叶状苞片；花萼深 5 裂，裂片长椭圆形；花冠圆筒状，长约 8 mm，上部浅 5 裂，裂片向外反折。蒴果球形，直径 4~5 mm。

花果期 / 花期 5~6 月；果期 7~9 月。

生境及分布 / 在粤北的乐昌、乳源、连州、翁源、河源、丰顺、平远等地常见。生于山坡灌丛中。分布于台湾、华东、华中、华南至西南。

产蜜及花粉性状 / 蜜源丰富，粉源较多；主要蜜源植物。

栽培要点 / 播种繁殖；种子用湿沙贮藏催芽。喜温暖、湿润环境，能耐一定寒冷，适应性较强，栽植以沙壤土为佳。

狭叶南烛

杜鹃花科 南烛属

Lyonia ovalifolia (Will.) Drude var. **lanceolata** (Wall.) Hand.-Mazz.

别名 狭叶珍珠花

主要特征 与原种"南烛"的不同在于叶椭圆状披针形，顶端钝尖或渐尖，基部狭窄，楔形或阔楔形；叶柄长 6~8 mm；萼片较狭，披针形。

花果期 花期 5~6 月；果期 7~9 月。

生境及分布 在粤北的乐昌、乳源、连州、连南、连山、英德、河源、和平、大埔、平远等地常见。生于山坡灌丛中。分布于福建、湖北、广东、广西、四川、贵州、云南、西藏等省区。

产蜜及花粉性状 蜜源丰富，粉源较多；主要蜜源植物。

栽培要点 扦插或播种繁殖；种子用湿沙贮藏催芽，扦插以春、秋季为宜。喜温暖、湿润环境，适应性强。

347

多花杜鹃

杜鹃花科 杜鹃花属

Rhododendron cavaleriei Lévl.

主要特征 / 常绿灌木或小乔木；高 2~8 m。叶革质，披针形或倒披针形，长 7~10 cm，边缘微反卷。伞形花序生于枝顶叶腋，有花 10~15 朵；花冠白色至蔷薇色，狭漏斗形，5 深裂，裂片长圆状披针形，具条纹。蒴果圆柱形，长 3~4 cm，密被褐色短柔毛。

花果期 / 花期 4~5 月；果期 6~11 月。

生境及分布 / 在粤北的乐昌、连州、连山、连南、阳山、云浮、罗定等地常见。生于疏林或密林中。分布于江西、湖南、广东、广西和贵州。

产蜜及花粉性状 / 蜜粉源较少；辅助蜜源植物。

栽培要点 / 扦插或播种繁殖，以扦插繁殖为主；种子用湿沙贮藏催芽，扦插以春、秋季为宜。喜凉爽湿润环境，忌酷热干燥，适应性较强，耐干旱，耐瘠薄，栽植以富含腐殖质、疏松、湿润及微酸性土壤为宜。

粘毛杜鹃

杜鹃花科 杜鹃花属

Rhododendron championae Hook.

别名 / 刺毛杜鹃、太平杜鹃

主要特征 / 常绿灌木；高 1~5 m。枝被开展的腺头刚毛和短柔毛。叶厚纸质，长圆状披针形，长达 17.5 cm，两面被短刚毛和柔毛，中脉和侧脉在上面下凹，下面显著凸出。伞形花序生于枝顶叶腋，有花 2~7 朵，总花梗、花梗密被腺头刚毛和短硬毛；花冠白色或淡红色。蒴果圆柱形，长达 5.5 cm。

花果期 / 花期 4~5 月；果期 5~11 月。

生境及分布 / 在粤北各地均常见。生于山谷疏林内。分布于广东、云南和西藏。

产蜜及花粉性状 / 蜜粉源较少；辅助蜜源植物。

栽培要点 / 扦插或播种繁殖，以扦插繁殖为主；种子用湿沙贮藏催芽，扦插以春、秋季为宜。喜凉爽湿润环境，忌酷热干燥，适应性较强，耐干旱，耐瘠薄，栽植以富含腐殖质、疏松、湿润及微酸性土壤为宜。

云锦杜鹃

杜鹃花科 杜鹃花属

Rhododendron fortunei Lindley

主要特征 / 常绿灌木或小乔木；高 3~12 m。叶厚革质，长圆形至长圆状椭圆形，长 8~15 cm。顶生总状伞形花序疏松，有花 6~12 朵；花冠漏斗状钟形，长 4.5~5.2 cm，粉红色，裂片 7 枚，阔卵形。蒴果长圆状卵形至长圆状椭圆形，长 2.5~3.5 cm。

花果期 / 花期 4~5 月；果期 8~11 月。

生境及分布 / 在粤北的乐昌、乳源、阳山等地常见。生于山脊阳处或林下。分布于陕西、湖北、湖南、河南、安徽、浙江、江西、福建、广东、广西、四川、贵州及云南。

产蜜及花粉性状 / 蜜粉源较少；辅助蜜源植物。

栽培要点 / 扦插或播种繁殖，以扦插繁殖为主；种子用湿沙贮藏催芽，扦插以春、秋季为宜。喜凉爽湿润环境，忌酷热干燥，适应性较强，耐干旱，耐瘠薄，栽植以富含腐殖质、疏松、湿润及微酸性土壤为宜。

广东杜鹃

杜鹃花科 杜鹃花属

Rhododendron kwangtungense Merr. et Chun

主要特征 / 常绿灌木；高 1~3 m。幼枝纤细，密被长刚毛和腺头短刚毛。叶近革质，披针形至长圆状披针形，长 3~8 cm，下面苍白色，散生刚毛。伞形花序顶生，具花 8~16 朵；花梗密被锈色刚毛和短腺头毛；花冠狭漏斗形，紫红色或白色，长 2 cm。蒴果长圆状卵形，具刚毛。

花果期 / 花期 5 月；果期 10 月。

生境及分布 / 在粤北的乐昌、乳源、连州、连山、仁化、英德、阳山、翁源、大埔等地常见。生于疏林下或灌丛中。分布于湖南、广东、广西。

产蜜及花粉性状 / 蜜粉源较少；辅助蜜源植物。

栽培要点 / 扦插或播种繁殖，以扦插繁殖为主；种子用湿沙贮藏催芽，扦插以春、秋季为宜。喜凉爽湿润环境，忌酷热干燥，适应性较强，耐干旱、耐瘠薄，栽植以富含腐殖质、疏松、湿润及微酸性土壤为宜。

鹿角杜鹃

杜鹃花科 杜鹃花属

Rhododendron latoucheae Franch.

主要特征 / 常绿灌木或小乔木，高 2~7 m。叶革质，卵状椭圆形，长 5~10 cm，基部楔形或近于圆形，边缘反卷。花芽常数个单生于枝顶，每花芽具花 1~4 朵；花冠粉红色，长 3.5~4 cm，5 深裂，裂片开展。蒴果圆柱形，长 3.5~4 cm，具纵肋。

花果期 / 花期 3~5 月；果期 7~10 月。

生境及分布 / 在粤北的乐昌、乳源、始兴、连州、仁化、南雄、曲江、平远、罗定等地常见。生于阔叶林内。分布于浙江、江西、福建、湖北、湖南、广东、广西、四川和贵州。

产蜜及花粉性状 / 蜜粉源较少；辅助蜜源植物。

栽培要点 / 扦插或播种繁殖，以扦插繁殖为主；种子用湿沙贮藏催芽，扦插以春、秋季为宜。喜凉爽湿润环境，忌酷热干燥，适应性较强，耐干旱，耐瘠薄，栽植以富含腐殖质、疏松、湿润及微酸性土壤为宜。

紫花杜鹃

杜鹃花科 杜鹃花属

Rhododendron mariae Hance

主要特征 / 常绿灌木；高 1~3 m。叶近革质，椭圆状披针形至椭圆状倒卵形，长 3~8 cm，边缘微反卷，下面散生红棕色糙伏毛；叶柄密被红棕色或深褐色糙伏毛。伞形花序顶生，具花 7~16 朵；花冠狭漏斗状，长 1.5~2.2 cm，紫色。蒴果长卵球形。

花果期 / 花期 3~6 月；果期 7~11 月。

生境及分布 / 在粤北的乐昌、始兴、乳源、连州、连山、连南、曲江、英德、阳山、新丰、翁源、连平、清远、河源、丰顺、蕉岭、平远、云浮等地常见。生于山地灌丛中。分布于广东、广西、湖南。

产蜜及花粉性状 / 蜜粉源较少；辅助蜜源植物。

栽培要点 / 扦插或播种繁殖，以扦插繁殖为主；种子用湿沙贮藏催芽，扦插以春、秋季为宜。喜凉爽湿润环境，忌酷热干燥，适应性较强，耐干旱、耐瘠薄，栽植以富含腐殖质、疏松、湿润及微酸性土壤为宜。

满山红

杜鹃花科 杜鹃花属

Rhododendron mariesii Hemsl. et Wils.

主要特征 / 落叶灌木；高 1~4 m。叶近革质，常 2~3 片集生于枝顶，卵状披针形或三角状卵形，长 4~7 cm，基部钝或近于圆形。花通常 2 朵顶生，先花后叶；花冠漏斗形，淡紫红色或紫红色，长 3~3.5 cm，裂片 5 枚，上方裂片具紫红色斑点。蒴果椭圆状卵球形，密被长柔毛。

花果期 / 花期 4~5 月；果期 6~11 月。

生境及分布 / 在粤北的乐昌、乳源、始兴、连山、英德、清远、和平、大埔、梅州、平远、蕉岭、紫金等地常见。生于山顶、山坡灌丛中。分布于河北、陕西、江苏、安徽、浙江、江西、福建、台湾、河南、湖北、湖南、广东、广西、四川和贵州。

产蜜及花粉性状 / 泌蜜较多，花粉较少；优势蜜粉源植物。

栽培要点 / 扦插或播种繁殖，以扦插繁殖为主；种子用湿沙贮藏催芽，扦插以春、秋季为宜。喜凉爽湿润环境，耐半阴，较耐寒；栽植以富含腐殖质、疏松的沙壤土为宜。

黄花杜鹃

杜鹃花科 杜鹃花属

Rhododendron molle (Bl.) G. Don

别名 / 羊踯躅、三钱三

主要特征 / 落叶灌木；高 0.5~2 m。叶纸质，长圆状披针形，长 5~11 cm，边缘具睫毛，幼时上面被微柔毛，下面密被灰白色柔毛。总状伞形花序顶生，花多，先花后叶或与叶同时开放；花冠阔漏斗形，直径 5~6 cm，黄色或金黄色，内有深红色斑点。蒴果圆锥状长圆形，具 5 条纵肋。

花果期 / 花期 3~5 月；果期 7~9 月。

生境及分布 / 在粤北的连州、乐昌、南雄、曲江等地常见。生于山坡草地、丘陵灌丛或山脊阔叶林下。分布于我国华东、华中和华南地区。

产蜜及花粉性状 / 泌蜜较多，花粉较少；优势蜜粉源植物。

栽培要点 / 扦插或播种繁殖，以扦插繁殖为主；种子用湿沙贮藏催芽，扦插以春、秋季为宜。耐阴，忌强烈日晒，喜凉爽环境，较耐寒；栽植以微酸性沙壤土为宜，忌黏性土或碱性石灰土。

毛棉杜鹃

杜鹃花科 杜鹃花属

Rhododendron moulmainense Hook.

别名 / 羊角杜鹃

主要特征 灌木或小乔木；高 2~8 m。叶厚革质，集生于枝端，长圆状披针形，长 5~15 cm，边缘反卷，下面淡黄白色或苍白色。伞形花序生于枝顶叶腋；花冠淡紫色、粉红色或淡红白色，狭漏斗形，5 深裂，裂片开展，匙形或长倒卵形。蒴果圆柱状，长 3.5~6 cm。

花果期 花期 4~5 月；果期 7~12 月。

生境及分布 在粤北的乐昌、乳源、始兴、连山、南雄、仁化、曲江、阳山、英德、翁源、连平、新丰、清远、和平、河源、五华、大埔、平远、云浮、郁南等地常见。生于灌丛或疏林中。分布于贵州、广东、广西、湖南、福建。

产蜜及花粉性状 蜜粉源丰富，主要蜜粉源植物。

栽培要点 扦插或播种繁殖；种子用湿沙贮藏催芽，扦插以春、秋季为宜。喜温暖，也耐寒，喜湿润，忌干燥；喜酸性土，在石灰土上不能生长。

马银花

杜鹃花科 杜鹃花属

Rhododendron ovatum (Lindl.) Planch. ex Maxim.

主要特征 常绿灌木；高 2~6 m。叶革质，卵形或椭圆状卵形，长 3.5~5 cm，基部圆形。花单生于枝顶叶腋；花萼 5 深裂，裂片卵形或长卵形，外面基部密被灰褐色短柔毛和疏腺毛；花冠淡紫色、紫色或粉红色，内面具粉红色斑点。蒴果阔卵球形，为增大而宿存的花萼所包围。

花果期 花期 4~5 月；果期 7~10 月。

生境及分布 在粤北的乐昌、乳源、始兴、连山、南雄、曲江、阳山、翁源、河源、和平、龙川、兴宁、五华、罗定等地常见。分布于江苏、安徽、浙江、江西、福建、台湾、湖北、湖南、广东、广西、四川和贵州。

产蜜及花粉性状 泌蜜较多，花粉较少；优势蜜粉源植物。

栽培要点 扦插或播种繁殖；种子用湿沙贮藏催芽，扦插以春、秋季为宜。喜温暖、湿润环境，忌干燥，耐半阴；栽植以富含有机质且排水良好的酸性土为宜。

乳源杜鹃

杜鹃花科 杜鹃花属

Rhododendron rhuyuenense Chun ex P.C. Tam

主要特征 / 半常绿灌木；高约 3 m。叶革质，椭圆状披针形或阔卵形，长 2.5~6.5 cm，基部近于圆形，微不对称；叶柄密被长刚毛和短腺头毛。伞形花序顶生，有花达 12 朵；花冠粉红色或带紫蓝色，辐状钟形，5 深裂，上部裂片具红色斑点。蒴果卵球形，长 5~6 mm。

花果期 / 花期 5~6 月；果期 7~11 月。

生境及分布 / 在粤北的乐昌、乳源、阳山等地常见。生于阳坡疏林或灌丛中。分布于江西、湖南、广东。

产蜜及花粉性状 / 蜜粉源较少；辅助蜜源植物。

栽培要点 / 扦插或播种繁殖；种子用湿沙贮藏催芽，扦插以春、秋季为宜。耐阴，忌强烈日晒，喜凉爽环境，较耐寒；栽植以微酸性沙壤土为宜，忌黏性土或碱性石灰土。

南华杜鹃

杜鹃花科 杜鹃花属

Rhododendron simiarum Hance

别名 / 猴头杜鹃

主要特征 / 常绿灌木或小乔木；高 2~10 m。叶常密生于枝顶，厚革质，倒卵状披针形至长圆状披针形，长 5.5~10 cm，基部微下延，下面密被淡棕色或淡灰色丛卷毛。顶生总状伞形花序，有 5~9 朵花；花冠钟状，长 3.5~4 cm，乳白色至粉红色。蒴果长椭圆形。

花果期 / 花期 4~5 月；果期 7~9 月。

生境及分布 / 在粤北的乐昌、乳源、始兴、曲江、阳山、新丰、翁源、和平、梅州等地常见。生于山坡林中。分布于浙江、江西、福建、湖南、广东及广西。

产蜜及花粉性状 / 蜜粉源较少；辅助蜜源植物。

栽培要点 / 扦插或播种繁殖，以播种繁殖为主；种子用湿沙贮藏催芽，扦插以春、秋季为宜。耐阴，忌强烈日照；喜凉爽，栽植以通风良好、排水通畅的环境为宜。

映山红

杜鹃花科 杜鹃花属

Rhododendron simsii Planch.

别名 / 杜鹃

主要特征 / 落叶灌木；高 0.5~2 m。叶近革质，卵形、椭圆状卵形或倒卵形，长 1.5~5 cm，边缘微反卷，具细齿，两面被糙伏毛。花 2~6 朵簇生于枝顶；花萼 5 深裂，裂片三角状长卵形，被糙伏毛；花冠阔漏斗形，鲜红色或暗红色，上部裂片具深红色斑点。蒴果卵球形，密被糙伏毛。

花果期 / 花期 4~8 月；果期 5~10 月。

生境及分布 / 在粤北各地均常见。生于山地疏灌丛或林下。分布于江苏、安徽、浙江、江西、福建、台湾、湖北、湖南、广东、广西、四川、贵州和云南。

产蜜及花粉性状 / 蜜粉源丰富，主要蜜粉源植物。

栽培要点 / 扦插或播种繁殖，以扦插繁殖为主；种子用湿沙贮藏催芽，扦插以春、秋季为宜。耐阴，忌强烈日晒，喜凉爽环境，较耐寒；栽植以微酸性沙壤土为宜，忌黏性土或碱性石灰土。

乌饭树

越橘科 乌饭树属

Vaccinium bracteatum Thunb.

别名 / 谷粒木、苞越橘

主要特征 / 常绿灌木；高 2~6 m。叶薄革质，椭圆形、菱状椭圆形或卵形，长 3~6 cm，边缘有细锯齿。总状花序顶生或腋生，有多数花；苞片叶状，边缘有锯齿，小苞片 2 枚，线形或卵形；花冠白色，筒状或坛状，口部裂片短小，外折。浆果直径 5~8 mm，熟时紫黑色。

花果期 / 花期 6~7 月；果期 8~10 月。

生境及分布 / 在粤北的乐昌、乳源、连州、连山、连南、仁化、南雄、曲江、英德、阳山、始兴、翁源、清远、连平、和平、河源、平远、丰顺、大埔、云浮等地常见。生于丘陵灌丛中。分布于我国长江流域及以南各省区。

产蜜及花粉性状 / 泌蜜较多，花粉较少；优势蜜粉源植物。

栽培要点 / 扦插或播种繁殖；种子用湿沙贮藏，扦插以春、秋季为宜。喜温暖，耐寒；喜肥沃、疏松且排水良好的土壤。

短尾越橘

越橘科 乌饭树属

Vaccinium carlesii Dunn

别名 福建乌饭子

主要特征 常绿灌木；高 1~3 m。叶革质，卵状披针形，长 2~7 cm，顶端短尾状渐尖，边缘有疏浅锯齿。总状花序腋生；小苞片着生于花梗基部，披针形或线形；花冠白色，宽钟状，口部张开，5 裂几乎达中部，顶端反折。浆果球形，熟时紫黑色，常被白粉。

花果期 花期 5~6 月；果期 8~10 月。

生境及分布 在粤北的乐昌、乳源、始兴、连州、连山、南雄、英德、新丰、翁源、蕉岭、大埔、平远、梅州等地常见。生于山地疏林、灌丛或常绿阔叶林内。分布于我国华东和华南地区。

产蜜及花粉性状 蜜源丰富，花粉较少；主要蜜源植物。

栽培要点 扦插或播种繁殖；种子用湿沙贮藏，扦插以春、秋季为宜。喜温暖，耐寒；喜肥沃、疏松且排水良好的土壤。

黄背越橘

越橘科 乌饭树属

Vaccinium iteophyllum Hance

别名 / 鼠刺乌饭树

主要特征 / 常绿灌木至小乔木，高 1~7 m。叶革质，卵形或长卵状披针形，长 4~9 cm，背面干后黄棕色。总状花序腋生，序轴、花梗密被淡褐色短柔毛；苞片和小苞片披针形，被微毛；花冠白色或带淡红色，筒状或坛状，裂齿短小，三角形。浆果球形，红色。

花果期 / 花期 4~5 月；果期 9~11 月。

生境及分布 / 在粤北各地均常见。生于山地灌丛中，或山坡疏、密林内。分布于我国长江以南各省区。

产蜜及花粉性状 / 泌蜜较多，花粉较少；优势蜜粉源植物。

栽培要点 / 扦插或播种繁殖；种子用湿沙贮藏，扦插以春、秋季为宜。喜温暖，耐寒；栽植以肥沃、疏松且排水良好的微酸性土壤为宜。

Vaccinium iteophyllum Hance

扁枝越橘

越橘科 乌饭树属

Vaccinium japonicum Miq. var. **sinicum** (Nakai) Rehd.

别名 / 山小檗

主要特征 落叶灌木；高 0.4~2 m。枝条扁平，绿色，常有沟棱。叶纸质，卵形或卵状披针形，长 2~6 cm，边缘有细锯齿。花单生于叶腋；小苞片 2 枚，着生于花梗基部，披针形；花冠白色，有时带淡红色，4 深裂，裂片线状披针形，向外反卷。果球形，成熟后转红色。

花果期 花期 6 月；果期 9~10 月。

生境及分布 在粤北的乐昌、乳源等地常见。生于山顶、山坡林下或山坡灌丛中。分布于我国长江以南各省区。

产蜜及花粉性状 泌蜜较多，花粉较少；优势蜜粉源植物。

栽培要点 扦插或播种繁殖；种子用湿沙贮藏，扦插以春、秋季为宜。喜温暖，耐寒；栽植以肥沃、疏松且排水良好的微酸性土壤为宜。

长尾越橘

越橘科 乌饭树属

Vaccinium longicaudatum Chun ex Fang & Z. H. Pan

别名 / 长尾乌饭

主要特征 / 常绿灌木；高 1.5~4 m。叶革质，椭圆状披针形，长 4.5~7 cm，顶端长渐尖，具 1~1.5 cm 的尖尾，边缘具稀疏的细锯齿。总状花序腋生；苞片阔椭圆形，小苞片披针形；花冠筒状，白色，裂片 5 枚，三角状卵形。浆果球形，成熟时红色。

花果期 / 花期 6 月；果期 11 月。

生境及分布 / 在粤北的乐昌、曲江、乳源、阳山等地常见。生于山地疏林中。分布于广东、四川、贵州、云南、西藏。

产蜜及花粉性状 / 泌蜜较多，花粉较少；优势蜜粉源植物。

栽培要点 / 扦插或播种繁殖；种子用湿沙贮藏，扦插以春、秋季为宜。喜温暖，耐寒；栽植以肥沃、疏松且排水良好的微酸性土壤为宜。

Vaccinium longicaudatum Chun ex Fang & Z. H. Pan

米饭花

越橘科 乌饭树属

Vaccinium sprengelii (G. Don) Sleumer

主要特征 常绿灌木；高 1~4 m。叶革质，卵形或长圆状披针形，长 3~9 cm，顶端短渐尖，边缘有细锯齿。总状花序腋生；小苞片 2 枚，着生于花梗中部或近基部，线状披针形或卵形；花冠白色，有时带淡红色，筒状或坛形，裂齿三角形。浆果，熟时紫黑色。

花果期 花期 4~6 月；果期 6~10 月。

生境及分布 在粤北的乐昌、乳源、始兴、连山、连南、南雄、仁化、阳山、连平、兴宁、蕉岭、平远等地常见。生于山坡灌丛、阔叶林中或路边、林缘。分布于我国长江以南各省区。

产蜜及花粉性状 泌蜜较多，花粉较少；优势蜜粉源植物。

栽培要点 扦插繁殖，以春、秋季为宜。阳性树种，喜阳光充足环境。

柿

柿科 柿树属

Diospyros kaki Thunb.

主要特征 / 落叶乔木；高达 25 m。叶纸质，卵状椭圆形至倒卵形，长 5~18 cm。花雌雄异株；雄花序有花 3~5 朵，雌花单生于叶腋；花冠淡黄白色或带紫红色，壶形或近钟形，花冠管近四棱形，裂片阔卵形。果球形、扁球形或卵形，直径 3.5~8.5 cm，成熟时橙黄色，萼在花后增大增厚。

花果期 / 花期 5~6 月；果期 9~10 月。

生境及分布 / 在粤北各地均常见。原产于我国长江流域，辽宁西部、长城一线经甘肃南部，折入四川、云南，在此线以南，东至台湾等省区栽培。

产蜜及花粉性状 / 蜜粉源丰富，主要蜜粉源植物。

栽培要点 / 播种或嫁接繁殖；种子用湿沙贮藏，嫁接后 3~4 年结果。阳性树种，喜温暖气候，充足阳光和深厚、肥沃、湿润、排水良好的中性或微酸性土壤，不耐盐碱土；较能耐寒，耐瘠薄，抗旱性强。

野柿

柿科 柿树属

Diospyros kaki Thunb. var. **silvestris** Makino

主要特征 / 本变种是山野自生柿树。小枝及叶柄常密被黄褐色柔毛，叶较栽培柿树的叶小，叶片下面的毛较多，花较小，果亦较小，直径 2~5 cm。

花果期 / 花期 4~5 月；果期 8~9 月。

生境及分布 / 在粤北的乐昌、连山、连南、连州、南雄、乳源、翁源等地常见。生于山地、山坡灌丛或次生林中。分布于我国云南、广西、广东、江西、福建等地区。

产蜜及花粉性状 / 蜜粉源较少；辅助蜜源植物。

栽培要点 / 播种繁殖；种子用湿沙贮藏。阳性树种，喜温暖气候，充足阳光和深厚、肥沃、湿润、排水良好的中性或微酸性土壤，不耐盐碱土；较能耐寒，耐瘠薄，抗旱性强。

延平柿

柿科 柿树属

Diospyros tsangii Merr.

主要特征 / 灌木或小乔木；高可达 7 m。叶纸质，长圆形或长圆状椭圆形，长 4~9 cm；叶柄上面有沟，略显红色。雄花聚伞花序短小；雌花单生于叶腋，比雄花大；花冠白色。果扁球形，直径 2~3.5 cm，成熟时黄色；宿存萼纸质至近革质，裂片卵形。

花果期 / 花期 2~5 月；果期 8 月。

生境及分布 / 在粤北的乐昌、连州、连山、乳源、始兴、阳山、翁源、新丰、和平、紫金、大埔等地常见。生于灌木丛中或阔叶混交林中。分布于江西、湖南、福建、广东。

产蜜及花粉性状 / 蜜粉源较少；优势蜜源植物。

栽培要点 / 播种或扦插繁殖；种子用湿沙贮藏，扦插以春、秋季为宜。喜温暖、湿润环境，适宜栽植于土层深厚、富含有机质的土壤。

君迁子

柿科 柿树属

Diospyros lotus Linn.

主要特征 / 落叶乔木；高可达 30 m。叶薄纸质，椭圆形至长椭圆形，长 5~13 cm，下面粉绿色。雄花 1~3 朵腋生；雌花单生，几乎无梗，淡绿色或带红色；花冠壶形，4 裂，偶有 5 裂，裂片近圆形。果近球形或椭圆形，直径 1~2 cm，熟时为淡黄色转为蓝黑色，常被白色薄蜡层。

花果期 / 花期 5~6 月；果期 10~11 月。

生境及分布 / 在粤北的乐昌、乳源、和平等地常见。生于山地、山坡、山谷灌丛中或林缘。分布于我国辽宁以南至长江流域、西南等省区。

产蜜及花粉性状 / 蜜粉源较少；辅助蜜源植物。

栽培要点 / 播种繁殖；种子用湿沙贮藏。阳性树种，耐半阴，抗寒、抗旱能力强，耐瘠薄。

罗浮柿

柿科 柿树属

Diospyros morrisiana Hance

主要特征 / 乔木；高可达 20 m。叶薄革质，长椭圆形或卵形，长 5~10 cm，叶缘微背卷。雄花序短小，腋生，聚伞花序式；雌花单花于腋生；花萼浅杯状，内面密生棕色绢毛，4 裂；花冠壶形；裂片 4 枚，卵形。果球形，直径约 1.8 cm，黄色；宿存萼平展，近方形；果柄很短。

花果期 / 花期 5~6 月；果期 11 月。

生境及分布 / 在粤北各地均常见。生于山坡、山谷疏林或密林中。分布于广西、广东、福建、台湾、浙江、酒杯、湖南、贵州、云南、四川。

产蜜及花粉性状 / 蜜粉源较少；辅助蜜源植物。

栽培要点 / 播种或压条繁殖；种子用湿沙贮藏。喜阴湿、肥沃和排水良好的环境，管理粗放。

铁榄

山榄科 铁榄属

Sinosideroxylon pedunculatum (Hemsl.) H. Chuang

别名 / 山胶木

主要特征 / 乔木；高 5~12 m。叶革质，卵形或卵状披针形，长 7~9 cm，顶端渐尖。花 1~3 朵簇生于腋生的花序梗上，组成总状花序；花萼基部联合成钟形，裂片 5 枚，覆瓦状排列，外面被锈色微柔毛；花浅黄色，花冠 5 裂。浆果卵球形，长约 2.5 cm，具花后延长的花柱。

花果期 / 花期 4~7 月；果期 8~10 月。

生境及分布 / 在粤北的乐昌、连州、英德、新丰、紫金、五华、梅州、大埔、罗定等地常见。生于石灰岩小山和密林中。分布于广东、广西、湖南。

产蜜及花粉性状 / 蜜粉源较少；辅助蜜源植物。

栽培要点 / 播种或扦插繁殖；种子用湿沙贮藏，扦插以春、秋季为宜。喜温暖、湿润环境，须日照充足和土层深厚、土质肥沃的壤土。

少年红

紫金牛科 紫金牛属

Ardisia alyxiaefolia Tsiang ex C. Chen

主要特征 / 小灌木；高约 50 cm。具匍匐茎；叶片厚纸质至革质、卵形、披针形至长圆状披针形，基部钝至圆形，长 3.5~6 cm，边缘具浅圆齿，齿间具边缘腺点。近伞形花序或伞房花序侧生；花瓣白色，稀粉红色。果球形，红色，略肉质。

花果期 / 花期 6~7 月；果期 10~12 月。

生境及分布 / 在粤北的乐昌、连州、连山、始兴、曲江、阳山、翁源、和平等地常见。生于山谷疏、密林下或坡地。分布于湖南、贵州、广西、广东。

产蜜及花粉性状 / 蜜粉源较少；辅助蜜源植物。

栽培要点 / 播种、扦插繁殖；种子用湿沙贮藏，扦插以春、秋季为宜。喜温暖、湿润、半阴、环境，不耐旱瘠和暴晒，亦不适于水湿环境；栽植以土层疏松肥沃、排水良好沙壤土为佳。

朱砂根

紫金牛科 紫金牛属

Ardisia crenata Sims

主要特征 / 灌木；高 1~2 m。叶片革质或坚纸质，椭圆形或椭圆状披针形，长 7~15 cm，边缘具皱波状或波状齿，具明显的边缘腺点。伞形花序或聚伞花序，着生于侧生特殊花枝顶端；花萼仅基部连合，萼片长圆状卵形；花瓣白色，稀略带粉红色，卵形。果球形，鲜红色，具腺点。

花果期 / 花期 5~6 月；果期 10~12 月。

生境及分布 / 在粤北各地均常见。生于路旁、林下阴湿处。分布于我国西藏东南部至台湾、湖北至海南等地区。

产蜜及花粉性状 / 蜜粉源较少；辅助蜜源植物。

栽培要点 / 播种、扦插或压条繁殖；种子用湿沙贮藏，扦插以春、秋季为宜。喜温暖、湿润、半阴、通风良好环境，不耐旱瘠和暴晒，亦不适于水湿环境；对土壤要求不严，但以土层疏松湿润、排水良好和富含腐殖质的酸性或微酸性的沙壤土或壤土为佳。

大罗伞树

紫金牛科 紫金牛属

Ardisia hanceana Mez

别名 / 郎伞木

主要特征 灌木；高 0.8~1.5 m。叶近革质，椭圆状或长圆状披针形，长 10~17 cm，近全缘或具边缘反卷的疏突尖锯齿，齿尖具边缘腺点。复伞房状伞形花序，着生于顶端下弯的侧生特殊花枝尾端；花瓣白色或带紫色，卵形。果球形，深红色。

花果期 花期 5~6 月；果期 11~12 月。

生境及分布 / 在粤北各地均常见。生于山谷、山坡林下阴湿处。分布于广西、湖南、广东、浙江、安徽。

产蜜及花粉性状 / 蜜粉源较少；辅助蜜源植物。

栽培要点 / 播种、扦插或压条繁殖；种子用湿沙贮藏，扦插以春、秋季为宜。喜温暖、湿润、荫蔽的环境，要求通风良好和土壤肥沃。

山血丹

紫金牛科 紫金牛属

Ardisia lindleyana D. Dietr.

主要特征 / 灌木；高 1~2 m。叶近革质，长圆形至椭圆状披针形，长 10~15 cm，近全缘或具微波状齿，齿尖具边缘腺点。近伞形花序，着生于侧生特殊花枝顶端；花瓣白色，椭圆状卵形，顶端圆形，具明显的腺点。果球形，深红色，具疏腺点。

花果期 / 花期 5~7 月；果期 10~12 月。

生境及分布 / 在粤北各地均常见。生于山谷、山坡密林下或水旁阴湿处。分布于浙江、江西、福建、湖南、广东、广西。

产蜜及花粉性状 / 蜜粉源较少；辅助蜜源植物。

栽培要点 / 播种、扦插或压条繁殖；种子用湿沙贮藏，扦插以春、秋季为宜。喜温暖、湿润、荫蔽的环境，要求通风良好和土壤肥沃。

罗伞树

紫金牛科 紫金牛属

Ardisia quinquegona Bl.

主要特征 灌木或小乔木；高 2~6 m。叶坚纸质，长圆状披针形、椭圆状披针形至倒披针形，长 8~16 cm，全缘。聚伞花序或近伞形花序，腋生，稀着生于侧生特殊花枝顶端；花瓣白色，广椭圆状卵形，具腺点。果扁球形，具钝 5 棱，无腺点。

花果期 花期 5~6 月；果期 12 月至翌年 4 月。

生境及分布 在粤北各地均常见。生于山坡疏、密林中或溪边的阴湿处。分布于云南、广西、广东、福建、台湾。

产蜜及花粉性状 蜜粉源较少；辅助蜜源植物。

栽培要点 播种、扦插或压条繁殖；种子用湿沙贮藏，扦插以春、秋季为宜。喜温暖、湿润、荫蔽的环境，宜在湿润、荫蔽的林下种植。

杜茎山

紫金牛科 杜茎山属

Maesa japonica (Thunb.) Moritzi ex Zoll.

主要特征 / 灌木；高 1~3 m。叶革质或纸质，椭圆形至披针状椭圆形，或倒卵形，长约 10 cm，全缘或中部以上具疏锯齿。总状花序或圆锥花序，单生或 2~3 个腋生；花冠白色，长钟形，具明显的脉状腺条纹，裂片边缘略具细齿。果球形，肉质。

花果期 / 花期 1~3 月；果期 7~10 月。

生境及分布 / 在粤北各地均常见。生于林下或路旁灌丛中。分布于台湾至西南各省区。

产蜜及花粉性状 / 蜜粉源较少；辅助蜜源植物。

栽培要点 / 播种、扦插繁殖；种子用湿沙贮藏，扦插以春、秋季为宜。喜光照充足环境，栽植选择偏碱性土壤为宜。

鲫鱼胆

紫金牛科 杜茎山属

Maesa perlarius (Lour.) Merr.

主要特征 / 小灌木，高 1~3 m。分枝多；小枝被长硬毛。单叶互生，叶片纸质或近坚纸质，广椭圆形至圆形，长 7~11 cm，边缘从中下部以上具粗锯齿，下部全缘，幼时两面被密长毛。总状花序或圆锥花序腋生，长 2~4 cm，具 2~3 分枝，花小；花冠白色，钟形。果小，球形；萼片宿存。

花果期 / 花期 3~4 月；果期 12 月至翌年 5 月。

生境及分布 / 在粤北各地均常见。生于林下或山坡路旁。分布于四川、贵州至台湾以南的沿海各省区。

产蜜及花粉性状 / 蜜粉源较少；辅助蜜源植物。

栽培要点 / 播种、扦插繁殖；种子用湿沙贮藏，扦插以春、秋季为宜。喜温暖、湿润和半阴环境，忌干旱和缺水，不耐寒；喜疏松和排水良好的壤土。

密花树

紫金牛科 密花树属

Rapanea neriifolia (Sieb. et Zucc.) Mez

主要特征 灌木或小乔木；高 2~12 m。叶革质，长圆状倒披针形或倒披针形，基部楔形，多少下延，长 7~17 cm，全缘。伞形花序或花簇生，有花 3~10 朵；花瓣白色或淡绿色，有时为紫红色。果球形或近卵形，灰绿色或紫黑色。

花果期 花期 4~5 月；果期 10~12 月。

生境及分布 在粤北的乐昌、乳源、始兴、连州、仁化、曲江、英德、阳山、翁源、新丰、和平、平远、蕉岭、大埔、云浮等地常见。生于林缘、路旁灌丛中。分布于西南各省至台湾。

产蜜及花粉性状 蜜粉源较少；辅助蜜源植物。

栽培要点 播种、扦插或压条繁殖；种子用湿沙贮藏，扦插以春、秋季为宜。喜温暖、湿润和荫蔽环境，要求通风及排水良好的肥沃土壤。

赤杨叶

安息香科 赤杨叶属

Alniphyllum fortunei (Hemsl.) Makino

别名 / 冬瓜木、拟赤杨

主要特征 / 落叶乔木；高 15~20 m。叶纸质，椭圆形至倒卵状椭圆形，长 8~20 cm，边缘具疏离锯齿，两面被星状短柔毛或星状茸毛。总状花序或圆锥花序；花白色或粉红色。蒴果长圆形或长椭圆形，长 10~25 mm，成熟时 5 瓣开裂；种子两端有不等大的膜质翅。

花果期 / 花期 4~7 月；果期 8~10 月。

生境及分布 / 在粤北各地均常见。生于常绿阔叶林中。分布于安徽、江苏、浙江、湖南、湖北、江西、福建、台湾、广东、广西、贵州、四川和云南等省区。

产蜜及花粉性状 / 蜜粉源较多；优势蜜粉源植物。

栽培要点 / 播种、扦插繁殖。将种子置于阴凉通风处摊开阴干，用种子袋封装，贮存在干燥低温的环境；扦插以春、秋季为宜。阳性树种，适宜于气候温暖、土层深厚湿润的环境；深根性，适应性较强，生长迅速。

岭南山茉莉

安息香科 山茉莉属

Huodendron biaristatum var. **parviflorum** (Merr.) Rehder

主要特征 / 灌木至小乔木；高达 12 m。叶纸质或革质，椭圆状披针形至倒卵状长圆形，长 5~10 cm，边全缘或有疏离小锯齿，下面脉腋被长髯毛。伞房状圆锥花序，密被灰色短柔毛；花淡黄色，芳香。蒴果卵形，下部约 2/3 被宿存花萼所围绕，成熟时 3~4 裂。

花果期 / 花期 3~5 月；果期 8~10 月。

生境及分布 / 在粤北的乐昌、乳源、连山、阳山、英德、翁源、连平、龙川、和平等地常见。生于山谷密林中。分布于云南、广西、广东、湖南和江西。

产蜜及花粉性状 / 蜜粉源较少；辅助蜜源植物。

栽培要点 / 播种繁殖；将种子置于阴凉通风处摊开阴干，用种子袋封装，贮存在干燥低温的环境。阳性树种，喜温暖、湿润环境。

陀螺果

安息香科 陀螺果属

Melliodendron xylocarpum Hand.-Mazz.

主要特征 / 落叶乔木；高 6~20 m。叶纸质，卵状披针形、椭圆形至长椭圆形，长 9~21 cm，边缘有细锯齿。花白色，花梗长约 2 cm，有关节；花冠裂片长圆形，长 2~3 cm，两面均密被细茸毛。果常为倒卵形、倒圆锥形或倒卵状梨形，宽 3~4 cm，中部以下收狭，有 5~10 条棱或脊。

花果期 / 花期 4~5 月；果期 7~10 月。

生境及分布 / 在粤北的乐昌、乳源、始兴、连山、连南、南雄、曲江、阳山、英德、仁化、翁源、清远、平远等地常见。生于山谷、山坡湿润林中。分布于云南、四川、贵州、广西、湖南、广东、江西和福建。

产蜜及花粉性状 / 蜜粉源较少；辅助蜜源植物。

栽培要点 / 播种繁殖；种子以湿沙层积催芽为宜。喜温暖、湿润环境，耐阴，栽植以土层深厚、肥沃的壤土为宜。

白辛树

安息香科 白辛树属

Pterostyrax psilophyllus Diels. ex Perk.

别名 / 鄂西野茉莉

主要特征 / 乔木；高达 15 m。叶硬纸质，长椭圆形、倒卵形或倒卵状长圆形，长 5~15 cm，顶端急尖或渐尖，边缘具细锯齿，近顶端有时具粗齿或 3 深裂，下面密被灰色星状茸毛。圆锥花序，第二次分枝几成穗状；花白色。果近纺锤形，中部以下渐狭，连喙长约 2.5 cm，5~10 棱。

花果期 / 花期 4~5 月；果期 8~10 月。

生境及分布 / 在粤北的乐昌、乳源、和平等地常见。生于湿润树林中。分布于湖南、湖北、四川、贵州、广东、广西和云南。

产蜜及花粉性状 / 蜜粉源较少；辅助蜜源植物。

栽培要点 / 播种繁殖；种子以湿沙层积催芽为宜。喜阳光充足、温暖湿润环境，栽植以土层深厚、肥沃的壤土为宜。

赛山梅

安息香科 安息香属

Styrax confusus Hamsl.

主要特征 / 小乔木，高 2~8 m。树皮灰褐色，平滑；叶革质或近革质，椭圆形、长圆状椭圆形或倒卵状椭圆形，长 4~14 cm，边缘有细锯齿。总状花序顶生，有花 3~8 朵，下部常有 2~3 花聚生叶腋；花序梗、花梗和小苞片均密被灰黄色星状柔毛；花白色，花冠裂片披针形。果实近球形或倒卵形，直径 8~15 mm，外面密被灰黄色星状茸毛和星状长柔毛。

花果期 / 花期 4~6 月；果期 9~11 月。

生境及分布 / 在粤北各地均常见。生于低山和丘陵地疏林中。分布于湖南、湖北、安徽、四川、贵州、广西、广东、江苏、江西、浙江、福建等省区。

产蜜及花粉性状 / 蜜粉源较少；辅助蜜源植物。

栽培要点 / 播种繁殖；种子以湿沙层积催芽为宜。较耐干旱，喜生长在丘陵避风坡面较肥沃的地方，栽植地宜选择土层深厚疏松、光照充足、排水良好和 pH 值为 4.5~6.0 的微酸性土壤阳坡山地。

白花龙

安息香科 安息香属

Styrax faberi Perk.

主要特征 / 灌木；高 1~2 m。叶纸质、椭圆形、倒卵形或长圆状披针形，长 4~11 cm，边缘具细锯齿。总状花序顶生，有花 3~5 朵，下部常单花腋生；花白色，花梗长 8~15 mm；花冠裂片披针形或长圆形，向外反折。果倒卵形或近球形，长 6~8 mm，密被星状短柔毛。

花果期 / 花期 4~6 月；果期 8~10 月。

生境及分布 / 在粤北各地均常见。生于低山和丘陵地灌丛中。分布于安徽、湖北、江苏、浙江、湖南、江西、福建、台湾、广东、广西、贵州和四川等省区。

产蜜及花粉性状 / 蜜粉源较少；辅助蜜源植物。

栽培要点 / 播种繁殖；种子以湿沙层积催芽为宜。较耐干旱，喜生长在丘陵避风坡面较肥沃的地方，栽植地宜选择土层深厚疏松、光照充足、排水良好和 pH 值为 4.5~6.0 的微酸性土壤阳坡山地。

大花安息香

安息香科 安息香属

Styrax grandiflorus Griff.

别名 / 大花野茉莉

主要特征 / 小乔木；高 4~7 m。叶纸质，卵形或卵状椭圆形，长 3~7 cm，边全缘或上部具疏离锯齿，两面均被稀疏星状短柔毛。总状花序顶生，有花 3~9 朵；花序梗、小苞片和花萼密被星状柔毛；花白色，长 1.5~2.5 cm。果卵形，长 1~1.5 cm，密被灰黄色星状茸毛，3 瓣开裂。

花果期 / 花期 4~6 月；果期 8~10 月。

生境及分布 / 在粤北各地均常见。分布于西藏、云南、贵州、广西、广东和台湾。

产蜜及花粉性状 / 蜜粉源较少；辅助蜜源植物。

栽培要点 / 播种繁殖；种子以湿沙层积催芽为宜。阳性树种，喜生长在山坡、沟旁、土壤肥沃湿润而疏松之处，栽植须选择土层深厚疏松、土质肥沃且排水良好的环境。

野茉莉

安息香科 安息香属

Styrax japonicus Sibe. et Zucc.

主要特征 小乔木，高 4~8 m。叶纸质，椭圆形或卵状椭圆形，长 4~10 cm，边全缘或上半部具疏离锯齿。总状花序顶生，有花 5~8 朵；下部单花生于叶腋；花白色或粉红，长 2~2.8 cm，花梗纤细，开花时下垂。果卵形，长 8~14 mm，外面密被灰色星状茸毛。

花果期 花期 4~7 月；果期 9~11 月。

生境及分布 在粤北的乐昌、乳源、连南、翁源等地常见；生于山地林中。分布于我国秦岭和黄河流域以南各省区。

产蜜及花粉性状 蜜粉源较少；辅助蜜源植物。

栽培要点 播种繁殖；种子以湿沙层积催芽为宜。喜阳光充足、温暖湿润环境，喜酸性且排水良好的土壤，在碱性土上亦能生长。

芬芳安息香

安息香科 安息香属

Styrax odoratissimus Champ. ex Benth.

主要特征 / 小乔木；高 4~10 m。叶纸质，卵形或卵状椭圆形，长 4~15 cm，边全缘或上部有疏锯齿。总状或圆锥花序，顶生，下部的花常生于叶腋；花序梗、花梗、小苞片和花萼密被黄色星状茸毛；花白色，长 1.2~1.5 cm。果近球形，顶端骤缩而具弯喙，密被灰黄色星状茸毛。

花果期 / 花期 3~4 月；果期 6~9 月。

生境及分布 / 在粤北的乐昌、乳源、连州、连南、连山、仁化、阳山、英德、和平、大埔、平远、蕉岭、丰顺、梅州、五华等地常见。生于山谷、山坡疏林中。分布于安徽、湖北、江苏、浙江、湖南、江西、福建、广东、广西和贵州等省区。

产蜜及花粉性状 / 蜜粉源较少；辅助蜜源植物。

栽培要点 / 播种繁殖；种子以湿沙层积催芽为宜。喜阴，适于肥沃、湿润的土壤。

栓叶安息香

安息香科 安息香属

Styrax suberifolius Hook. et Arn.

别名 / 红皮树

主要特征 / 乔木；高 4~20 m。树皮红褐或灰褐色，粗糙；叶革质，椭圆形或椭圆状披针形，长 5~15 cm，边全缘，下面密被褐色星状茸毛。总状花序或圆锥花序；花序梗和花梗、小苞片、花萼均密被星状柔毛；花白色，长 10~15 mm。果卵状球形，直径 1~1.8 cm，密被星状茸毛，成熟时 3 瓣开裂。

花果期 / 花期 3~5 月；果期 9~11 月。

生境及分布 / 在粤北各地均常见。生于山地、丘陵地常绿阔叶林中。分布于长江流域以南各省区。

产蜜及花粉性状 / 蜜粉源较少；辅助蜜源植物。

栽培要点 / 播种繁殖；种子以湿沙层积催芽为宜。阳性速生树种；喜肥沃、疏松且排水良好的土壤，易栽培。

裂叶安息香

安息香科 安息香属

Styrax supaii Chun et F. Chun

主要特征 / 小乔木或灌木；高 2~6 m。叶纸质或薄革质，卵形或倒卵形，长 4~8 cm，上部边缘有 3~5 个粗齿或深裂片，两面疏生短柔毛。总状花序顶生，有花 2~3 朵；花序梗、花梗、小苞片和花萼均密被柔毛；花白色，长 15~18 mm。果卵形，顶端具短喙或短尖头，密被白色长柔毛。

花果期 / 花期 4~5 月；果期 6~9 月。

生境及分布 / 在粤北的乳源、乐昌等地常见。生于疏林下或林缘。分布于广东和湖南。

产蜜及花粉性状 / 蜜粉源较少；辅助蜜源植物。

栽培要点 / 播种繁殖；种子以湿沙层积催芽为宜。阳性速生树种；喜肥沃、疏松且排水良好的土壤。

越南安息香

安息香科 安息香属

Styrax tonkinensis (Pierre) Craib. ex Hartw.

别名 / 东京野茉莉

主要特征 / 乔木；高 6~30 m。叶纸质至薄革质，椭圆形、椭圆状卵形至卵形，长 5~18 cm，下面密被灰色至粉绿色星状茸毛。圆锥花序，或渐缩小成总状花序；花序梗和花梗、花萼密被黄褐色星状短柔毛；花白色。果近球形，直径 10~12 mm，外面密被星状茸毛。

花果期 / 花期 4~6 月；果期 8~10 月。

生境及分布 / 在粤北各地均常见。生于山谷、疏林中或林缘。分布于云南、贵州、广西、广东、福建、湖南和江西。

产蜜及花粉性状 / 蜜粉源较少；辅助蜜源植物。

栽培要点 / 播种繁殖；种子以湿沙层积催芽为宜。阳性速生树种；喜温暖气候，喜潮湿、肥沃、疏松且排水良好的微酸性土壤，不耐水淹。

南国山矾

山矾科 山矾属

Symplocos austyosinensis Hand.-Mazz.

别名 / 瑶山山矾

主要特征 / 乔木。叶纸质，披针形，有时近狭椭圆形，长 4~10 cm，顶端具镰状的尾状渐尖，边缘具稀疏的细齿。团伞花序有花约 10 朵，腋生；花萼无毛，裂片长圆形；花冠白色，5 深裂几达基部。核果圆柱形，干时褐色或黑色，长约 8 mm，有纵条纹。

花果期 / 花、果期 6~10 月。

生境及分布 / 在粤北的乐昌、乳源、曲江、阳山等地常见。生于山谷、密林中。分布于广东、广西、湖南、贵州。

产蜜及花粉性状 / 蜜粉源较少；辅助蜜源植物。

栽培要点 / 播种或扦插繁殖。种子以湿沙层积催芽为宜，扦插以春、秋季为宜。喜温暖、湿润环境，以富含有机质且排水良好的沙壤土为佳。

华山矾

山矾科 山矾属

Symplocos chinensis (Lour.) Druce

主要特征 灌木。嫩枝、叶柄、叶背均被灰黄色皱曲柔毛。叶纸质，椭圆形或倒卵形，长 4~7 cm，边缘有细尖锯齿。圆锥花序，花序轴、苞片、萼外面均密被灰黄色皱曲柔毛；花冠白色，芳香，5 深裂几达基部。核果卵状圆球形，歪斜，熟时蓝色，顶端宿萼裂片向内伏。

花果期 花期 4~5 月；果期 8~9 月。

生境及分布 在粤北各地均常见。生于丘陵、山坡阔叶林中。分布于浙江、福建、台湾、安徽、江西、湖南、广东、广西、云南、贵州、四川等省区。

产蜜及花粉性状 蜜粉源较少；辅助蜜源植物。

栽培要点 播种或扦插繁殖；种子以湿沙层积催芽为宜，扦插以春、秋季为宜。喜温暖、湿润环境，以富含有机质且排水良好的沙壤土为佳。

密花山矾

山矾科 山矾属

Symplocos congesta Benth.

主要特征 / 常绿乔木或灌木。幼枝、芽、苞片均被褐色皱曲的柔毛。叶纸质，椭圆形或倒卵形，长 8~10 cm，通常全缘或很少疏生细尖锯齿。团伞花序腋生；花萼有时红褐色，有纵条纹；花冠白色，裂片椭圆形。核果熟时紫蓝色，圆柱形，长 8~13 mm，顶端宿萼裂片直立。

花果期 / 花期 8~11 月；果期翌年 1~2 月。

生境及分布 / 在粤北的乐昌、乳源、始兴、连州、连南、曲江、阳山、英德、新丰、翁源、和平、梅州、平远、大埔、蕉岭、郁南等地常见。生于密林中。分布于云南、广西、广东、湖南、江西、福建、台湾。

产蜜及花粉性状 / 蜜粉源较少；辅助蜜源植物。

栽培要点 / 播种或扦插繁殖；种子即采即播，扦插以春、秋季为宜。生性强健，喜肥沃、富含有机质且排水良好的沙壤土。

厚皮灰木

山矾科 山矾属

Symplocos crassifolia Benth.

主要特征 / 常绿小乔木或乔木。芽、枝、叶均无毛。叶革质至厚革质，卵状椭圆形、椭圆形或狭椭圆形，长 6.5~10 cm，先端渐尖，基部楔形，全缘或有疏锯齿。总状花序中下部有分枝，有花 4~7 朵，最下部的花有柄，上部的花近无柄；花冠白色。核果长圆状卵形或倒卵形，长约 10 mm，顶端有直立稍向内弯的宿萼裂片；核骨质，分开成 3 分核，具 8~12 条纵棱。

花果期 / 花期 6~11 月；果期 12 月至翌年 5 月。

生境及分布 / 在粤北的乐昌、乳源、连山、阳山、罗定等地常见。生于阔叶林中。分布于广西、广东、海南和香港。

产蜜及花粉性状 / 蜜粉源较少；辅助蜜源植物。

栽培要点 / 播种繁殖；种子即采即播。喜温暖、湿润环境，耐半阴；栽植地宜选择排水良好、肥沃的沙壤土。

羊舌树

山矾科 山矾属

Symplocos glauca (Thunb.) Koidz.

别名 / 羊舌山矾

主要特征 / 乔木。芽、嫩枝、花序均密被褐色短茸毛，小枝褐色。叶狭椭圆形或倒披针形，长 6~15 cm，边全缘，叶背通常苍白色，干后变褐色。穗状花序基部通常分枝，花蕾时常呈团伞状；花冠白色，5 深裂几达基部。核果狭卵形，长 1.5~2 cm，宿萼裂片直立。

花果期 / 花期 4~8 月；果期 8~10 月。

生境及分布 / 在粤北的乐昌、乳源、英德、和平、大埔、蕉岭等地常见。生于山地林中。分布于浙江、福建、台湾、广东、广西、云南。

产蜜及花粉性状 / 蜜粉源较少；辅助蜜源植物。

栽培要点 / 播种繁殖；种子以湿沙层积催芽为宜。喜光，喜温暖、湿润环境，对土壤要求不严。

黄牛奶树

山矾科 山矾属

Symplocos laurina (Retz.) Wall.

主要特征 / 小乔木。叶革质，倒卵状椭圆形或狭椭圆形，长7~14 cm，边缘有细小的锯齿。穗状花序长 3~6 cm，基部通常分枝；花萼裂片半圆形，短于萼筒；花冠白色，5 深裂几达基部。核果球形，顶端宿萼裂片直立。

花果期 / 花期 8~12 月；果期翌年 3~6 月。

生境及分布 / 在粤北各地均常见。生于村边或密林中。分布于西藏、云南、四川、贵州、湖南、广西、广东、福建、台湾、江苏、浙江等省区。

产蜜及花粉性状 / 蜜粉源较少；辅助蜜源植物。

栽培要点 / 播种繁殖；种子即采即播。喜温暖、湿润环境，耐半阴；耐干旱和瘠薄，不拘土质，但以排水良好的沙壤土为佳。

潮州山矾

山矾科 山矾属

Symplocos mollifolia Dunn

别名 / 光叶山矾

主要特征 / 灌木或小乔木。叶革质，椭圆形或长圆状卵形，长 5.5~11 cm，边缘具浅圆锯齿；叶柄被长硬毛。总状花序长3~5 cm；花序轴、苞片均被黄褐色长硬毛；花冠白色，5 深裂几达基部。核果卵球形，顶端宿萼裂片直立。

花果期 / 花期 3~11 月；果期 6~12 月。

生境及分布 / 在粤北的乐昌、乳源、始兴、连州、连南、仁化、曲江、阳山、英德、翁源等地常见。生于山坡阔叶林中。分布于江西、湖南、广西、广东、福建、台湾等省区。

产蜜及花粉性状 / 蜜粉源较多；优势蜜粉源植物。

栽培要点 / 播种繁殖；种子以湿沙层积催芽为宜。喜光，耐半阴；喜温暖、湿润环境，对土壤要求不严。

枝穗山矾

山矾科 山矾属

Symplocos multipes Brand

别名 / 光亮山矾

主要特征 / 灌木。小枝粗壮，有角棱。叶革质，卵形或椭圆形，长 5~8.5 cm，顶端渐尖或尾状渐尖，边缘具尖锯齿。总状花序长 1~3 cm；花萼裂片圆形，有缘毛；花冠长 3.5~4 mm，5 深裂几达基部。核果长圆状球形，近基部稍狭尖，顶端宿萼裂片直立。

花果期 / 花期 7 月；果期 8 月。

生境及分布 / 在粤北的乐昌、仁化、阳山等地常见；生于灌木丛中。分布于四川、湖北、湖南、广西、广东、福建。

产蜜及花粉性状 / 蜜粉源较少；辅助蜜源植物。

栽培要点 / 播种繁殖；种子以湿沙层积贮藏为宜。喜光，稍耐阴；喜温暖、湿润环境，耐旱。栽培以富含有机质且排水良好的沙壤土为佳。

Symplocos multipes Brand

多花山矾

山矾科 山矾属

Symplocos ramosissima Wall. ex G. Don

主要特征 灌木或小乔木。叶膜质，椭圆状披针形或卵状椭圆形，长 6~12 cm，顶端具尾状渐尖，边缘有腺锯齿。总状花序，基部分枝；花冠白色，长 4~5 mm，5 深裂几达基部。核果长圆形，长 9~12 mm，成熟时黄褐色，有时蓝黑色，顶端宿萼裂片张开。

花果期 花期 4~5 月，果期 5~6 月。

生境及分布 在粤北的乐昌、乳源、连山、连南、仁化、阳山等地常见。生于溪边、岩壁及阴湿的密林中。分布于西藏、云南、四川、贵州、湖北、湖南、广东、广西。

产蜜及花粉性状 蜜粉源较少；辅助蜜源植物。

栽培要点 播种繁殖；种子即采即播或湿沙层积贮藏。喜温暖、湿润环境，耐阴；栽植以排水良好的沙壤土为佳。

山矾

山矾科 山矾属

Symplocos sumuntia Buch.-Ham. ex D. Don

主要特征 / 乔木。叶薄革质,卵形、狭倒卵形或倒披针状椭圆形,长 3.5~8 cm,顶端常尾状渐尖,边缘具浅锯齿或波状齿。总状花序,被展开的柔毛;花萼裂片三角状卵形,背面有微柔毛;花冠白色,5 深裂几达基部。核果卵状坛形,顶端宿萼裂片直立,有时脱落。

花果期 / 花期 2~4 月;果期 6~8 月。

生境及分布 / 在粤北的乐昌、乳源、仁化、新丰、和平、大埔、平远等地常见。生于山地林中。分布于江苏、浙江、福建、台湾、广东、海南、广西、江西、湖南、湖北、四川、贵州、云南。

产蜜及花粉性状 / 蜜粉源较少;辅助蜜源植物。

栽培要点 / 播种繁殖。采种堆放后熟,去掉果皮,洗净阴干后即播或湿沙层积贮藏至翌年春播。喜光,喜湿润、凉爽的气候、耐阴、耐寒、不耐瘠薄,在肥沃、排水良好的酸性、中性及微碱性的沙壤土上生长良好。

微毛山矾

山矾科 山矾属

Symplocos wikstroemiifolia Hayata

主要特征 灌木或乔木。幼枝、叶背、叶柄被紧贴的细毛。叶纸质或薄革质，椭圆形、阔倒披针形或倒卵形，长 4~12 cm，全缘或有不明显的波状浅锯齿。总状花序，有分枝；花冠 5 深裂几达基部。核果卵圆形，黑色或黑紫色，顶端宿萼裂片直立。

花果期 花期 3 月；果期 8 月。

生境及分布 在粤北的乐昌、乳源、连山、英德、翁源、蕉岭、大埔、云浮等地常见。生于山地密林中。分布于浙江、福建、台湾、湖南、海南、广东、广西、贵州、云南等省区。

产蜜及花粉性状 蜜粉源较少；辅助蜜源植物。

栽培要点 播种繁殖；种子即采即播。喜光，喜湿润环境，耐阴；栽植以排水良好的沙壤土为佳。

多花白蜡树

木犀科 梣属

Fraxinus floribunda Wall. ex Roxb.

别名 / 多花梣

主要特征 / 落叶乔木；高 10~25 m。奇数羽状复叶；小叶 5~7 片，近革质，卵状长圆形至倒卵状长圆形，长 8~12 cm，基部两侧歪斜，叶缘具整齐的弯曲锐锯齿。圆锥花序顶生，大而伸展，长 20~30 cm；花冠白色，裂片长圆形。翅果条状匙形，长 2~4 cm。

花果期 / 花期 2~4 月；果期 7~10 月。

生境及分布 / 在粤北的乐昌、新丰、大埔等地常见。生于山谷密林及山坡疏林中。分布于广东、广西、贵州、云南、西藏。

产蜜及花粉性状 / 蜜粉源较多；优势蜜粉源植物。

栽培要点 / 播种或扦插繁殖；种子用湿沙层积贮藏至翌年春播，扦插以春、秋季为宜。萌芽力强，耐瘠薄、干旱；喜光或稍耐阴。栽植以肥沃且排水良好的壤土为佳。

华女贞

木犀科 女贞属

Ligustrum lianum Hsu

主要特征 灌木或小乔木，高 0.6~7 m。叶片革质、椭圆形、长圆状椭圆形、卵状长圆形或卵状披针形，长 4~13 cm，先端渐尖或长渐尖，基部宽楔形或圆形，沿叶柄下延，叶缘反卷，上面常具网状乳突，下面密出细小腺点。圆锥花序顶生，长 4~12 cm；花序梗长可达 3 cm，四棱形，常被微柔毛；花序轴及分枝轴无毛或近无毛；花冠裂片长圆形，锐尖。果椭圆形或近球形，长 0.6~1.2 cm，呈黑色、黑褐色或红褐色。

花果期 花期 4~6 月；果期 7 月至翌年 4 月。

生境及分布 在粤北的乐昌、乳源、仁化、曲江、连州、连山、连南、阳山、翁源、清远、五华、兴宁、梅州等地常见。生于山谷疏、密林中，灌木丛中或旷野。分布于浙江、江西、福建、湖南、广东、海南、广西、贵州。

产蜜及花粉性状 蜜粉源较多；优势蜜粉源植物。

栽培要点 播种或扦插繁殖；种子用湿沙层积贮藏至翌年春播，扦插以春、秋季为宜。萌芽力强，耐瘠薄、干旱；喜光或稍耐阴。栽植以肥沃且排水良好的壤土为佳。

女贞

木犀科 女贞属

Ligustrum lucidum Ait.

主要特征 / 灌木或乔木；高 3~15 m。叶革质，卵形、长卵形或椭圆形至宽椭圆形，长 5~12 cm，两面无毛，中脉在上面凹入。圆锥花序顶生，长 8~20 cm；花冠管长 1.5~3 mm，裂片反折。果肾形或近肾形，长 7~10 mm，蓝黑色，被白粉。

花果期 / 花期 5~7 月；果期 7~10 月。

生境及分布 / 在粤北的乐昌、乳源、始兴、南雄、仁化、曲江、连州、连山、连南、英德、阳山、翁源、和平、紫金、大埔、郁南等地常见。生于谷地、林缘和疏密林中。分布于长江以南至华南、西南各省区，向西北分布至陕西、甘肃。

产蜜及花粉性状 / 蜜粉源较多；优势蜜粉源植物。

栽培要点 / 播种或扦插繁殖；种子用湿沙层积贮藏至翌年春播，扦插以春、秋季为宜。耐寒，耐水湿，喜温暖湿润气候，喜光耐荫，不耐瘠薄；对土壤要求不严，以沙壤土或黏质壤土为宜。

小蜡

木犀科 女贞属

Ligustrum sinense Lour.

别名 / 山指甲

主要特征 / 灌木，高 2~4 m。叶片纸质，卵形、椭圆状卵形或长圆形，长 2~7 cm，上面深绿色，下面淡绿色，两面疏被短柔毛或无毛。圆锥花序，塔形，长 4~11 cm；花冠白色，花冠裂片长圆状椭圆形。果近球形，紫黑色。

花果期 / 花期 5~6 月；果期 9~12 月。

生境及分布 / 在粤北的乐昌、乳源、仁化、连山、连南、连州、阳山、英德、连平、新丰、翁源、清远、和平、紫金、河源、龙川、兴宁、大埔、云浮、罗定等地常见。生于山坡、山谷、溪边、河旁、路边。分布于江苏、浙江、安徽、江西、福建、台湾、湖北、湖南、广东、广西、贵州、四川、云南。

产蜜及花粉性状 / 泌蜜较多，花粉较少；优势蜜粉源植物。

栽培要点 / 播种或扦插繁殖；种子湿沙层积贮藏至翌年春播，扦插以春、秋季为宜。喜光，喜温暖或高温湿润气候，生活力强，生长地全日照或半日照均能正常生长，耐寒，较耐瘠薄，耐修剪，不耐水湿，土质以肥沃之沙壤土为佳。

光萼小蜡

木犀科 女贞属

Ligustrum sinense var. **myrianthum** (Diels) Hofk.

主要特征 / 灌木，高 2~4 m。幼枝、花序轴和叶柄密被锈色或黄棕色柔毛或硬毛；叶片革质，长椭圆状披针形、椭圆形至卵状椭圆形，下面密被锈色或黄棕色柔毛，尤以叶脉为密。花序腋生，花萼及花梗无毛；花冠白色，花冠裂片长圆状椭圆形。果近球形，紫黑色。

花果期 / 花期 5~6 月；果期 9~12 月。

生境及分布 / 在粤北的乐昌、始兴、乳源、南雄、仁化、曲江、连州、连南、连山、阳山、英德、连平、翁源、紫金、蕉岭、丰顺、大埔、平远等地常见。生于山坡、山谷、溪边。分布于陕西、甘肃、江西、福建、湖北、湖南、广东、广西、四川、贵州、云南。

产蜜及花粉性状 / 泌蜜较多，花粉较少；优势蜜粉源植物。

栽培要点 / 播种或扦插繁殖；种子湿沙层积贮藏至翌年春播，扦插以春、秋季为宜。喜光，喜温暖、湿润气候，耐寒，较耐瘠薄，耐修剪，不耐水湿，土质以肥沃之沙壤土为佳。

桂花

木犀科 木犀属

Osmanthus fragrans (Thunb.) Lour.

别名 木犀

主要特征 常绿乔木；高达 20 m。叶革质，椭圆形、长椭圆形或椭圆状披针形，长 7~14 cm，全缘或通常上半部具锯齿。聚伞花序簇生于叶腋；花冠黄白色、淡黄色、黄色或桔红色，极芳香。果歪斜，椭圆形，长 1~1.5 cm，呈紫黑色。

花果期 花期 9~10 月；果期翌年 1~3 月。

生境及分布 在粤北各地广泛栽培。生于山谷疏林或石灰岩山地。分布于西藏、四川、云南、广西、广东、湖南、湖北、江西、安徽和河南等地。

产蜜及花粉性状 蜜粉源较少；辅助蜜源植物。

栽培要点 播种或扦插繁殖。种子有后熟作用，须用湿沙层积催芽秋播或至翌年春播；扦插以春、秋季为宜。喜温暖，抗逆性强，既耐高温，也较耐寒，切忌积水，有一定的耐干旱能力；对土壤的要求不太严，除碱性土和低洼地或过于黏重、排水不畅的土壤外，一般均可生长，但以土层深厚、疏松肥沃、排水良好的微酸性沙壤土为宜。

水团花

茜草科 水团花属

Adina pilulifera (Lam.) Franch. ex Drade

主要特征 / 常绿灌木至小乔木；高 1~5 m。叶对生，厚纸质，椭圆形至椭圆状披针形，长 4~12 cm，叶柄长 2~10 mm。头状花序明显腋生；总花梗长 3~4.5 cm，中部以下有轮生小苞片 5 枚；花冠白色，花冠裂片卵状长圆形。果序直径 8~10 mm；种子长圆形，两端有狭翅。

花果期 / 花期 6~7 月，深秋果熟。

生境及分布 / 在粤北各地均常见。生于山谷疏林下或旷野路旁、溪边水畔。分布于长江以南各省区。

产蜜及花粉性状 / 泌蜜较少，花粉较多；优势蜜粉源植物。

栽培要点 / 播种或扦插繁殖；种子湿沙层积贮藏至翌年春播，扦插以春、秋季为宜。喜温暖、湿润环境，要求肥沃、疏松且排水良好的酸性土壤。

细叶水团花

茜草科 水团花属

Adina rubella Hance

主要特征 落叶灌木；高 1~3 m。叶对生，薄革质，卵状披针形或卵状椭圆形，长 2.5~4 cm，叶近无柄。头状花序，顶生或兼有腋生；花冠 5 裂，裂片三角状，紫红色。果序直径 8~12 mm。

花果期 花、果期 5~12 月。

生境及分布 在粤北的乳源、乐昌、仁化、南雄、英德、连州、阳山、翁源、和平、平远等地常见。生于溪边、河边、沙滩等湿润处。主要分布于安徽、江苏、浙江、江西、湖南、四川、福建、台湾、广东、广西等地。

产蜜及花粉性状 泌蜜较少，花粉较多；优势蜜粉源植物。

栽培要点 播种或扦插繁殖；种子湿沙层积贮藏至翌年春播，扦插以春、秋季为宜。喜光，喜温暖、湿润环境，不怕水渍，较耐寒。

香楠

茜草科 茜树属

Aidia canthioides (Champ. ex Benth.) Masamune.

主要特征 / 灌木或小乔木，高 2~12 m。叶近革质，长椭圆形，长 5~12 cm。聚伞花序腋生，紧缩成伞形花序状；苞片和小苞片卵形，基部合生成一小杯状体；花冠高脚碟形，白色或黄白色。浆果球形，顶端有环状的萼檐残迹。

花果期 / 花期 4~6 月；果期 5 月至翌年 2 月。

生境及分布 / 在粤北的乳源、乐昌、仁化、南雄、英德、连州、阳山、翁源、和平、平远等地常见。生于山坡、山谷溪边、丘陵的灌丛中或林中。分布于福建、台湾、广东、香港、广西、海南、云南。

产蜜及花粉性状 / 蜜粉源较少；辅助蜜源植物。

栽培要点 / 播种繁殖，浆果采集后须及时播种。喜湿润环境。

茜树

茜草科 茜树属

Aidia cochinchinensis Lour.

主要特征 灌木或乔木，高 2~15 m。叶革质，长圆状披针形或狭椭圆形，长 6~20 cm，两面无毛。聚伞花序与叶对生或生于无叶的节上，多花；苞片和小苞片披针形；花冠黄色或白色或红色，花冠裂片 4 枚，开放时反折。浆果球形，紫黑色。

花果期 花期 3~6 月；果期 5 月至翌年 2 月。

生境及分布 在粤北的乐昌、乳源、始兴、连州、阳山、连山、连南、南雄、英德、仁化、北江、曲江、翁源、新丰、连平、清远、和平、紫金、平远、蕉岭、五华、梅州、丰顺、大埔、云浮等地常见。生于丘陵、山坡、山谷溪边的灌丛或林中。分布于江苏、浙江、江西、福建、台湾、湖北、湖南、广东、广西、海南、四川、贵州、云南。

产蜜及花粉性状 蜜粉源较少；辅助蜜源植物。

栽培要点 播种、扦插或高压繁殖；浆果采集后须及时播种，扦插以春、秋季为宜。喜光，稍耐阴，喜高温、湿润环境，幼苗期间注意防冻、遮阴。

风箱树

茜草科 风箱树属

Cephalanthus tetrandrus (Roxb.) Ridsd et Bakh. f.

别名 / 水杨梅

主要特征 / 落叶灌木或小乔木；高 1~5 m。叶对生或 3 片叶轮生，近革质，椭圆形至卵状披针形，长 10~15 cm；托叶阔卵形，顶部骤尖，常有一枚黑色腺体。头状花序，总花梗长 2.5~6 cm，有毛；花冠白色，花冠裂片长圆形，裂口处通常有 1 枚黑色腺体。果序直径 10~20 mm。

花果期 / 花期 3~6 月。

生境及分布 / 在粤北的乐昌、乳源、始兴、连州、南雄、仁化、阳山、英德、新丰、翁源、和平、平远、兴宁、大埔、河源等地常见。生于水沟旁或溪畔。分布于广东、海南、广西、湖南、福建、江西、浙江、台湾。

产蜜及花粉性状 / 蜜粉源较少；辅助蜜源植物。

栽培要点 / 播种、扦插或高压繁殖；浆果采集后须及时播种，扦插以春、秋季为宜。喜光，稍耐阴，喜高温、湿润环境，幼苗期间注意防冻、遮阴。

狗骨柴

茜草科 狗骨柴属

Diplospora dubia (Lindl.) Masam

主要特征 / 灌木或乔木。叶近革质，卵状长圆形、长圆形或披针形，长4~13 cm，两面无毛。花腋生密集成束或组成稠密的聚伞花序；花冠白色或黄色，花冠裂片长圆形，向外反卷。浆果近球形，成熟时红色，顶部有萼檐残迹。

花果期 / 花期4~8月；果期5月至翌年2月。

生境及分布 / 在粤北的乐昌、乳源、始兴、曲江、仁化、连南、连州、英德、阳山、清远、连平、新丰、翁源、和平、梅州、蕉岭、平远、丰顺、五华、大埔、河源、云浮等地常见。生于阔叶林内或灌丛中。分布于我国南部及东南部地区。

产蜜及花粉性状 / 蜜粉源较少；辅助蜜源植物。

栽培要点 / 播种或扦插繁殖；浆果采集后用湿沙层积贮藏至翌年春播，扦插以春、秋季为宜。喜温暖、湿润环境，稍耐寒；要求肥沃、疏松且排水良好的酸性土壤。

毛狗骨柴

茜草科 狗骨柴属

Diplospora fruticosa Hemsl.

主要特征 / 灌木或乔木。嫩枝有短柔毛。叶纸质或近革质,长圆形、长圆状披针形或狭椭圆形,长 6~20 cm,叶脉上和脉腋内常有疏短柔毛。伞房状的聚伞花序腋生,多花,总花梗很短;花冠白色,裂片长圆形,外反。果近球形,成熟时红色。

花果期 / 花期 3~5 月;果期 6 月至翌年 2 月。

生境及分布 / 在粤北的乐昌、始兴、曲江、仁化、连山、英德等地常见。生于山谷或溪边的林中或灌丛中。分布于江西、湖北、湖南、广东、广西、四川、贵州、云南、西藏。

产蜜及花粉性状 / 蜜粉源较少;辅助蜜源植物。

栽培要点 / 播种或扦插繁殖;浆果采集后用湿沙层积贮藏至翌年春播,扦插以春、秋季为宜。喜温暖、湿润环境,稍耐寒;要求肥沃、疏松且排水良好的酸性土壤。

栀子

茜草科 栀子属

Gardenia jasminoides Ellis

别名 黄枝子

主要特征 灌木；高 0.5~3 m。叶近革质，对生，少为 3 片轮生，通常为长圆状披针形、倒卵状长圆形或椭圆形，长 3~15 cm。花芳香，单朵生于枝顶；萼管倒圆锥形，有纵棱，顶部 5~8 裂，裂片线状披针形；花冠白色或乳黄色，高脚碟状。果椭圆形，黄色或橙红色，长 1.5~7 cm，有翅状纵棱 5~8 条。

花果期 花期 2~7 月；果期 5~12 月。

生境及分布 在粤北各地均常见。生于旷野、丘陵、山谷、山坡、溪边。分布于山东、江苏、安徽、浙江、江西、福建、台湾、湖北、湖南、广东、香港、广西、海南、四川、贵州和云南。

产蜜及花粉性状 蜜粉源较少；辅助蜜源植物。

栽培要点 播种、分株或扦插繁殖；扦插以春季为最好，秋季也可。也可用堆土压条法取苗，适期为初春，成活率高，但数量有限。喜温暖、向阳、通风环境，要求肥沃、疏松且排水良好的酸性土壤。

黐花

茜草科 玉叶金花属

Mussaenda esquirolii Lévl.

别名 / 大叶白纸扇、大叶玉叶金花、贵州玉叶金花

主要特征 / 直立或藤状灌木；高 1~3 m。嫩枝密被短柔毛。叶薄纸质，宽卵形或宽椭圆形，长 10~20 cm。聚伞花序顶生；花萼管陀螺形，萼裂片近叶状，白色，披针形，长达 1 cm；花叶倒卵形，白色，长 3~4 cm；花冠黄色，裂片卵形。浆果近球形，直径约1 cm。

花果期 / 花期 6 月；果期 7~10 月。

生境及分布 / 在粤北的乐昌、乳源、始兴、连州、连山、连南、南雄、仁化、阳山、英德、翁源、新丰、和平、梅州、大埔、蕉岭、平远、紫金等地常见。生于山地或疏林下。分布于广东、广西、江西、贵州、湖南、湖北、四川、安徽、福建和浙江。

产蜜及花粉性状 / 蜜粉源较少；辅助蜜源植物。

栽培要点 / 播种或扦插繁殖；扦插以春、秋季为宜。喜光、耐半阴；喜温暖至高温气候和湿润环境，不耐干旱和寒冷，要求肥沃、疏松且排水良好的沙壤土。

九节

茜草科 九节属

Psychotria asiatica Linn.

主要特征 / 灌木；高 1~3 m。叶纸质，长圆形、长圆状椭圆形或长圆状倒披针形，长 8~20 cm，干时上面榄绿色而下面微红色。花序顶生，为不规则三歧聚伞花序或伞房花序式聚伞花序；萼管倒圆锥形，檐部扩大；花冠白色或浅绿色，喉部被白色长毛，顶部 5 裂。浆果卵状椭圆形，成熟时红色，有纵棱。

花果期 / 花、果期几乎全年。

生境及分布 / 在粤北各地均常见。生于丘陵和山坡林缘。分布于浙江、福建、台湾、湖南、广东、香港、海南、广西、贵州、云南。

产蜜及花粉性状 / 蜜粉源较少；辅助蜜源植物。

栽培要点 / 播种、分株或扦插繁殖；扦插以春、秋季为宜。喜温暖、湿润环境，稍耐寒，喜肥沃、疏松且排水良好的土壤。

溪边九节

茜草科 九节属

Psychotria fluviatilis Chun ex W. C. Chen

主要特征 / 灌木；高 0.4~2 m。叶纸质或薄革质，倒披针形或椭圆形，长 5~11 cm，稍光亮，下面较苍白。聚伞花序少花；花萼倒圆锥形，檐部扩大，花萼裂片 4~5 枚，三角形；花冠白色，管状，喉部被白色长柔毛，花冠裂片 4~5 枚。果长圆形或近球形，红色，具棱，顶部有宿存萼。

花果期 / 花期 4~10 月；果期 8~12 月。

生境及分布 / 在粤北的乐昌、乳源、始兴、曲江、连山、英德、翁源等地常见。生于山谷溪边林中。分布于广东、广西。

产蜜及花粉性状 / 蜜粉源较少；辅助蜜源植物。

栽培要点 / 播种、分株或扦插繁殖；扦插以春、秋季为宜。喜温暖、湿润环境，稍耐寒，喜肥沃、疏松且排水良好的土壤。

白马骨

茜草科 白马骨属

Serissa serissoides (DC.) Druce

别名 / 满天星

主要特征 灌木；高达 1 m。叶近革质，卵形或倒披针形，长 1~4 cm，基部收狭成一短柄。花无梗，生于小枝顶部；萼裂片 5 枚，坚挺延伸呈披针状锥形，具缘毛；花冠白色，喉部被毛，裂片 5 枚，长圆状披针形。核果球形。

花果期 花期 4~8 月；果期 9~11 月。

生境及分布 在粤北的乐昌、乳源、始兴、南雄、仁化、阳山、清远、新丰、翁源、连平、大埔、兴宁、蕉岭、平远等地常见。生于山谷、河旁或路旁。分布于江苏、安徽、浙江、江西、福建、台湾、湖北、广东、香港、广西等省区。

产蜜及花粉性状 蜜粉源较少；辅助蜜源植物。

栽培要点 扦插繁殖，以春、秋季为宜。喜光，耐半阴，喜湿润环境，耐贫瘠。适于花坛种植或列植于路旁。

糯米条

忍冬科 六道木属

Abelia chinensis R. Br.

主要特征 落叶灌木；高达 2 m。叶对生或 3 片轮生，卵形至椭圆状卵形，长 2~5 cm，边缘有稀疏圆锯齿。聚伞花序生于小枝上部叶腋；花白色或粉红色，芳香，萼裂片椭圆形或倒卵状长圆形，果期变红色；花冠漏斗状，裂片圆卵形。果具宿存而略增大的萼裂片。

花果期 花期 6~9 月；果期 9~10 月。

生境及分布 在粤北的乐昌、乳源、南雄、仁化、连州、阳山、连平、龙川、和平、平远等地常见。生于林下、灌丛或溪边。我国长江以南各省区广泛分布。

产蜜及花粉性状 泌蜜较多，花粉较少；优势蜜粉源植物。

栽培要点 播种或扦插繁殖，以扦插繁殖为主。种子用湿沙层积贮藏，扦插以春、秋季为宜。喜光，喜温暖湿润气候，耐阴不耐寒，不耐积水；萌蘖能力强，耐修剪；对土壤要求不严，酸性、中性和微碱性土均能生长，喜肥沃通透的沙壤土。

白花苦灯笼

茜草科 乌口树属

Tarenna mollissima (Hook. & Arn.) B. L. Rob.

主要特征 / 灌木至小乔木。高 1~6 m，全株均密被灰色或褐色柔毛或短茸毛。叶薄纸质，卵形至长圆形，长 8~16 cm，顶端渐尖或长渐尖，基部阔楔形、钝或近圆形，两面均被褐灰色短柔毛；叶柄、均密被紧贴柔毛。花序顶生，组成伞房式聚伞花序，具对生分枝，分枝与苞片、小苞片、花梗和花萼均被褐色短茸毛；花具花梗；萼管近钟形，萼檐裂片长圆形；花冠白色，裂片长圆形；雄蕊与花冠裂片同数。果球形，直径 5~6 mm，干时黑色，被短柔毛，有种子 12~14 颗。

花果期 / 花期 6~7 月；果期 9~12 月。

生境及分布 / 在粤北的乐昌、乳源、始兴、南雄、曲江、仁化、连州、连山、连南、英德、阳山、翁源、新丰、和平、蕉岭、梅州、五华、兴宁、大埔、河源、紫金、郁南、罗定等地常见。生于河边、山地或山谷林下。分布于海南、广东、广西、贵州、湖南、江西、福建和浙江等省区。

产蜜及花粉性状 / 蜜粉源较少；辅助蜜源植物。

栽培要点 / 播种繁殖。种子即采即播。喜温暖、湿润环境，喜光，对土壤要求不严，但以疏松、肥沃且排水良好的沙壤土为好。

伞房荚蒾

忍冬科 荚蒾属

Viburnum corymbiflorum Hsu et S. C. Hsu

主要特征 / 灌木或小乔木；高达 5 m。叶纸质，长圆形至长圆状披针形，长 6~10 cm，上部边缘疏生外弯的尖锯齿。圆锥花序因主轴缩短而成圆顶的伞房状，生于具 1 对叶的短枝之顶；花芳香，生于序轴的第三级分枝上；花冠白色，辐状。核果红色，椭圆形。

花果期 / 花期 4 月；果期 6~7 月。

生境及分布 / 在粤北的仁化、乐昌等地常见。生于山谷和山坡密林或灌丛中湿润地。分布于浙江、江西、福建、湖北、湖南、广东、广西、四川、贵州及云南。

产蜜及花粉性状 / 蜜粉源较少；辅助蜜源植物。

栽培要点 / 播种繁殖，种子用湿沙层积催芽处理。喜光，稍耐阴。喜肥沃、疏松且排水良好的酸性土壤。

荚蒾

忍冬科 荚蒾属

Viburnum dilatatum Thunb.

主要特征 / 落叶灌木；高 1.5~3 m。当年生小枝连同芽、叶柄和花序均密被黄色开展的小刚毛状粗毛及簇状短毛。叶纸质，倒卵形或宽卵形，长 3~10 cm，边缘有锯齿，两面被毛。复伞形聚伞花序稠密，第一级辐射枝 5 条；花冠白色。核果红色，椭圆状卵圆形。

花果期 / 花期 5~6 月；果期 9~11 月。

生境及分布 / 在粤北的乐昌、乳源、连州、连山、阳山、河源、五华、丰顺等地常见。生于山坡或山谷疏林下、林缘及山脚灌丛中。分布于河北、陕西、江苏、安徽、浙江、江西、福建、台湾、河南、湖北、湖南、广东、广西、四川、贵州及云南。

产蜜及花粉性状 / 蜜粉源较少；辅助蜜源植物。

栽培要点 / 播种繁殖，种子用湿沙层积催芽处理。喜光，稍耐阴。喜肥沃、疏松且排水良好的酸性土壤。

南方荚蒾

忍冬科 荚蒾属

Viburnum fordiae Hance

主要特征 / 灌木；高可达 5 m。幼枝、芽、叶柄、花序、萼和花冠外面均被茸毛。叶纸质至厚纸质，宽卵形或菱状卵形，长 4~7 cm，除边缘基部外常有小尖齿，下面毛较密。复伞形聚伞花序顶生，第一级辐射枝通常 5 条；花冠白色，辐状。核果红色，卵圆形。

花果期 / 花期 4~5 月；果期 10~11 月。

生境及分布 / 在粤北的乐昌、乳源、始兴、南雄、连山、连南、阳山、英德、连平、郁南、罗定等地常见。生于林下或灌丛中。分布于安徽、浙江、江西、福建、湖南、广东、广西、贵州及云南。

产蜜及花粉性状 / 蜜粉源较少；辅助蜜源植物。

栽培要点 / 播种或扦插繁殖。种子用湿沙层积催芽处理；扦插以春、秋季为宜。喜温暖、潮湿环境，对水分、肥料要求均适中。

蝶花荚蒾

忍冬科 荚蒾属

Viburnum hanceanum Maxim.

主要特征 / 灌木；高达 2 m。叶纸质，圆卵形、近圆形或椭圆形，长 4~8 cm，边缘具整齐而稍带波状的锯齿，两面被黄褐色簇状短伏毛。聚伞花序伞形式，花稀疏，外围有 2~5 朵白色、大型的不孕花；不孕花直径 2~3 cm，不整齐 4~5 裂，裂片倒卵形；可孕花花冠黄白色，辐状。核果红色，稍扁，卵圆形。

花果期 / 花期 4~5 月；果期 8~9 月。

生境及分布 / 在粤北的乐昌、曲江、仁化、连山、英德、连平、翁源、和平、平远、蕉岭、大埔、紫金等地常见。生于山谷溪流旁或灌木丛中。分布于江西、福建、湖南、广东及广西。

产蜜及花粉性状 / 蜜粉源较少；辅助蜜源植物。

栽培要点 / 播种、分株或扦插繁殖。种子用湿沙层积催芽处理；扦插以春、秋季为宜，分株以春季为佳。抗寒性强，也耐干旱，喜温暖、湿润、半阴环境；对土质选择不严，微酸性、微碱性土壤均可适应，但以中性、疏松的土壤为宜。

珊瑚树

忍冬科 荚蒾属

Viburnum odoratissimum Ker Gawl.

主要特征 常绿灌木或小乔木，高达 10 m。叶革质，椭圆形至矩圆形或矩圆状倒卵形至倒卵形，有时近圆形，长 7~20 cm，顶端短尖至渐尖而钝头，边缘上部有不规则的浅波状锯齿或近全缘。圆锥花序顶生或生于侧生短枝上；花冠白色，后变黄色，有时微红，辐射状。果实先红色后变黑色，卵圆形或卵状椭圆形，长约 8 mm。

花果期 花期 4~5 月；果期 7~9 月。

生境及分布 在粤北的乐昌、乳源、连南、英德、翁源、清远、大埔、丰顺、紫金、罗定、云浮等地常见。生于山谷密林中或灌丛中。分布于广东、海南、广西、湖南、福建。

产蜜及花粉性状 蜜粉源较少；辅助蜜源植物。

栽培要点 播种或扦插繁殖。种子用湿沙层积催芽处理；扦插以春、秋季为宜。喜光，喜温暖、湿润、半阴环境；栽植宜选择肥沃、疏松且排水良好的土壤，抗污染力强。

蝴蝶戏珠花

忍冬科 荚蒾属

Viburnum plicatum Thunb. var. **tomentosum** (Thunb.) Miq.

别名 / 蝴蝶荚蒾

主要特征 / 落叶灌木；高达 3 m。叶纸质，宽卵形、长圆状卵形或椭圆状倒卵形，长 4~10 cm，边缘有不整齐三角状锯齿，下面常绿白色，密被茸毛。聚伞花序伞形式；外围有 4~6 朵白色、大型的不孕花，不整齐 4~5 裂；中央可孕花直径约 3 mm，黄白色。核果先红色后变黑色，宽卵圆形或倒卵圆形。

花果期 / 花期 4~5 月；果期 8~9 月。

生境及分布 / 在粤北的乐昌、乳源、仁化、南雄、连山、连南等地常见。生于山坡、山谷混交林内及沟谷旁灌丛中。分布于陕西、安徽、浙江、江西、福建、台湾、河南、湖北、湖南、广东、广西、四川、贵州及云南。

产蜜及花粉性状 / 蜜粉源较少；辅助蜜源植物。

栽培要点 / 播种繁殖，种子用湿沙层积催芽处理。喜光，耐半阴；喜阴湿环境，适合在屋旁、林下种植。

常绿荚蒾

忍冬科 荚蒾属

Viburnum sempervirens K. Koch

别名 坚荚蒾

主要特征 常绿灌木；高可达 4 m。叶革质，椭圆形至椭圆状卵形，长 4~12 cm，全缘或上部至近顶部具少数浅齿，上面有光泽；叶柄带红紫色。复伞形式聚伞花序顶生，第一级辐射枝 5 条，花生于第三至第四级辐射枝上；花冠白色，裂片近圆形。核果红色，卵圆形。

花果期 花期 5 月；果期 10~12 月。

生境及分布 在粤北的乐昌、乳源、南雄、曲江、连州、阳山、连平、和平、大埔、河源、紫金、罗定、郁南等地常见。生于山谷密林或疏林中。分布于浙江、福建、江西、湖南、广东、海南、广西、云南、四川、贵州等地。

产蜜及花粉性状 蜜粉源较少；辅助蜜源植物。

栽培要点 播种或扦插繁殖。种子用湿沙层积催芽处理；扦插以春、秋季为宜。喜光，喜温暖、湿润、半阴环境；栽植宜选择肥沃、疏松且排水良好的酸性土壤。

茶荚蒾

忍冬科 荚蒾属

Viburnum setigerum Hance

主要特征 / 落叶灌木；高达 4 m。叶纸质，卵状长圆形至卵状披针形，长 7~12 cm，边缘疏生尖锯齿。复伞形聚伞花序，第一级辐射枝通常 5 条，花生于第三级辐射枝上；花芳香，花冠白色，裂片卵形。核果红色，卵圆形。

花果期 / 花期 4~5 月；果期 9~10 月。

生境及分布 / 在粤北的乐昌、乳源、英德等地常见。生于山谷溪涧旁疏林或山坡灌丛中。分布于江苏、安徽、浙江、江西、福建、台湾、广东、广西、湖南、贵州、云南、四川、湖北及陕西。

产蜜及花粉性状 / 蜜粉源较少；辅助蜜源植物。

栽培要点 / 播种或扦插繁殖。种子用湿沙层积催芽处理；扦插以春、秋季为宜。喜光，喜温暖、湿润、半阴环境，不耐水涝；栽植宜选择肥沃、疏松且排水良好的酸性土壤。

长花厚壳树

紫草科 厚壳树属

Ehretia longiflora Champ. ex Benth.

主要特征 / 乔木；高 5~10 m。小枝紫褐色。叶椭圆形或长圆状倒披针形，长 8~12 cm。聚伞花序生于侧枝顶端，呈伞房状；花萼裂片卵形，有不明显的缘毛；花冠白色，筒状钟形，裂片卵形或椭圆状卵形。核果淡黄色或红色，直径 8~15 mm。

花果期 / 花期 4 月；果期 6~8 月。

生境及分布 在粤北的乐昌、乳源、南雄、连南、连山、阳山、翁源、龙川、兴宁等地常见。生于山地路边、山坡疏林及湿润的山谷密林。分布于广西、广东、福建、台湾。

产蜜及花粉性状 泌蜜较多，花粉较少；优势蜜粉源植物。

栽培要点 播种或扦插繁殖。种子用湿沙层积催芽处理；扦插以春、秋季为宜。喜光也稍耐阴，喜温暖湿润的气候和深厚肥沃的土壤，耐寒，较耐瘠薄，根系发达，萌蘖性好，耐修剪。

厚壳树

紫草科 厚壳树属

Ehretia thyrsiflora (Sieb. et Zucc.) Nakai

主要特征 / 落叶乔木；高达 15 m。枝有明显的皮孔。叶椭圆形、倒卵形或长圆状倒卵形，长 5~13 cm，边缘有整齐的锯齿。聚伞花序圆锥状，长 8~15 cm；花多，密集，芳香；花萼裂片卵形，具缘毛；花冠钟状，白色，裂片长圆形，展开。核果黄色或桔黄色，直径 3~4 mm。

花果期 / 花期 4~5 月；果期 4~9 月。

生境及分布 / 在粤北的乐昌、始兴、仁化、南雄、连州、阳山、英德、清远、翁源、和平、龙川等地常见。生于丘陵疏林、山坡灌丛、山谷密林及村边。分布于广东、广西、台湾、山东、河南等省区。

产蜜及花粉性状 / 泌蜜较多，花粉较少；优势蜜粉源植物。

栽培要点 / 播种或扦插繁殖。种子用湿沙层积催芽处理；扦插以春、秋季为宜。喜温暖、湿润环境，适应性强，管理粗放。

白花泡桐

泡桐科 泡桐属

Paulownia fortunei (Seem.) Hemsl.

主要特征 落叶乔木；高达 30 m。幼枝、叶、花序各部和幼果均被黄褐色茸毛。叶长卵状心形，长达 20 cm，基部心形。花序狭长几乎成圆柱形；萼倒圆锥形，长 2~2.5 cm，萼齿三角状卵圆形；花冠管状漏斗形，白色，仅背面稍带紫色或浅紫色，内部密布紫色细斑块。蒴果长圆形，长 6~10 cm。

花果期 花期 3~4 月；果期 7~8 月。

生境及分布 在粤北的乐昌、乳源、仁化、南雄、曲江、连州、连山、英德、清远、和平、新丰、平远、蕉岭、大埔、五华、罗定、云浮等地常见。生于低海拔的山坡、林中、山谷及荒地。分布于安徽、浙江、福建、台湾、江西、湖北、湖南、四川、云南、贵州、广东、广西、野生或栽培；在山东、河北、河南、陕西等地近年有引种。

产蜜及花粉性状 蜜源丰富，粉源较多；主要蜜源植物。

栽培要点 播种或扦插繁殖。种子用湿沙层积催芽处理；扦插以春、秋季为宜。适应性强，生长快。喜温暖、湿润环境，须栽培于土层深厚且肥沃的土壤中。

台湾泡桐

泡桐科 泡桐属

Paulownia kawakamii Ito

别名 / 粘毛泡桐

主要特征 / 叶乔木；高 8~15 m。嫩枝有粘毛。叶心形，长可达 48 cm，全缘或 3~5 裂或有角，两面均有粘毛。花序宽大圆锥形，长可达 1 m；萼具明显的凸脊，深裂至一半以上；花冠近钟形，浅紫色至蓝紫色，管基向上扩大，檐部 2 唇形。蒴果卵圆形，宿萼辐射状强烈反卷。

花果期 / 花期 4~5 月；果期 8~9 月。

生境及分布 / 在粤北的乐昌、始兴、乳源、曲江、连州、连南、连山、阳山、和平、紫金、平远、蕉岭等地常见。生于山坡灌丛、疏林及荒地。分布于湖北、湖南、江西、浙江、福建、台湾、广东、广西、贵州。

产蜜及花粉性状 / 蜜粉源较少；辅助蜜源植物。

栽培要点 / 播种或扦插繁殖。种子用湿沙层积催芽处理；扦插以春、秋季为宜。适应性强，生长快。喜温暖、湿润环境，须栽培于土层深厚且肥沃的土壤中。

紫珠

马鞭草科 紫珠属

Callicarpa bodinieri H. Lév.

别名 / 珍珠枫

主要特征 / 灌木；高约2 m。小枝、叶柄和花序均被粗糠状星状毛。叶纸质，卵状长椭圆形至椭圆形，长7~18 cm，边缘有细锯齿，上面有短柔毛，背面密被星状柔毛。聚伞花序4~5次分歧；萼齿钝三角形；花冠紫色，被星状柔毛和暗红色腺点。果球形，熟时紫色。

花果期 / 花期6~7月；果期8~11月。

生境及分布 / 在粤北的乐昌、乳源、连州、连南、连山、阳山等地常见。生于林中、林缘及灌丛中。分布于河南、江苏、安徽、浙江、江西、湖南、湖北、广东、广西、四川、贵州、云南。

产蜜及花粉性状 / 蜜粉源较多；优势蜜粉源植物。

栽培要点 / 播种或扦插繁殖。种子用湿沙层积催芽处理；扦插以春、秋季为宜。喜温暖、湿润环境，怕风、怕旱，土壤以红黄壤为好，在阴凉的环境生长较好。

华紫珠

马鞭草科 紫珠属

Callicarpa cathayana H. T. Chang

主要特征 / 灌木；高1.5~3 m。叶片椭圆形或卵形，长4~8 cm，有显著的红色腺点，边缘密生细锯齿。聚伞花序细弱，宽约1.5 cm，3~4次分歧；花萼杯状，具星状毛和红色腺点，萼齿不明显或钝三角形；花冠紫色，有红色腺点。果实球形，紫色，直径约2 mm。

花果期 / 花期5~7月，果期8~11月。

生境及分布 / 在粤北的乐昌、始兴、南雄、阳山、英德、清远、新丰、大埔、兴宁等地常见。多生于山坡、谷地的丛林中。分布于河南、江苏、湖北、安徽、浙江、江西、福建、广东、广西、云南。

产蜜及花粉性状 / 蜜粉源较多；优势蜜粉源植物。

栽培要点 / 播种或扦插繁殖。种子用湿沙层积催芽处理；扦插以春、秋季为宜。喜温暖、湿润环境。

杜虹花

马鞭草科 紫珠属

Callicarpa pedunculata R. Br.

别名 / 老蟹眼、粗糠仔

主要特征 / 灌木；高 1~3 m。小枝、叶柄和花序均密被灰黄色星状毛和分枝毛。叶片卵状椭圆形或椭圆形，长 6~15 cm，边缘有细锯齿，上面被短硬毛，稍粗糙，背面被灰黄色星状毛。聚伞花序通常 4~5 次分歧；花冠紫色或淡紫色，裂片钝圆。果实近球形，紫红色。

花果期 / 花期 5~7 月；果期 8~11 月。

生境及分布 / 在粤北的乐昌常见。生于山坡和溪边的林中或灌丛中。分布于江西、浙江、台湾、福建、广东、广西、云南。

产蜜及花粉性状 / 蜜粉源较少；辅助蜜源植物。

栽培要点 / 播种或扦插繁殖。种子用湿沙层积催芽处理；扦插以春、秋季为宜。喜温暖、湿润环境。

枇杷叶紫珠

马鞭草科 紫珠属

Callicarpa kochiana Makino

别名 / 野枇杷、山枇杷

主要特征 灌木；高 1~4 m。小枝、叶柄与花序密生黄褐色茸毛。叶长椭圆形、卵状椭圆形或长椭圆状披针形，长 12~22 cm，边缘有锯齿，背面密生黄褐色星状毛和茸毛。聚伞花序宽 3~6 cm，多次分歧；萼筒管状，被茸毛；花冠淡红色或紫红色。果实圆球形，几乎全部包藏于宿存的花萼内。

花果期 花期 7~8 月；果期 9~12 月。

生境及分布 在粤北的乐昌、始兴、乳源、仁化、南雄、曲江、阳山、英德、翁源、连平、新丰、和平、河源、蕉岭、大埔、郁南等地常见。生于山坡或谷地溪旁的林中和灌丛中。分布于台湾、福建、广东、浙江、江西、湖南、河南。

产蜜及花粉性状 蜜粉源较多；优势蜜粉源植物。

栽培要点 播种、扦插或分株繁殖。种子用湿沙层积催芽处理，扦插以春、秋季进行为宜，分株宜选择春季进行。喜温暖、湿润环境，较耐寒、耐荫；对土壤要求不严，栽培较为简易。

广东紫珠

马鞭草科 紫珠属

Callicarpa kwangtungensis Chun

主要特征 / 灌木；高 1~2 m。幼枝略被星状毛，常带紫色。叶狭椭圆状披针形、披针形或线状披针形，长 15~26 cm，边缘上半部有细齿。聚伞花序宽 2~3 cm，3~4 次分歧；花冠白色或带紫红色，稍有星状毛。果实球形，直径约 3 mm。

花果期 / 花期 6~7 月；果期 8~10 月。

生境及分布 / 在粤北的乐昌、始兴、乳源、连州、连南、阳山、清远、和平、郁南等地常见。生于山坡林中或灌丛中。分布于浙江、江西、湖南、湖北、贵州、福建、广东、广西、云南。

产蜜及花粉性状 / 蜜粉源较多；优势蜜粉源植物。

栽培要点 / 播种或扦插繁殖。种子用湿沙层积催芽处理，扦插以春、秋季为宜。喜温、喜湿，怕风、怕旱，对土壤要求不严，但以疏松、肥沃且排水良好的砂质黄壤为好。

尖萼紫珠

唇形科 紫珠属

Callicarpa loboapiculata F. P. Metcalf

主要特征 / 灌木，高达 3 m；小枝、叶柄和花序密生黄褐色分枝茸毛。叶片椭圆形，长 12~22 cm，宽 5~7 cm，顶端渐尖，基部楔形，边缘有浅锯齿，两面有细小黄色腺点。聚伞花序宽 4~6 cm，5~6 次分歧；花柄长约 1 mm；花萼钟状，稍被星状毛或无毛，萼齿急尖；花冠紫色。果实径约 1.2 mm，具黄色腺点，无毛。

花果期 / 花期 6~7 月；果期 8~10 月。

生境及分布 / 在粤北的乐昌、乳源、连州、连山、罗定等地常见。

生于山坡或谷地溪旁林中。分布于江苏、江西、福建、湖南、海南、广东、广西等省区。

产蜜及花粉性状 / 蜜粉源较多；优势蜜粉源植物。

栽培要点 / 播种或扦插繁殖。种子用湿沙层积催芽处理，扦插以春、秋季为宜。喜温、喜湿、怕风、怕旱，对土壤要求不严，但以疏松、肥沃且排水良好的砂质黄壤为好。

红紫珠

马鞭草科 紫珠属

Callicarpa rubella Lindl.

别名 / 小红米果

主要特征 / 灌木；高约 2 m。小枝被黄褐色星状毛并杂有多细胞的腺毛。叶倒卵形或倒卵状椭圆形，长 10~14 cm，基部心形，有时偏斜，边缘具细锯齿或不整齐的粗齿，背面被星状毛并杂有单毛和腺毛；近无柄。聚伞花序；花萼被星状毛或腺毛；花冠紫红色。果实紫红色。

花果期 / 花期 5~7 月；果期 7~11 月。

生境及分布 / 在粤北的乐昌、始兴、乳源、连州、连山、阳山、英德、清远、翁源、和平、新丰、河源、紫金、平远、大埔、梅州、郁南、罗定等地常见。生于山谷、林缘、林中或灌丛中。分布于安徽、浙江、江西、湖南、广东、广西、四川、贵州、云南。

产蜜及花粉性状 / 蜜粉源较多；优势蜜粉源植物。

栽培要点 / 播种或扦插繁殖。种子用湿沙层积催芽处理，扦插以春、秋季为宜。喜温暖、湿润环境，栽植以疏松、肥沃且排水良好的壤土为佳。

钝齿红紫珠

马鞭草科 紫珠属

Callicarpa rubella Lindl. f. **crenata** P'ei

主要特征 灌木；高约 2 m。叶形较小，花序梗较短，小枝、叶片和花序均被多细胞的单毛和腺毛，叶边缘具钝齿，叶倒卵形或倒卵状椭圆形，长 10~14 cm，基部心形，有时偏斜，背面被星状毛并杂有单毛和腺毛；近无柄。聚伞花序；花萼被星状毛或腺毛；花冠紫红色。果实紫红色。

花果期 花期 5~7 月；果期 7~12 月。

生境及分布 在粤北的乐昌、乳源、连南、阳山、英德、和平、郁南、罗定等地常见。生于山谷、林缘、林中或灌丛中。分布于江西、湖南、福建、广东、广西、贵州、云南。

产蜜及花粉性状 蜜粉源较多；优势蜜粉源植物。

栽培要点 播种或扦插繁殖。种子用湿沙层积催芽处理，扦插以春、秋季为宜。喜温暖、湿润环境，栽植以疏松、肥沃且排水良好的壤土为佳。

灰毛大青

马鞭草科 大青属

Clerodendrum canescens Wall.

别名 / 毛赪桐、粘毛赪桐

主要特征 / 灌木；高达 3.5 m。小枝略四棱形，全体密被平展或倒向长柔毛。叶片心形或宽卵形，长 6~18 cm。聚伞花序密集成头状；苞片叶状，卵形或椭圆形；花萼由绿变红色，钟状，有 5 棱角；花冠白色或淡红色，花冠管纤细。核果近球形，成熟时深蓝色或黑色，藏于红色增大的宿萼内。

花果期 / 花、果期 4~10 月。

生境及分布 / 在粤北的乐昌、始兴、连山、阳山、清远、新丰、和平、蕉岭、大埔、郁南等地常见。生于山坡路边或疏林中。分布于浙江、江西、湖南、福建、台湾、广东、广西、四川、贵州、云南。

产蜜及花粉性状 / 蜜粉源较少；辅助蜜源植物。

栽培要点 / 播种或扦插繁殖。种子用湿沙层积催芽处理，扦插以春、秋季为宜。喜温暖、湿润环境，栽植以疏松、肥沃且排水良好的壤土为佳。

臭茉莉

马鞭草科 大青属

Clerodendrum Chinese var. simplex（Moldenke）S. L. Chen

主要特征 灌木，高 1~1.5 m。植物体被毛较密。茎丛生。叶对生，阔卵圆形或近心形，粗糙，边缘有波状齿。伞房状聚伞花序顶生，密集、花大而多，苞片较多；花萼紫红色，长 1.3~2.5 cm，花萼裂片披针形；花冠白色或淡粉红色，花冠管长 2~3 cm，裂片椭圆形，花单瓣。核果近球形，成熟时蓝紫色，宿萼增大包果。

花果期 花、果期 5~11 月。

生境及分布 在粤北的乐昌常见。生于林中或溪边。分布于云南、广西、广东、贵州。

产蜜及花粉性状 蜜粉源较少；辅助蜜源植物。

栽培要点 分株或扦插繁殖。分株以春季为佳，扦插可选择在春、秋季进行。生性强健，喜高温、多湿气候，栽植宜选择湿润、肥沃的壤土。

大青

马鞭草科 大青属

Clerodendrum cyrtophyllum Turcz.

别名/白花鬼灯笼

主要特征/灌木或小乔木；高 1~4 m。叶纸质，椭圆形、卵状椭圆形、长圆形或长圆状披针形，长 6~20 cm；叶柄长 1~8 cm。伞房状聚伞花序；萼杯状，裂片三角状卵形；花冠白色，花冠管细长，顶端 5 裂。果实球形，成熟时蓝紫色，为红色的宿萼所托。

花果期/花、果期 6 月至翌年 2 月。

生境及分布/在粤北的乐昌、始兴、乳源、南雄、连州、连南、连山、阳山、新丰、连平、和平、河源、紫金、平远、蕉岭、大埔、兴宁、梅州、丰顺、五华、郁南、罗定等地常见。生于丘陵、山地林下或溪谷旁。分布于我国华东、中南、西南（四川除外）各省区。

产蜜及花粉性状/蜜粉源较少；辅助蜜源植物。

栽培要点/分株或扦插繁殖。分株以春季为佳，扦插可选择在春、秋季进行。喜温暖、湿润和阳光充足的环境，不耐寒，要求疏松、肥沃和排水良好的沙壤土。

鬼灯笼

马鞭草科 大青属

Clerodendrum fortunatum Linn.

别名 白花灯笼

主要特征 灌木；高可达 2.5 m。叶纸质，长椭圆形或倒卵状披针形，长 5~17.5 cm。聚伞花序腋生，1~3 次分歧，具花 3~9 朵；花萼红紫色，具 5 条棱，膨大形似灯笼，长 1~1.3 cm；花冠淡红色或白色稍带紫色。核果近球形，熟时深蓝绿色，藏于宿萼内。

花果期 花、果期 6~11 月。

生境及分布 在粤北的乐昌、乳源、曲江、连山、阳山、英德、翁源、和平、新丰、紫金、平远、大埔、兴宁、丰顺、五华、郁南、云浮、罗定等地常见。生于丘陵、山坡、路边、村旁和旷野。分布于江西、福建、广东、广西。

产蜜及花粉性状 蜜粉源较少；辅助蜜源植物。

栽培要点 分株或扦插繁殖。分株以春季为佳，扦插可选择春、秋季。喜温暖、湿润和阳光充足的环境，不耐寒，要求疏松、肥沃和排水良好的沙壤土。

赪桐

马鞭草科 大青属

Clerodendrum japonicum (Thunb.) Sweet

别名 / 状元红

主要特征 / 灌木；高 1~4 m。叶圆心形，长 8~35 cm，边缘有疏短尖齿；叶柄长 0.5~15 cm。二歧聚伞花序组成顶生大而开展的圆锥花序，长 15~34 cm；花萼红色，深 5 裂；花冠红色，花冠管顶端 5 裂，开展。果实椭圆状球形，绿色或蓝黑色，宿萼增大，初包被果实，后向外反折呈星状。

花果期 / 花、果期 5~11 月。

生境及分布 / 在粤北的乐昌、始兴、南雄、连州、阳山、英德、清远、大埔、丰顺等地常见。生于林下、山谷、溪边或疏林中。分布于江苏、浙江、江西、湖南、福建、台湾、广东、广西、四川、贵州、云南。

产蜜及花粉性状 / 蜜粉源较少；辅助蜜源植物。

栽培要点 / 分株或扦插繁殖。分株以春季为佳，扦插可选择在春、秋季进行。喜温暖、湿润和阳光充足的环境，不耐寒，要求疏松、肥沃和排水良好的沙壤土。

广东大青

马鞭草科 大青属

Clerodendrum kwangtungense Hand.-Mazz.

别名 / 广东赪桐

主要特征 / 灌木；高 2~3 m。叶膜质，卵形或长圆形，长 6~18 cm。伞房状聚伞花序生于枝顶叶腋，3~5 次 2 或 3 歧分叉；花萼裂片披针形至三角形；花冠白色，顶端 5 裂，裂片椭圆形或长圆形。核果球形，绿色；宿萼增大，红色，包被果实。

花果期 / 花、果期 8~11 月。

生境及分布 / 在粤北的乐昌、乳源、仁化、连州、英德、清远、翁源、新丰、大埔、郁南等地常见。生于山地林中或林缘。分布于湖南、广东、广西、贵州、云南。

产蜜及花粉性状 / 蜜粉源较少；辅助蜜源植物。

栽培要点 / 分株或扦插繁殖。分株以春季为佳，扦插可选择在春、秋季进行。喜温暖、湿润和阳光充足的环境，不耐寒，要求疏松、肥沃和排水良好的沙壤土。

海通

马鞭草科 大青属

Clerodendrum mandarinorum Diels

别名 / 满大青、白灯笼、臭梧桐

主要特征 / 灌木或乔木；高2~20 m。叶近革质，卵状椭圆形、卵形、宽卵形至心形，长10~27 cm，背面密被灰白色茸毛。伞房状聚伞花序顶生，分枝多，疏散；花冠白色或偶为淡紫色，有香气，花冠管纤细，裂片长圆形。核果近球形，成熟后蓝黑色，宿萼增大，红色，包果一半以上。

花果期 / 花、果期7~12月。

生境及分布 / 在粤北的乐昌、始兴、乳源、仁化、连州、连南、连山、阳山等地常见。生于溪边、路旁或丛林中。分布于江西、湖南、湖北、广东、广西、四川、云南、贵州。

产蜜及花粉性状 / 蜜粉源较少；辅助蜜源植物。

栽培要点 / 分株或扦插繁殖。分株以春季为佳，扦插可选择在春、秋季进行。喜温暖、湿润和阳光充足的环境，不耐寒，要求疏松、肥沃和排水良好的沙壤土。

灰毛牡荆

马鞭草科 牡荆属

Vitex canescens Kurz

主要特征 乔木。高达 15 m。小枝四棱形，密被灰黄色柔毛。掌状复叶，小叶 3~5 片；小叶纸质、卵形、椭圆形或长圆状椭圆形，顶端渐尖或骤尖，基部阔楔形或近圆形，全缘，上面被短柔毛，下面密被灰黄色柔毛和黄色腺点。聚伞圆锥花序顶生或腋生；花冠白色，顶端 5 裂，2 唇形。核果近球形或长圆状倒卵形，表面淡黄色或紫黑色。

花果期 花期 4~5 月；果期 5~6 月。

生境及分布 在粤北的乐昌的砂坪八宝山等地常见；生于混交林中。分布于江西、湖北、湖南、广东、海南、广西、贵州、四川、云南、西藏等省区。

产蜜及花粉性状 蜜粉源较多；优势蜜粉源植物。

栽培要点 播种或扦插繁殖。果实成熟时随采随播或干藏到翌年春播种；扦插以春、秋季为宜。喜温暖、湿润、阳光充足的环境，耐寒、耐旱；宜栽培于肥沃、疏松且排水良好的沙壤土。

黄荆

马鞭草科 牡荆属

Vitex negundo Linn.

别名 / 五指枫

主要特征 / 灌木或小乔木；高 1~5 m。小枝四棱形，密生灰白色茸毛。掌状复叶，小叶 5 片，长圆状披针形至披针形，全缘或有少数粗锯齿，背面密生灰白色茸毛。聚伞花序排成圆锥花序式，顶生；花萼钟状；花冠淡紫色，顶端 5 裂，2 唇形。核果近球形，宿萼接近果实的长度。

花果期 / 花期 4~5 月；果期 6~10 月。

生境及分布 / 在粤北的乐昌、始兴、乳源、仁化、南雄、连州、连南、阳山、英德、翁源、连平、新丰、平远、蕉岭、大埔、丰顺等地常见。生于山坡路旁或灌木丛中。主要分布于长江以南各省，北达秦岭至淮河一线。

产蜜及花粉性状 / 蜜粉源丰富，主要蜜粉源植物。

栽培要点 / 播种或扦插繁殖。果实成熟时随采随播或干藏到翌年春播种；扦插以春、秋季为宜。喜温暖、湿润、阳光充足的环境，耐寒、耐旱；不择土壤，宜于肥沃、疏松且排水良好的沙壤土中生长。

牡荆

马鞭草科 牡荆属

Vitex negundo Linn. var. **cannabifolia** (Sieb. et Zucc.) Hand.-Mazz.

主要特征 落叶灌木或小乔木；小枝四棱形。掌状复叶，小叶5片，偶有3片；小叶披针形或椭圆状披针形，边缘有粗锯齿，背面淡绿色，通常被柔毛。圆锥花序顶生，长10~20 cm；花冠淡紫色。果实近球形，黑色。

花果期 花期6~7月；果期8~11月。

生境及分布 在粤北的乐昌、始兴、南雄、连州、连南、连山、阳山、英德、清远、和平、河源、大埔、五华、郁南等地常见；生于山坡路边灌丛中。分布于华东各省及河北、湖南、湖北、广东、广西、四川、贵州、云南。

产蜜及花粉性状 蜜粉源较多；优势蜜粉源植物。

栽培要点 播种或扦插繁殖。果实成熟时随采随播或干藏到翌年春播种；扦插以春、秋季为宜。喜温暖、湿润、阳光充足的环境，耐寒、耐旱；不择土壤，以肥沃、疏松且排水良好的沙壤土为佳。

三、

蜜源林分造林配置模式、栽培技术及应用

蜜源植物是优良的生物资源，具有巨大的潜在利用价值，如观赏价值、食用价值、原料价值、文化价值等，是蜜蜂生存、繁衍和发展的根本，是实现蜂蜜高产的物质基础，更是实现习近平总书记"大食物观"的重要途径之一。蜜源植物的造林需更加突出森林植物为蜜蜂等昆虫提供蜜源的功能，因此，在树种选择及配置上有特殊要求；同时，在造林地选择、造林施工、抚育管理上也有别于一般造林。

本章根据蜜源林分的特殊性、植物开花的季节性、造林地立地条件等情况，对蜜源植物选择、配置模式和栽培技术进行汇总，凝练蜜源林分的构建技术，以期为蜜源林分构建提供参考借鉴。

1. 树种选择原则

根据蜜源林是以增加蜜蜂蜜源为主要目的这一功能要求，结合广东省特别是粤北地区主要的蜜源植物资源分布区，筛选适生性好、蜜粉源丰富的植物种类。蜜源植物林树种选择应遵守三个原则。

一是优先选择蜜粉源丰富、产蜜量高的树种，同时兼顾生态效益和社会效益。

二是依据植物的生物学特性，保障四季都能提供蜜源以保障蜜蜂的食物源。

三是要与造林地立地条件相适应，优先选择生长相对快速、稳定性好、适应性强的优良乡土树种，能够较快构建高效、和谐、生物多样性较高的植物群落系统。

2. 立地条件划分

土层厚度、含砂量、腐殖质厚度和海拔高度是影响立地条件的重要因子，是划分粤北地区森林地理类型的主导因子。

粤北地区林地海拔高度在120~1800 m之间，适合造林和蜜蜂适生的环境在丘陵、低山地带和石漠化地区。因此，本书造林配置模式以在台地、丘陵（200~500 m）、低山（500~800 m）和石漠化立地条件下造林为主。

根据立地实际情况，依照立地条件主导因子划分4种立地条件类型。

I 类型：土层厚度 > 80 cm，腐殖质较厚且表土层砂石含量少的立地条件，评价为良好。

II 类型：中厚土层、薄腐殖质层或丘陵全坡中厚土层、中厚腐殖质层，土层厚度50~80 cm，表层土砂石含量 < 20% 的立地条件，评价为中等。

III 类型：薄土层，薄腐殖质层，土层厚度小于50 cm，表土层砂石含量 > 60% 的立地条件，评价为差。

IV 类型：石漠化类型，海拔200 ~ 800 m 的石漠化地区，岩石裸露明显，薄土层、薄腐殖质层；土层厚度小于50 cm，表土层砂石含量 > 60%。

3. 蜜源植物的立地适应性与造林参考树种

根据主要蜜源植物和优势蜜源植物的开花季节和对不同立地类型的适应性进行分类，粤北主要和优势蜜源植物共140种，其立地适应性见表1。

表1　粤北主要和优势蜜源植物立地适应性

序号	植物名称	拉丁名	蜜源分类	蜜源季节	适应立地类型
1	白花泡桐	*Paulownia fortunei* (Seem.) Hemsl.	主要蜜源植物	春	I、II、III、IV
2	板栗	*Castanea mollissima* Blume	主要蜜粉源植物	春	I、II、III、IV
3	梅	*Prunus mume* Siebold & Zucc.	优势蜜粉源植物	春	I、II、III、IV
4	任豆	*Zenia insignis* Chun	优势蜜粉源植物	春	I、II、III、IV
5	桑	*Morus alba* Linn.	优势蜜粉源植物	春	I、II、III、IV
6	铁冬青	*Ilex rotunda* Thunb.	优势蜜粉源植物	春	I、II、III、IV
7	花椒簕	*Zanthoxylum scandens* Bl.	优势蜜粉源植物	春	I、II、III、IV
8	木姜子	*Litsea pungens* Hemsl.	优势蜜粉源植物	春	I、II、III、IV
9	粗糠柴	*Mallotus philippensis* (Lam.) Muell. Arg.	优势蜜粉源植物	春	I、II、III、IV

续表 1

序号	植物名称	拉丁名	蜜源分类	蜜源季节	适应立地类型
10	皂荚	Gleditsia sinensis Lam.	优势蜜粉源植物	春	I、II、III、IV
11	米槠	Castanopsis carlesii (Hemsl.) Hayata	优势蜜粉源植物	春	I、II、III、IV
12	南岭栲	Castanopsis fordii Hance	优势蜜粉源植物	春	I、II、III、IV
13	青冈	Quercus glauca Thunb.	优势蜜粉源植物	春	I、II、III、IV
14	麻栎	Quercus acutissima Garruth.	优势蜜粉源植物	春	I、II、III、IV
15	构树	Broussonetia papyrifera (Linn.) L'Herit. ex Vent.	优势蜜粉源植物	春	I、II、III、IV
16	多花白蜡树	Fraxinus floribunda Wall. ex Roxb.	优势蜜粉源植物	春	I、II、III、IV
17	华女贞	Ligustrum lianum Hsu	优势蜜粉源植物	春	I、II、III、IV
18	柏木	Cupressus funebris Endl.	优势粉源植物	春	I、II、III、IV
19	三尖杉	Cephalotaxus fortunei Hook.	优势粉源植物	春	I、II、III、IV
20	南方红豆杉	Taxus wallichiana Zucc. var. mairei (Lemée et Iévl.) L. K. Fu & Nan Li	优势粉源植物	春	I、II、III
21	椤木石楠	Photinia davidsoniae Rehd. et Wils.	主要蜜粉源植物	春	I、II、III、IV
22	黄荆	Vitex negundo Linn.	主要蜜粉源植物	春	I、II
23	玉兰	Magnolia denudata Desr.	优势蜜粉源植物	春	I、II
24	桃	Prunus persica (Linn.) Batsch	优势蜜源植物	春	I、II
25	沙梨	Pyrus pyrifolia (Burm. F.) Nakai	优势蜜源植物	春	I、II
26	甜槠	Castanopsis eyrei (Champ.) Tutch.	优势蜜源植物	春	I、II
27	灰毛牡荆	Vitex canescens Kurz	优势蜜源植物	春	I、II
28	龙眼	Dimocarpus longan Lour.	主要蜜源植物	春	I、II
29	华南五针松	Pinus kwangtungensis Chun ex Tsiang	主要粉源植物	春	I、II、III
30	鼠刺栲	Castanopsis fissa (Champ. ex Benth.) Rehd. et Wils.	优势蜜粉源植物	春	I、II

序号	植物名称	拉丁名	蜜源分类	蜜源季节	适应立地类型
31	冻绿	Rhamnus utilis Decne.	优势蜜粉源植物	春	I、II、III、IV
32	小蜡	Ligustrum sinense Lour.	优势蜜粉源植物	春	I、II、III、IV
33	山乌桕	Sapium discolor (Champ. ex Benth.) Muell. Arg.	主要蜜源植物	春	I、II、
34	柑橘	Citrus reticulata Blanco	主要蜜源植物	春	I、II
35	南酸枣	Choerospondias axillaris (Roxb.) Burtt. et Hill.	优势蜜粉源植物	春	I、II
36	山苍子	Litsea cubeba (Lour.) Pers.	优势蜜粉源植物	春	I、II、III、IV
37	圆叶乌桕	Sapium rotundifolium Hemsl.	优势蜜粉源植物	春	I、II、III、IV
38	柠檬	Citrus × limon (L.) Osbeck	优势蜜粉源植物	春	I、II、III、IV
39	黄皮	Clausena lansium (Lour.) Skeels.	优势蜜粉源植物	春	I、II、III、IV
40	潮州山矾	Symplocos mollifolia Dunn	优势蜜粉源植物	春	I、II、III、IV
41	厚壳树	Ehretia thyrsiflora (S.et Z.) Nakai	优势蜜粉源植物	春	I、II、III、IV
42	长花厚壳树	Ehretia longiflora Champ. ex Benth.	优势蜜粉源植物	春	I、II
43	蒲桃	Syzygium jambos (Linn.) Alston	优势蜜粉源植物	春	I、II
44	无患子	Sapindus saponaria Linn.	优势蜜粉源植物	春	I、II
45	柚	Citrus grandis (Linn.) Osbeck.	优势蜜粉源植物	春	I、II
46	毛棉杜鹃	Rhododendron moulmainense Hook.	主要蜜源植物	春	I、II
47	映山红	Rhododendron simsii Planch.	主要蜜源植物	春	I、II
48	红花油茶	Camellia semiserrata Chi	主要蜜源植物	春	I、II
49	柳叶润楠	Machilus salicina Hance	优势蜜粉源植物	春	I、II
50	南天竹	Nandina domestica Thunb.	优势蜜粉源植物	春	I、II
51	李	Prunus salicina Lindl.	辅助蜜粉源植物	春	I、II

序号	植物名称	拉丁名	蜜源分类	蜜源季节	适应立地类型
52	紫楠	**Phoebe sheareri** (Hemsl.) Gamble	优势蜜粉源植物	春	I、II
53	华东小檗	**Berberis chingii** Cheng	优势蜜粉源植物	春	I、II
54	南岭小檗	**Berberis impedita** C. K. Schneid.	优势蜜粉源植物	春	I、II
55	山杜英	**Elaeocarpus sylvestris** (Lour.) Poir.	优势蜜粉源植物	春	I、II
56	薄果猴欢喜	**Sloanea leptocarpa** Diels	优势蜜粉源植物	春	I、II
57	半枫荷	**Semiliquidambar cathayensis** Chang	优势蜜粉源植物	春	I、II
58	杨梅	**Myrica rubra** (Lour.) Sieb. et Zucc.	优势蜜粉源植物	春	I、II
59	罗浮栲	**Castanopsis fabri** Hance	优势蜜粉源植物	春	I、II
60	红锥	**Castanopsis hystrix** Hook. f. & Thomson ex A. DC.	优势蜜粉源植物	春	I、II
61	东南栲	**Castanopisi jucunda** Hance	优势蜜粉源植物	春	I、II
62	光皮梾木	**Swida wilsoniana** (Wanger.) Sojak	优势蜜粉源植物	春	I、II
63	满山红	**Rhododendron mariesii** Hcmsl. et Wils.	优势蜜粉源植物	春	I、II
64	黄花杜鹃	**Rhododendron molle** (Bl.) G. Don	优势蜜粉源植物	春	I、II
65	马银花	**Rhododendron ovatum** (Lindl.) Planch. ex Maxim.	优势蜜粉源植物	春	I、II
66	黄背越橘	**Vaccinium iteophyllum** Hance	优势蜜粉源植物	春	I、II
67	长尾越橘	**Vaccinium longicaudatum** Chun ex Fang & Z. H. Pan	优势蜜粉源植物	春	I、II
68	延平柿	**Diospyros tsangii** Merr.	优势蜜粉源植物	春	I、II
69	乌桕	**Sapium sebiferum** (Linn.) Roxb.	主要蜜源植物	夏	I、II、III、IV
70	枣	**Ziziphus jujuba** Mill.	主要蜜源植物	夏	I、II
71	南烛	**Lyonia ovalifolia** (Wall.) Drude	主要蜜源植物	夏	I、II、III、IV
72	细叶桉	**Eucalyptus tereticornis** Smith	主要蜜源植物	夏	I、II

序号	植物名称	拉丁名	蜜源分类	蜜源季节	适应立地类型
73	柿	**Diospyros kaki** Thunb.	主要蜜粉源植物	夏	I、II、III、IV
74	马尾松	**Pinus massoniana** Lamb.	主要粉源植物	夏	I、II、III、IV
75	侧柏	**Platycladus orientalis**（Linn.）Franco	主要粉源植物	夏	I、II、III、IV
76	南京椴	**Tilia miqueliana** Maxim.	优势蜜粉源植物	夏	I、II、III、IV
77	合欢	**Albizia julibrissin** Durazz.	优势蜜粉源植物	夏	I、II、III、IV
78	川鄂栲	**Castanopsis fargesii** Franch.	优势蜜粉源植物	夏	I、II、III、IV
79	滨盐麸木	**Rhus chinensis** Mill. var. **roxburghii** (DC.) Rehd.	优势蜜粉源植物	夏	I、II、III、IV
80	牡荆	**Vitex negundo** Linn. var. **cannabifolia** (Sieb.et Zucc.) Hand.-Mazz.	优势蜜粉源植物	夏	I、II、III、IV
81	锥栗	**Castanea henryi** (Skan) Rehd. et Wils.	优势蜜粉源植物	夏	I、II
82	复羽叶栾树	**Koelreuteria bipinnata** Franch.	优势蜜粉源植物	夏	I、II
83	木荷	**Schima superba** Gardn. et Champ.	优势蜜粉源植物	夏	I、II、III、IV
84	光萼小蜡	**Ligustrum sinense** Lour. var. **myrianthum** (Diels) Hook.f.	优势蜜粉源植物	夏	I、II、III、IV
85	狭叶南烛	**Lyonia ovalifolia** (Will.) Drude var. **lanceolata** (Wall.) Hand.-Mazz.	主要蜜源植物	夏	I、II、III、IV
86	野漆树	**Toxicodendron succedaneum** (Linn.) O. Kuntze	优势蜜粉源植物	夏	I、II、III、IV
87	山槐	**Albizia kalkora** (Roxb.) Prain	优势蜜粉源植物	夏	I、II、III、IV
88	糯米条	**Abelia chinensis** R.Br.	优势蜜粉源植物	夏	I、II、III、IV
89	茅栗	**Castanea seguinii** Dode	优势蜜粉源植物	夏	I、II
90	日本杜英	**Elaeocarpus japonicus** Sieb. et Zucc.	优势蜜粉源植物	夏	I、II
91	赤杨叶	**Alniphyllum fortunei** (Hemsl.) Makino	优势蜜粉源植物	夏	I、II
92	广东紫珠	**Callicarpa kwangtungensis** Chun	优势蜜粉源植物	夏	I、II
93	尖萼紫珠	**Callicarpa loboapiculata** F. P. Metcalf	优势蜜粉源植物	夏	I、II
94	红紫珠	**Callicarpa rubella** Lindl.	优势蜜粉源植物	夏	I、II

续表1

序号	植物名称	拉丁名	蜜源分类	蜜源季节	适应立地类型
95	钝齿红紫珠	Callicarpa rubella Lindl. f. crenata P'ei	优势蜜粉源植物	夏	I、II
96	短尾越橘	Vaccinium carlesii Dunn	主要蜜源植物	夏	I、II
97	滇白珠树	Gaultheria yunnanensis (Franch.) Rehd.	主要蜜粉源植物	夏	I、II
98	枳椇	Hovenia acerba Lindl.	优势蜜粉源植物	夏	I、II
99	香桂	Cinnamomum subavenium Miq.	优势蜜粉源植物	夏	I、II
100	银木荷	Schima argentea Pritz ex Diels	优势蜜粉源植物	夏	I、II
101	大叶桉	Eucalyptus robusta Smith	优势蜜粉源植物	夏	I、II
102	白毛椴	Tilia endochrysea Hand.-Mazz.	优势蜜粉源植物	夏	I、II
103	中华杜英	Elaeocarpus chinensis (Gardn. et Champ.) Hook. ex Benth.	优势蜜粉源植物	夏	I、II
104	冬桃杜英	Elaeocarpus duclouxii Gagnep.	优势蜜粉源植物	夏	I、II
105	秃瓣杜英	Elaeocarpus glabripetalus Merr.	优势蜜粉源植物	夏	I、II
106	梧桐	Firmiana simplex (Linn.) F. W. Wight	优势蜜粉源植物	夏	I、II
107	乌饭树	Vaccinium bracteatum Thunb.	优势蜜粉源植物	夏	I、II
108	扁枝越橘	Vaccinium japonicum Miq. var. sinicum (Nakai) Rehd.	优势蜜粉源植物	夏	I、II
109	女贞	Ligustrum lucidum Ait.	优势蜜粉源植物	夏	I、II
110	水团花	Adina pilulifera (Lam.) Franch. ex Drade	优势蜜粉源植物	夏	I、II
111	细叶水团花	Adina rubella Hance	优势蜜粉源植物	夏	I、II
112	紫珠	Callicarpa bodinieri H. Lév.	优势蜜粉源植物	夏	I、II
113	华紫珠	Callicarpa cathayana H. T. Chang	优势蜜粉源植物	夏	I、II
114	枇杷叶紫珠	Callicarpa kochiana Makino	优势蜜粉源植物	夏	I、II
115	盐麸木	Rhus chinensis Mill.	主要蜜源植物	秋	I、II、III、IV
116	岗松	Baeckea frutescens linn.	优势蜜粉源植物	秋	I、II、III、IV

续表 1

序号	植物名称	拉丁名	蜜源分类	蜜源季节	适应立地类型
117	细枝柃	**Eurya loquaiana** Dunn	主要蜜粉源植物	秋	I、II
118	木蜡树	**Toxicodendron sylvestre** (Sieb. et Zucc.) O. Kuntze	主要蜜源植物	夏	I、II
119	北江十大功劳	**Mahonia shenii** Chun	优势蜜粉源植物	秋	I、II、III、IV
120	格药柃	**Eurya muricata** Dunn	优势蜜粉源植物	秋	I、II
121	米碎花	**Eurya chinensis** R. Br.	主要蜜粉源植物	秋	I、II
122	尖叶毛柃	**Eurya acuminatissima** Merr. et Chun	优势蜜粉源植物	秋	I、II
123	尖萼毛柃	**Eurya acutisepala** Hu et L. K. Ling	优势蜜粉源植物	秋	I、II
124	翅柃	**Eurya alata** Kobuski	优势蜜粉源植物	秋	I、II
125	猴欢喜	**Sloanea sinensis** (Hance) Hemsl.	优势蜜粉源植物	秋	I、II
126	白楸	**Mallotus paniculatus** (Lam.) Müll. Arg.	优势蜜粉源植物	秋	I、II
127	柯	**Lithocarpus glaber** (Thunb.) Nakai	优势蜜粉源植物	秋	I、II
128	树参	**Dendropanax dentigerus** (Harms) Merr.	优势蜜粉源植物	秋	I、II
129	变叶树参	**Dendropanax proteum** (Champ.) Benth.	优势蜜粉源植物	秋	I、II
130	粉背鹅掌柴	**Schefflera insignis** C. N. Ho	优势蜜粉源植物	秋	I、II
131	星毛鹅掌柴	**Schefflera minutistellata** Merr. ex Li	优势蜜粉源植物	秋	I、II
132	枇杷	**Eriobotrya japonica** (Thunb.) Lindl.	主要蜜粉源植物	冬	I、II
133	鹅掌柴	**Schefflera delavayi** (Franch.) Harms ex Diels	主要蜜源植物	冬	I、II、III、IV
134	阔叶十大功劳	**Mahonia bealei** (Fort.) Carr.	主要蜜粉源植物	秋	I、II、III、IV
135	阴香	**Cinnamomum burmannii** (C. G. & Th. Nees) Bl.	优势蜜粉源植物	冬	I、II
136	黑柃	**Eurya macartneyi** Champ.	主要蜜粉源植物	冬	I、II
137	细齿叶柃	**Eurya nitida** Korthals	主要蜜粉源植物	冬	I、II

续表 1

序号	植物名称	拉丁名	蜜源分类	蜜源季节	适应立地类型
138	茶	**Camellia sinensis** (Linn.) O. Kuntze	主要蜜粉源植物	冬	I、II
139	杉木	**Cunninghamia lanceolata** (Lamb.) Hook.	主要粉源植物	春	I、II
140	野茶	**Camellia sinensis** var. **assamica** (Mast.) Kitam.	优势蜜粉源植物	秋	I、II

根据立地条件、造林生产条件和苗木供给状况，结合粤北地区（可以辐射到华南地区）气候、地域特点，适合粤北地区造林的蜜源植物有 93 种，其中主要蜜源植物 31 种，优势蜜源植物 62 种。主要蜜源植物有华南五针松、马尾松、杉木、侧柏、阔叶十大功劳、红花油茶、茶、米碎花、细枝柃、黑柃、细齿叶柃、细叶桉、山乌桕、乌桕、枇杷、椤木石楠、板栗、枣、柑橘、龙眼、盐麸木、木蜡树、鹅掌柴、滇白珠树、南烛、毛棉杜鹃、映山红、福建乌饭树、柿、白花泡桐、黄荆。优势蜜源植物参考树种有 62 种：桃、梅、李、沙梨、阴香、云实、任豆、茶、木荷、锥栗、桑、无患子、南酸枣、女贞、华女贞、南天竹、岗松、蒲桃、枳椇、野漆树、光皮梾木、复羽叶栾树、柠檬桉、柏木、三尖杉、南方红豆杉、皂荚、南岭栲、青冈、麻栎、构树、甜槠、藜蒴、山苍子、厚壳树、柚、山杜英、罗浮栲、红锥、南京椴、合欢、川鄂栲、山槐、茅栗、日本杜英、赤杨叶、广东紫珠、银木荷、白楸、柯、树参、梧桐、粉背鹅掌柴、星毛鹅掌柴、北江十大功劳、大叶桉、多花白蜡树、猴欢喜、牡荆、杨梅、玉兰、中华杜英。

4. 蜜源林分造林配置模式

蜜源林分造林在最大限度地获得蜂蜜的同时，应兼顾当地生物多样性保护、生态保护和森林景观保护。因此，在树种的科学配置上，要立足于当地丰富的植物资源，坚持因地制宜、适地适树原则，采用多树种、多林种结合的立体混交林结构，将蜜源植物的功能特点与森林景观和生物多样性保护有机融合。在保证蜜源植物供蜜的功能性要求的基础上，要充分体现区域特色，结合当地的植物群落结构，兼顾植物多样性的需要，科学配置树种结构。这样既可最大限度地获得蜂蜜，又可以实现当地生物多样性保护、生态保护和经济社会发展的有机统一。

根据以上原则和方法，蜜源植物造林配置模式应为多树种混交模式，在保障四季提供蜜源的原则下进行科学树种配比。树种配比确定后，按要求采用株间、行间、小块状或随机自然混交的方式，减少种间竞争，增强种间和株间的相互依存关系，以利于林分结构的稳定。树种配比一般采用阔叶混交林营造模式，总体要求采用4种以上树种进行混交，单个树种比例不能大于30%。建设实践中，灌木树种以块状或带状造林为佳。

本章根据蜜源植物的开花季节，产蜜量特点，耐受光环境、耐贫瘠和耐干旱情况，结合现阶段各区域社会、经济和行业发展趋势，按照乡村振兴、生态恢复等多种目标，针对丘陵、山地和石漠化立地条件提出了21种蜜源林分造林配置模式。同时，针对"四旁"造林绿化美化和坡向的影响，提出了相应的配置模式。具体分述如下。

4.1 丘陵不同立地类型的蜜源林分造林配置模式

丘陵指海拔在200 m以上、500 m以下，相对高度一般不超过200 m，起伏不大，坡度较缓，地面崎岖不平，由连绵不断的低矮山丘组成的地形。该立地条件下大气温度较高，是粤北地区开展造林的主要区域。本章依据丘陵地区实际情况，针对 I、II、III 类立地类型条件，对新造林、疏林地补植和低质、低效林的改造提出了9种造林配置模式（见表2）。在保证蜜源的情况下，建议遵循以下原则。

（1）立地条件良好的 I 类立地类型应遵循林地的经济效益和生态效益相结合的原则。新造林和疏林地补植可以选择经济产值较高的经济林树种，如龙眼、柑橘、桃等与速生树种如杉木、茶等树种相结合的模式；而低质、低效林改造则侧重考虑生态恢复和生态功能等目标，树种以地带性的常见种为主。

（2）立地条件较好的 II 类立地类型应遵循林地的较高经济效益和生态效益相结合的原则。该立地类型林地肥力一般，且保水能力较差，因此造林配置的树种应能耐中度旱和中度贫瘠，以地带性、生态效益好的树种为主。

（3）立地条件较好的 III 类立地类型应遵循林地的生态效益与蜜源供给同等的

原则。该立地类型林地肥力差，且保水能力弱，因此造林配置的树种应选择耐旱和耐贫瘠的树种。

以上造林配置模式可辐射至华南地区的丘陵立地类型。

表2　丘陵不同立地类型的蜜源林分造林配置模式

立地类型	造林类型	树种组成	混交比率	混交方式
I 类立地	新造林	龙眼、柑橘、李、杨梅、柚、南酸枣、甜槠、鳖蒎 + 山乌桕、枣、女贞、梧桐、枳椇 + 粉背鹅掌柴、猴欢喜 + 枇杷、杉木、茶、鹅掌柴、阴香	3:3:2:3	块状
	疏林地补植	桃、李、柚、南酸枣、甜槠 + 枣、锥栗、乌桕、银木荷 + 木蜡树、柯 + 枇杷、茶、野茶、杉木	3:2:2:3	块状或随机
	低质低效林补植改造	沙梨、南酸枣、无患子、紫楠 + 锥栗、枳椇、梧桐、细叶桉 + 白楸、猴欢喜、柯 + 枇杷、鹅掌柴、阴香	2:2:3:3	随机
II 类立地	新造林	李、柑橘、杨梅、蒲桃 + 枣、细叶桉、锥栗、赤杨叶、广东紫珠 + 星毛鹅掌柴、木蜡树、米碎花 + 杉木、黑桫、阴香	3:3:2:2	块状或带状
	疏林地补植	无患子、柑橘、李、南酸枣 + 大叶桉、银木荷、女贞 + 树参、柯 + 枇杷、杉木、黑桫、细齿叶柃	2:3:3:2	块状或随机
	低质低效林改造	红锥、山杜英、青冈、鳖蒎 + 锥栗、赤杨叶、中华杜英 + 白楸、猴欢喜、木蜡树、柯 + 杉木、黑桫、细齿叶柃、阴香	2:3:2:3	块状或随机
III 类立地	新造林	白花泡桐、任豆、南岭栲、青冈、甜槠 + 乌桕、栲、细叶桉、锥栗 + 盐麸木、岗松、双荚决明 + 鹅掌柴、阔叶十大功劳	2:3:2:3	块状或带状
	疏林地补植	青冈、麻栎、构树、板栗 + 山槐、野漆树、木荷、川鄂栲、南京椴 + 柿、乌桕、岗松、北江十大功劳 + 鹅掌柴、阔叶十大功劳	3:2:3:2	块状或随机
	低质低效林改造	青冈、南岭栲、麻栎 + 栲、木荷、锥栗 + 乌桕、柿、岗松、盐麸木 + 鹅掌柴、阔叶十大功劳	2:2:3:3	带状

注：不同季节的蜜源植物以"+"区分。

457

4.2 低山不同立地类型的蜜源林分造林配置模式

低山指海拔高度为 500~1000 m，相对高度为 200~500 m 的山地；低山的形体一般比较圆滑，常为缓坡，由山麓堆积物发育而成。该立地条件下大气温度较低，是粤北地区林地主要组成部分。依据低山地区实际情况，此配置模式只考虑海拔 800 m 以下的低山林地，针对 Ⅰ、Ⅱ、Ⅲ 类立地类型，共提出了 9 种造林配置模式（见表 3）。在保证蜜源的情况下，建议遵循以下原则。

（1）立地条件良好的 Ⅰ 类立地类型应遵循林地的经济效益和生态效益相结合的原则。新造地和疏林地补植应选择以价值较高的用材林树种和耐寒较强的经济树种，如桃、杨梅、柑橘、锥栗、青冈等；而低质低效林则侧重考虑生态恢复和生态功能等目标，树种以地带性的常见种为主。

（2）立地条件较好的 Ⅱ 类立地类型应遵循林地的较高经济效益和生态效益相结合的原则。该立地类型林地肥力一般，且保水能力较差，因此造林配置的树种应以可耐一定干旱和贫瘠的树种为主。

（3）立地条件较好的 Ⅲ 类立地类型应遵循林地的生态效益优先原则。该立地类型林地肥力差，且保水能力弱，因此造林侧重考虑耐寒、耐旱和耐贫瘠的树种。

以上造林配置模式可辐射至华南地区的低山地地类型。

表 3　低山不同立地类型的蜜源林分造林配置模式

立地类型	造林类型	树种组成	混交比率	混交方式
Ⅰ类立地	新造林	柑橘、桃、李、南酸枣 + 枣、细叶桉、广东紫珠、枳椇 + 猴欢喜、柯、盐麸木 + 枇杷、鹅掌柴、茶、杉木	3:2:2:3	块状
	疏林地补植	柑橘、李、南酸枣、板栗 + 乌桕、侧柏、柿、山槐 + 盐麸木、柯、木蜡树、细枝柃 + 杉木、鹅掌柴野茶、黑桤	3:3:2:2	块状或随机
	低质低效林改造	乌桕、甜槠、青冈、南酸枣、栲 + 山槐、枳椇、木荷、乌桕、锥栗、女贞 + 细枝柃、猴欢喜、盐麸木、柯 + 杉木、鹅掌柴、野茶	3:2:2:3	块状或随机

续表3

立地类型	造林类型	树种组成	混交比率	混交方式
II类立地	新造林	板栗、梅、任豆、杨梅、青冈＋乌桕、侧柏、柿、梧桐、锥栗＋盐麸木、猴欢喜、细枝柃、格药柃＋鹅掌柴、阔叶十大功劳	3:2:2:3	块状或随机
	疏林地补植	板栗、白花泡桐、任豆、杨梅、青冈＋乌桕、合欢、木荷＋盐麸木、格药柃、岗松＋鹅掌柴、阔叶十大功劳	3:2:2:3	块状或随机
	低质低效林改造	白花泡桐、甜槠、山苍子、青冈、甜槠＋木荷、乌桕、山槐、合欢、川鄂栲＋细枝柃、盐麸木、岗松北江十大功劳＋鹅掌柴、阔叶十大功劳	3:2:3:2	块状或随机
III类立地	新造林	白花泡桐、南岭栲、梅、青冈、麻栎＋乌桕、马尾松、侧柏、川鄂栲、锥栗＋盐麸木、木蜡树、岗松＋鹅掌柴、阔叶十大功劳	3:3:2:2	块状或随机
	疏林地补植	青冈、麻栎、构树、南岭栲＋山槐、野漆树、木荷＋岗松、北江十大功劳＋鹅掌柴、阔叶十大功劳	3:3:2:2	块状或随机
	低质低效林改造	青冈、麻栎、厚壳树＋川鄂栲、合欢、南京椴＋盐麸木、岗松、北江十大功劳＋鹅掌柴、阔叶十大功劳	3:2:2:3	块状或随机

4.3 石漠化立地类型的蜜源林分造林配置模式

石漠化概指在热带、亚热带湿润、半湿润气候条件和岩溶极其发育的自然背景下，受人为活动干扰，地表植被遭受破坏，导致土壤严重流失，基岩大面积裸露或砾石堆积的土地退化现象。石漠化是岩溶地区土地退化的极端形式，该类型立地土壤贫瘠，保水、保肥能力极差。本章针对石漠化立地条件提出了3种造林配置模式（见表4），在保证生态优先的原则下确保蜜源产量最大化。该造林配置模式可辐射至华南地区的石漠化地区。

表 4　石漠化立地类型的蜜源林分造林配置模式

造林类型	树种组成	混交比率	混交方式
新造林	厚壳树、青冈、麻栎+乌桕、柿、马尾松+盐麸木、岗松、北江十大功劳+鹅掌柴、阔叶十大功劳	3:3:2:2	块状或带状
疏林地补植	麻栎、梅、柏木、青冈+柿、马尾松、川鄂栲、木荷+盐麸木、北江十大功劳+鹅掌柴、阔叶十大功劳	3:2:2:3	块状或随机
低质低效林改造	厚壳树、青冈、柏木、麻栎+乌桕、川鄂栲、木荷+盐麸木、岗松+鹅掌柴、阔叶十大功劳	3:3:2:2	块状或随机

4.4 "四旁"蜜源林分造林配置模式

"四旁"植树造林,指在宅旁、水旁、路旁和村旁周边种植树木,进行绿化造林。"四旁"造林不仅要考虑土地资源概况、民俗风情等情况,还需要与美好乡村建设相结合,做到"有蜜、有景、有乡愁"。由于"四旁"造林的局地立地条件差异性大,"四旁"造林同样要遵循适地适树原则。

(1) 特别注重选择具抗性、适应性强、病虫害少的乡土树种。

(2) 注重选择农田防护林树种,且树种符合区域地理人文环境,能够展现地域自然景观,能稳定植物景观的形成。

(3) 宅旁造林重点考虑经济性和环境适应性;水旁造林重点考虑耐涝;路旁造林重点考虑耐干旱和耐贫瘠能力;村旁造林考虑以经济性和景观性为主。综合以上原则,本章提出了"四旁"蜜源林分造林配置模式（见表5)。

表 5　"四旁"蜜源林分造林配置模式

四旁类型	造林类型	树种组成	混交比率	混交方式
宅旁	新造林/疏林地补植/套种	龙眼、柑橘、李、杨梅、柚 + 女贞、梧桐、枳椇、乌桕 + 枇杷、猴欢喜、柯 + 杉木、茶	3:2:3:2	随机
水旁	新造林/疏林地补植/套种	蒲桃、山杜英、映山红、柚 + 赤杨叶、广东紫珠、女贞、枇杷叶紫珠 + 枇杷、米碎花、猴欢喜、鹅掌柴 + 茶、野茶、杉木、黑桁	3:3:2:2	带状
路旁	新造林/疏林地补植/套种	白花泡桐、山乌桕、南酸枣、桑、构树 + 乌桕、细叶桉、马尾松、侧柏 + 盐肤木、岗松 + 阴香、阔叶十大功劳	3:2:3:2	带状
村旁	I 类立地	青冈、南酸枣、山苍子、柑橘 + 野漆树、山槐、银木荷、枳椇 + 柯、枇杷、鹅掌柴、猴欢喜、格药桁 + 黑桁、杉木、茶	3:2:2:3	块状或随机
	II 类立地	青冈、南酸枣、山苍子、甜槠、桃 + 野漆树、山槐、银木荷、枳椇 + 柯、枇杷、鹅掌柴、猴欢喜、格药桁 + 黑桁、杉木、茶	3:2:3:2	块状或随机
	III 类立地	麻栎、梅、柏木、青冈 + 柿、马尾松、川鄂栲、木荷 + 盐肤木、北江十大功劳 + 鹅掌柴、阔叶十大功劳	3:3:2:2	块状或随机

5. 蜜源植物栽培技术

根据不同的地类和立地情况，进行合理分类，并采取有针对性的整地、种植和抚育管理措施，从技术上保证造一片林绿一片地。一是采用人工造林方法，即采用植苗方法，对宜林荒山荒地、无立木林地和其他土地等重新造林，培育蜜源林分。二是采取低效林改造方法，即利用供蜜汁多的蜜源植物，采取疏伐、皆伐等方式对疏残林、低效林进行改造，适当增大林隙、林窗面积，为蜜源植物营造适宜生长的生境。

(1) 林地清理。

为减少碳排放，林地清理不允许炼山或全垦，应采用水平带状或块状清理的方法，清理带宽为 1.0 m，块状为 1.0 m×1.0 m；适当保留原有乡土乔木树种，清理的杂草等用土壤覆盖在带间，堆沤让其自然腐烂分解，以改善土壤肥力。

(2) 整地。

采用穴状整地。挖穴时把土壤挖出置于穴的两旁，将表层土和心土分别堆放，以便造林回土时把表层土放入穴底。挖穴应在造林前的冬季进行，可使翻耕土壤有一段自然风化、熟化的时间，有利于杀死有害的病虫并改善土壤的理化性质，提高土壤的肥力。植穴规格均为 50 cm × 50 cm × 40 cm。

(3) 造林密度。

根据林地植被现状以及立地条件，新造林株行距为 2 m × 3 m，每亩 111 株，石漠化地区可适当密植。对部分地段可根据实际情况（如避开原有树木、石头等）局部位移，采取不规则式随机布设，但要确保规划的造林密度。

疏林地补植和低质低效林改造可根据实际情况确定，原则上树木株数应达到每亩 111 株。

(4) 回土与基肥。

在造林前一个月回穴土，回土要打碎或清除石块、树根，先回表层土后回心土，当回土至 50% 左右时，每穴施入基肥（复合肥）0.5 kg，将基肥与穴土充分混匀后回填至高出穴面 10 cm。回土后，穴面开蓄水小穴，以提高造林成活率。

(5) 苗木要求。

采用一年或二年生、无病虫害和机械损伤、根系发达且木质化充分的 I 级容器苗。此外，尽可能就地育苗或就近调苗，以减少长距离运苗等活动造成苗木受损的情况，有效保证苗木质量和造林成活率。

(6) 栽植和补植。

栽植应在早春的阴雨天进行，在 4 月底前完成。栽植时尽量保持苗木土球完整，将苗木带土轻放于栽植穴中，扶正苗木适当深栽，回填细土并压实，使苗木与原土紧密接触。继续回土至穴面，压实后再回松土呈馒头状，比原苗莞深栽 2 cm 以上，以减少水分蒸发。在石漠化地区，回土至穴面，压实后再回松土呈漏斗状。此外，根据气候情况，可适当采用生根粉、地膜覆盖、保水剂和无纺布容器苗造林等新技术，以提高造林成活率。栽植后 1 个月要全面检查成活率，发现死株、漏栽的应及时补植。

(7) 抚育和管护。

抚育是促进苗木生长、提高造林成活率和林木保存率的重要措施。造林后应连续抚育 3 年，每年 6~7 月和 9~10 月各进行 1 次抚育。抚育工作内容主要是除草、松土、培土、追肥、补植。除草要求清除以植株为中心 1 m² 范围内的杂草。补植在初次抚育时进行，应全面检查植株的成活情况，发现死株应及时进行补苗。抚育时应进行追肥，每次施放复合肥 0.25 千克 / 穴。具体施肥方法是在除草、松土、培土等工序完成后，沿树冠垂直投影线方向两侧各开挖深 5~10cm 的浅沟，将肥料均匀地施放于沟内，然后用土覆盖，以防肥料流失，提高肥料的使用效率。

造林 8~10 年时，应进行目标树选择，并进行适当间伐与修枝处理，修去枯枝及部分活弱枝，保持林分的通透性，从而利于植株开花以提供花粉或花蜜。在植物开花前 1 个月可以采取挖沟施肥方式增加土壤养分，每次施放复合肥 15~20 千克 / 亩。

对于在人畜活动频繁的路边、村边的造林地，需加强林地管护措施，并做好森林火灾和病虫害的预防和控制工作。

中文名称索引

学名索引